React　Angular　Vue をスムーズに修得するための

最新 フロントエンド技術入門

末次 章［著］

日経BP

はじめに

フロントエンド向けアプリケーションフレームワーク（React・Angular・Vue）の学習には、従来のWeb開発にはなかった「フレームワークごとの違い」、「未知の用語や概念」、「進化したJavaScript開発環境」など、最新のフロントエンド技術の知識が求められます。これらを、その都度調べていては効率が悪いだけでなく、知識が断片的になってしまいます。本書は、フレームワークの学習に必要なフロントエンド技術の基礎を体系的に解説し、この課題を解決します。

内容は3つのパートに分かれています。理解を深めるため、事例紹介・操作体験・デモを随所に盛り込んでいます。

Part1：技術の動向

最新のフロントエンド技術を活用した機能と応用例、その仕組みを理解します。
予想以上の価値を感じると思います。

Part2：開発の基礎

大きく進化したJavaScript開発環境とAPI群を理解します。
これまでとは、別世界と感じると思います。

Part3：技術の導入

チームへのスキル導入、フレームワーク学習開始時に役立つ情報を理解します。
新技術の導入を、スムーズに行う参考になると思います。

なお本書では、フレームワーク共通で必要な基礎知識と、フレームワークごとの主な違いを扱いますので、React・Angular・Vueのどの学習にも役立ちます。一方、フレームワークごとのコード作成の詳細については説明しておりませんので、各フレームワークの公式サイトや関連書籍などを参照してください。

末次　章

本書を読む前に

更新情報

まず、本書の訂正情報とサポートページを下記URLで確認してください。

- 日経BPのサイト（正誤表）
  https://project.nikkeibp.co.jp/bnt/atcl/21/S70210/
- 本書サポートサイト
  https://www.staffnet.co.jp/hp/pub/support/

本書の読み方

第1章から第8章まで、順番に読まれることを想定しています。

目次・小見出しのアイコンの意味

動画　サポートサイトに解説動画をアップしています

体験　操作体験ができます

前提知識

HTML、JavaScript、CSSの基本を理解していることを前提としています。

システム環境

本書は以下のシステム環境でプログラムの作成・実行をしています。それ以外の環境では画面の表示や動作が異なる可能性があります。

- Windows10 Enterprise 21H1　build19043.1320
- Google Chrome　95.0.4638.69
- iOS 14.8.1（iPhone 7）
- Android 7.1.1（京セラ KYV42）

その他

本書の内容については十分な注意を払っておりますが、完全なる正確さを保証するものではありません。訂正情報は適宜、Webサイトで公開します。

CONTENTS

Part 01

フロントエンド技術の動向

第1章 従来型Webから モダンWebへ

1-1 概要

1-1-1 最新フロントエンド技術の魅力

青木進一は、業務ソフトを開発する「お台場ソフト開発株式会社」入社5年目のWeb開発エンジニアです。今朝、上司の丸山課長からビデオ会議の招待メールが届きました。会議のタイトルは「次世代SPA*1技術の評価依頼」。「うちの会社はSPA（シングルページアプリケーション）の開発経験もないのに、次世代SPAなんて」と思いました。しかし、課長の言うことは、いつも先走っているが、正しいこともある、とも感じました。そんな気持ちで、ビデオ会議に参加しました。

▶ビデオ会議開始

＊1　SPA（シングルページアプリケーション）の機能拡張版を本書では「次世代SPA」と呼んでいます。

先週、「次世代SPA概要」というオンラインセミナーに参加したのだが、とても感動した。そこで見たデモは、Webなのに通信待ちなしで画面切替やデータ検索が瞬時に行われるんだ。これまでと比べて何パーセント速くなるというレベルではなく、本当の瞬時なんだ。セミナーで感動するのは久しぶりだった。セミナーの講師は「次世代SPA」と呼んでいたよ。これがデモで紹介された機能の一覧だ。

- **待ち時間ゼロの「高速データ検索機能」**
- **通信オフでも利用出る「オフライン機能」**
- **ログインすると前回終了時の画面を表示する「画面復元機能」**
- **何万件のリストでも表示できる「無限スクロール機能」**

これまで、SPAのデモはいくつも見てきたが、「次世代SPA」というだけあって別次元の性能と機能をみることができた。まるでマジックのようだった。驚いたよ。

別次元の性能と機能ですか。それは、すごいですね。

新技術の紹介は、「これからは、○○○○になります。だから○○○○を準備しましょう」 という説明口調で語られることが多いよね。しかし、次世代SPA技術は違っていた。デモを見るだけで、誰にもすぐに欲しいと思わせる魅力があった。真夏の照りつける太陽の下で体が溶けてしまいそうなときの「かき氷」、真冬の北風で体が凍えているときの「ホットコーヒー」のように、説明なんか受けなくても、スグ欲しい、いくらと尋ねたくなる。人の本能に訴える魅力がある。

でも、うちの会社はSPAの開発経験がありません。それを飛び越えて次世代SPAに対応できるのでしょうか？

そこで、君にこの次世代SPAを評価してもらいたいのだ。デモは見かけ倒しかもしれない。実際に開発しようとすると前提条件や制約が厳しかったり、難易度が高すぎて手が付けられなかったりすることもある。問題点や留意点を洗い出して、うちの会社が次世代SPAを使いこなせるようにしたいんだ。

バックエンド開発についてはそれなりの自信があります。でも、フロントエンド開発についてはjQueryとBootstrapくらいしか経験ありません。ましてや、SPAの経験は全くありません。興味はありますが、私にはちょっと難しいと思いますが。

しかし、この技術を使って、うちの顧客向けにデモを作ったら、「スグ欲しい」「いくらかかる」と詰め寄られそうだ。そうなれば、うちの会社も安泰だし、君も次世代SPAの技術リーダーとして活躍できるぞ。

そう言われても、ひとりで技術評価はできそうにありません。

確かに、ひとりでは難しいと思う。しかし、私はこの技術をぜひ手に入れたい。そこで、外部の専門家からサポートを受ける手配をした。私が受講した「次世代SPA概要セミナー」を開催した会社が、エンジニア向けの個別オンライン研修をやっている。実は君の名前で、既に申し込んである。

そこまで言われるなら、できるだけのことはやってみます。

「次世代SPA概要セミナー」で配布された資料は、今日の日付で私の共有フォルダに保存している。資料の末尾に、個別オンライン研修の案内があるので目を通しておいてほしい。個別オンライン研修のビデオ会議招待メールは今週中に送る。

いつまでに評価すればよいですか？

調査2週間、報告書作成1週間として、3週間程度でやって欲しい。

その期間で、どこまでできるかわかりませんが、とにかくやってみます。

1-1-2　従来型Webとその課題

▶オンライン研修開始

こんにちは。今日は青木さんと私、1対1のオンライン対話形式の研修です。遠慮なく質問してください。まず、青木さんのWeb開発の経験を教えてください。

Web開発の経験は何度もありますが、主にJavaを使ったバックエンド側の開発で、フロントエンドといえばjQueryとBootstrapくらいしか経験がありません。この研修のきっかけとなった「次世代SPA概要セミナー」の配布資料を読んでも、知らない用語が次々と出てきて理解できませんでした。大丈夫でしょうか？

青木さんが持つ経験と知識に合わせて研修を進めます。安心してください。これから、最新フロントエンド技術について、次の3つのパートに分けて基礎から解説します。

Part1　フロントエンド技術の動向
Part2　フロントエンド開発の基礎知識
Part3　フロントエンド技術の導入

前提知識がほとんどないので、動向から始めてもらうと助かります。細かい技術の話から始まったらどうしようと少し緊張していました。

では、フロントエンド技術の動向の説明を始めます。現在、Web技術には仕組みの異なる2つの流れがあります。「従来型Web」と「モダンWeb」です。今回のテーマで

ある次世代SPAは、モダンWebに分類されます。まず初めに、青木さんが開発の経験がある従来型Webを確認しましょう。

わかりました。

従来型Webにおいて、フロントエンドはユーザーとバックエンドのデータのやりとりを中継する役割を担当します（図1-1）。

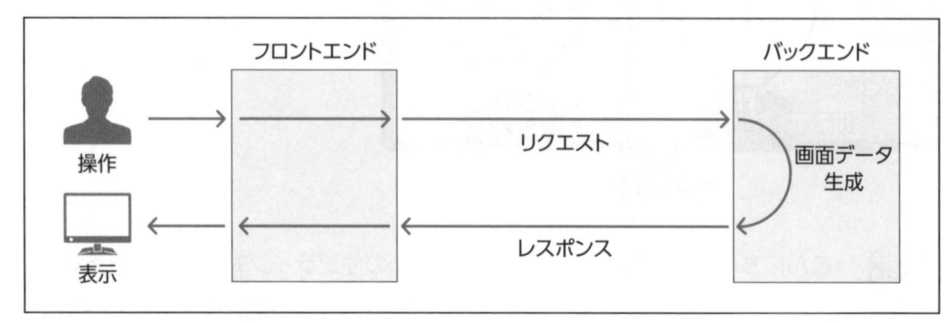

図1-1 **従来型Web**

具体的には、次の3段階で処理が行われます。

1) フロントエンドは、ユーザーが選択したURLや入力したデータをバックエンドへリクエストとして送信。
2) バックエンドは、フロントエンドで表示する画面データを生成。
3) フロントエンドは、バックエンドから受信したレスポンスを表示。

画面を進めるたびにバックエンドとの通信が必要です。

従来型Webは開発経験があるので、よくわかります。これまでは、フロントエンドに、jQueryとBootstrapを使ってきました。jQueryで、フォームに入力されたデータの誤りを送信前にチェックして、不備があればエラーメッセージを表示して、送信をキャンセルする機能を追加しました。また、Bootstrapで、PC向けの画面レイアウトをスマートフォン向けに自動変換して表示できました。どちらもインターネットで公開されていたサンプルコードを参考に簡単に実現できました。

従来型Webで満足しているようですね。

これで必要な機能は満たしていますし、発注元会社の人も満足してくれています。何か問題でもありますか？

Webを作る側からは問題がなくても、使う側からみると問題が放置されたままです。画面が切り替わるたびに通信を行うので、「操作のたびに待たされてイライラする」という問題です。最近のWebはスマートフォンでの利用が多くなってきています。スマートフォンのアプリでは、ほとんどの画面が瞬時に切り替わります。これでは、従来型Webは見劣りします。その結果、スマートフォンでは、Webブラウザで利用できる情報サービスであっても、アプリを使うことが増えています。

通信待ちは、Webの仕組みの限界ですから、それも仕方ないでしょう。

次に説明する、モダンWebの仕組みを採用すれば、その限界を打破できます。

1-1-3 モダンWebとは

従来型Webの限界を打破するのが、最新フロントエンド技術を活用した「モダンWeb」です。モダンWebの基本パターンは、画面データの生成をフロントエンド内で行うことで、操作のたびの通信待ちを回避します。このパターンで開発したアプリをSPA（シングルページアプリケーション）と呼びます（図1-2）。

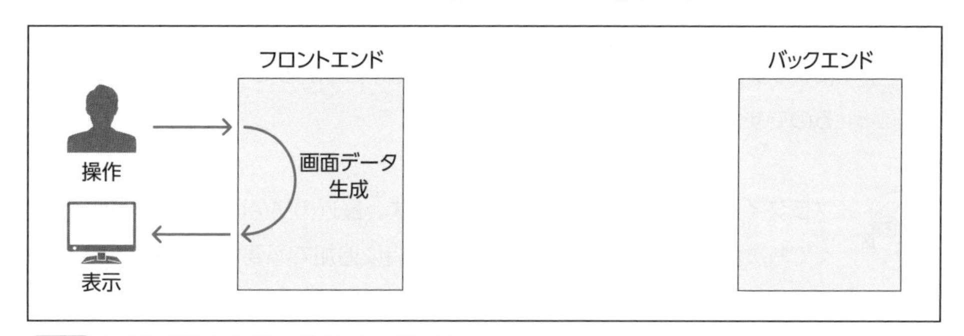

図1-2 モダンWebの基本パターン（SPA）

SPAの仕組みは理解しています。でも課長の丸山は、これまでのSPAとは別次元の性能と機能と言っていました。

この研修で扱う次世代SPAは、SPAの拡張パターンです。画面データの生成に加えて、バックエンドの機能を可能な限りフロントエンドで実行します。それを可能にするため、必要なデータをバックグラウンド通信で事前取得して、フロントエンド内のWebストレージに保存します。その結果、ほとんどの処理がフロントエンド内で行われ、別次元の性能と機能を実現できます。つまり、「モダンWebの拡張パターン」が「次世代SPA」なのです（図1-3）。

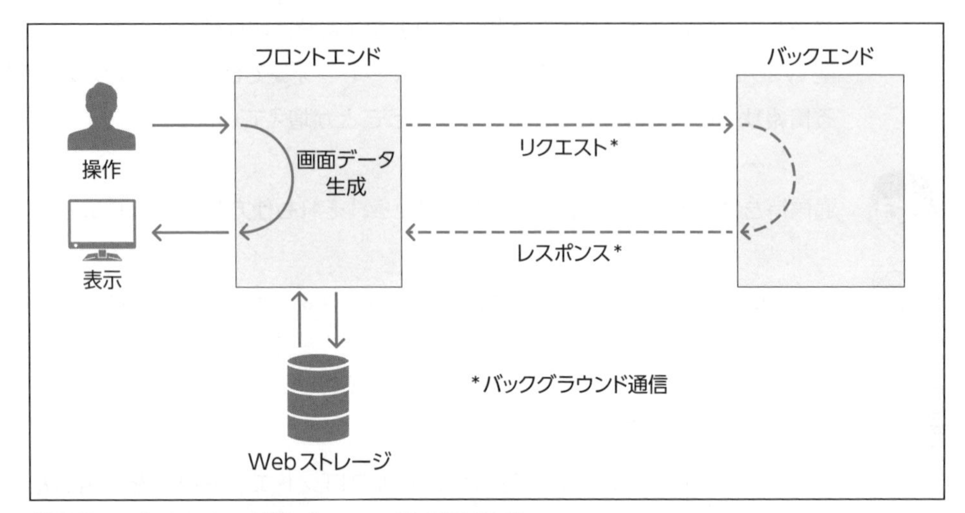

図1-3 モダンWebの拡張パターン（次世代SPA）

理屈はわかります。この仕組みなら、通信待ちなしで画面の切り替えができそうです。しかし、このようなことをWebブラウザだけではできないはずです。Webブラウザにプラグインをインストールするなど、実行するために特殊な環境を準備する必要があるのですか？

プラグインなど特殊な実行環境は不要です。最近のWebブラウザでは、何も準備しなくても次世代SPAが動作可能です。実行時に追加で必要になるものはありませんが、開発時に最新フロントエンド技術の１つである「フロントエンド向けアプリケーションフレームワーク」が必要になります。

どうして必要なのですか？

これまで、バックエンドでもJava向けやPHP向けのアプリケーションフレームワークを利用したことがあると思います。バックエンドの役割を代替するわけですから、フロ

ントエンドでもアプリケーションフレームワークが必要なのです。もちろん、フロントエンド向けアプリケーションフレームワークを使わないで開発することもできますが、開発効率の観点からお奨めできません。

なるほど。バックエンド開発でアプリケーションフレームワークの利用は経験あります。利用することで開発効率が大幅に上がりました。特に、HTMLのテンプレートをもとに画面のデータを生成してくれる機能は便利でした

JavaScriptで効率よく開発するツール 「フロントエンド向けアプリケーションフレームワーク」として「React (リアクト)」、「Angular (アンギュラー)」、「Vue (ビュー)」の3つが有名です。これらの名前やロゴマークのどれかは、見たことがあると思います(図1-4)。

図1-4
主要なフロントエンド向けアプリケーションフレームワーク

Reactは調査したことがありますが、全く理解できませんでした。今になって考えると、従来型Webの仕組みを前提に理解しようとしていました。Reactを、モダンWeb向けの視点で見れば、今度は理解できるかもしれません。

そうなのです。「フロントエンド向けアプリケーションフレームワークを試してみたが、さっぱりわからない」、「フロントエンドはjQueryではダメなのか?」というコメントをよく聞きます。青木さんが指摘するように、視点の切り替えが必要です。

モダンWeb でjQueryがダメな理由は、私もわかりません。jQueryはとても便利なツールで、私のお気に入りです。それがダメと言われると、自分が否定されたような気分です。

jQueryを使ったモダンWeb開発は不可能ではありませんが、開発効率の観点からお奨めできません。jQueryは従来型Web向けに作られており、バックエンドから受け取ったHTMLを加工するのが得意です。ひな型をもとにページ全体のデータを生成できるフロントエンド向けアプリケーションフレームワークと比べると、モダンWeb向

けには向いていません。

確かに、ページが切り替わるたびにjQueryで画面データをゼロから作成するのは不可能でないにしても、相当な手間がかかりそうです。

さらに、フロントエンド向けアプリケーションフレームワークは、フォームに入力されたデータを自動で変数に代入するデータバインド機能など、モダンWeb向けの便利な機能が満載されています。フロントエンド向けアプリケーションフレームワークについての詳細は、5章で解説します。

まだ、気になることがあります。バックエンドで利用しているデータベースは、主にC言語で開発されています。データベースをフロントエンドで動作させるには、何か便利なツールがあるのですか？

安心してください。データベースは、Webブラウザの内蔵機能や、JavaScriptで開発されたオープンソースのパッケージで代替できます。なお、Webブラウザの内蔵機能については、データベースを含め驚くほど拡張されています、4章で解説します。

1-1-4 モダンWebの価値

モダンWebのメリットとして、通信待ちなしで画面切替ができることを紹介しました。しかし、それはほんの一例です。モダンWebの仕組みと最新のフロントエンド技術を組み合わせた次世代SPAでは、これまで見たことがないような機能まで実現できます。

- **通信待ちゼロの「高速データ検索機能」**
- **通信オフで利用可能な「オフライン機能」**
- **ログインすると前回終了時の画面を表示する「画面復元機能」**
- **何万件のリストでも表示できる「無限スクロール機能」**

スマートフォンアプリのような高速さだけでなく、これまでWebでは不可能だった新機能も手に入れることができるのですね。課長の丸山が、誰でもすぐ欲しくなると言っていたのも納得できます。

さらにモダンWebは、バックエンドで行ってきた処理をフロントエンド側で行うわけですから、バックエンドのCPUやネットワークの負荷が軽減し、システム全体のインフラコストの削減につながります。また、Webブラウザ上でアプリが動作するため、マルチデバイス（Windows、macOS、Android、iOS）対応も容易です。つまり、Webを利用する側だけでなく、開発・運用する側にもメリットがあります。

いいですね。うちの顧客にも、サーバー負荷が軽くなるのは喜んでもらえそうです。

ビジネス面のメリットもあります。商品を販売するWebサイトでは表示が2秒遅いだけで、そのサイトへアクセスする人が半分になるという報告があり、高速な画面切替は、売上向上にも貢献するのです。

速くなって、便利になって、コストも削減できて、売上向上にも貢献できるとは、誰でもすぐ欲しくなりますね。それだけの価値があるのに、どうしてモダンWebは大流行していないのですか？

青木さんの質問は当然です。実は、価値に気づいた企業は、既に導入しています。でも、大流行しないのは、従来型Webの視点でモダンWebを評価したため、途中で挫折して価値に気づかないままの人が多いためです。さらに、価値に気づいていても、大流行するまで様子見をしようという考えの人もいます。青木さん自身も、このセミナーの初めに、従来型Webで満足していて、フロントエンド向けアプリケーションフレームワークワークの調査が上手くできなかったと言っていましたね。

そういえば、そうでした。自分のことなのに、すっかり忘れていました。すいません。価値を知っている人は既に使っていて、自分のようにモダンWebに視点を切り替えられなかった人は価値に気づかないままということですね。でも、おかげさまで、私はモダンWebの価値に気づき始めています。

1-2 最新フロントエンドの仕組み

1-2-1 フロントエンドの内部処理

企画職や管理職向けのセミナーでは、モダンWebの概要を説明した後、デモを始めるのですが、青木さんはWeb開発が仕事ですので、デモを見たときに、その内部構造を理解できる必要があります。そのため、デモの前にモダンWebにおけるフロントエンドの仕組みについて、もう少し解説を続けます。まず、フロントエンドが動作するまでの流れは、3ステップで行われます。

▶STEP1（事前準備）

このステップでは、フロントエンド向けアプリケーションフレームワークを使って実行するJavaScriptプログラムを作成します。通常、複数のJavaScriptファイルを結合したモジュールとして準備します。それと同時に、<script>タグにJavaScriptモジュールを呼び出す記述をしたHTML（通常はindex.html）を準備して（図1-5）、モジュールと共にWebサーバーへアップロードします。

```
<!DOCTYPE html>
<html lang="en">
  <head>...</head>
  <body ...">
    ...
    <script type="text/javascript" src="module01.js"></script>
  </body>
</html>
```

図1-5 index.htmlの例（module01.jsを呼び出し）

▶STEP2（JavaScriptモジュールの起動）

このステップでは、前ステップで作成したindex.htmlを使ってJavaScriptモジュールをフロントエンドへロードして起動します（図1-6）。

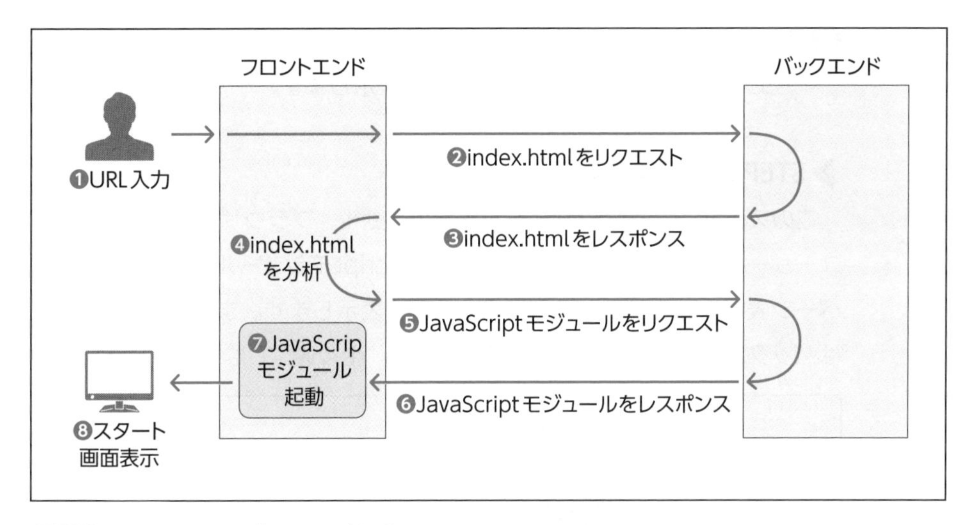

図1-6 JavaScriptモジュールが起動するまで

❶ URL入力

モダンWebでも従来型Webのスタートと同じです。ユーザーは、スタートページのHTMLのURLをWebブラウザへ入力します。

❷ リクエスト送信

フロントエンドはバックエンドへ、HTMLデータのリクエストを送信します。

❸ レスポンス受信

バックエンドはフロントエンドへ、HTMLデータのレスポンスを返します。フロントエンドは、HTMLを受信します。

❹ HTMLの分析

受信したHTMLに記述された<script>ダグを読み取り、必要なJavaScriptモジュールを特定します。

❺ リクエスト送信

フロントエンドはバックエンドへ、必要なJavaScriptモジュールのリクエストを送信します。

❻ レスポンス受信

バックエンドはフロントエンドへ、JavaScriptモジュールのレスポンスを返します。フロントエンドは、JavaScriptモジュールを受信します。

❼ モジュール起動

フロントエンドは、受信したJavaScriptモジュールを起動してスタートページ表示に必要なデータを生成します。

❽スタートページ表示

フロントエンドで生成されたデータを表示します。

▶STEP3（アプリの実行）

このステップはJavaScriptモジュール起動後、ブラウザを閉じるまで継続されます。ユーザーの操作をフロントエンドのJavaScriptモジュールが受け取り、データ処理とページ表示に必要なデータの生成を行い、表示します。また、JavaScriptモジュールはバックエンドと必要なときに通信します。全く通信しないこともあります。

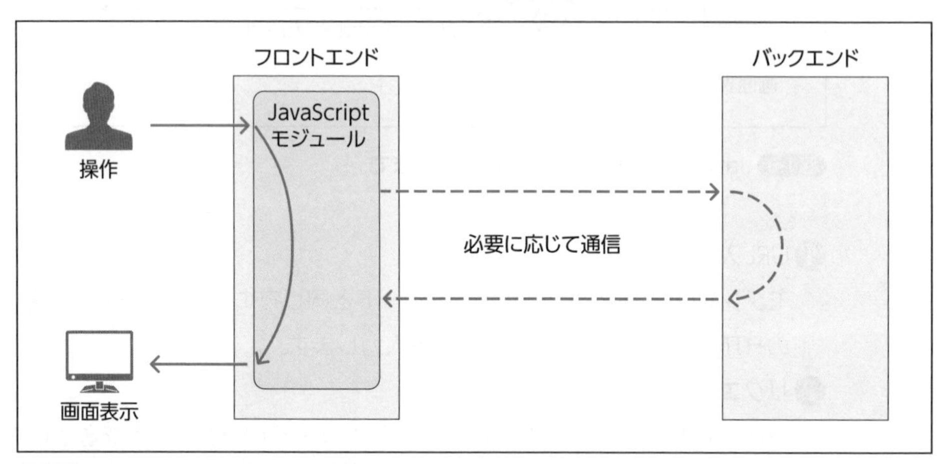

図1-7 JavaScriptモジュール起動後

ここまでの説明を受けて、フロントエンドがバックエンドの代わりをするという実感が湧いてきて、少し理解が進みました。しかし視点を変えるのは意外と大変ですね。

1-2-2 サンプルアプリで動作確認 体験

理解をさらに進めるために、モダンWebの仕組みで動作しているサンプルアプリを用意しました。このアプリは、元本と利率を入力すると10年後の金額を複利計算します。たとえば、年利回り2%の投資を10年間続けると、いくらになるか計算します。フロントエンド向けアプリケーションフレームワークの1つ、Angularで作成しています。全体の画面フローは、「1-2-3 複利計算の画面フロー」を見てください。

それでは、複利計算アプリを起動してみましょう。初めに、Webブラウザから以下のURLにアクセスして、複利計算アプリのindex.htmlをロードします。

https://www.staffnet.co.jp/frontend-demo/calc/

複利計算の入力画面が表示されます（図1-8）。

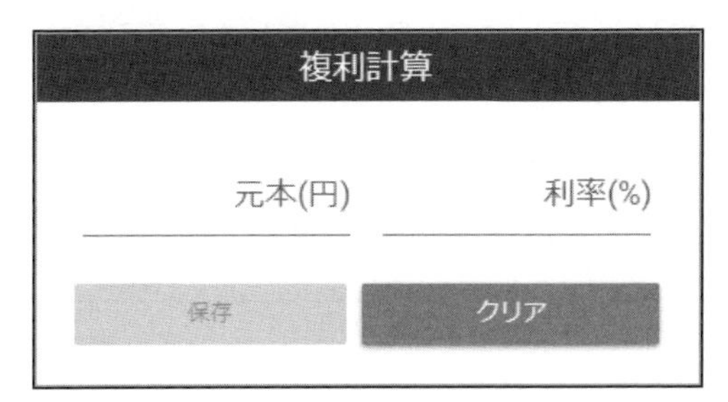

図1-8 複利計算アプリの初期画面

見た目は、従来型Webと変わりませんが、内部ではJavaScriptモジュールが実行されており、この画面もそのモジュールが生成しています。

私のPCでも同じ操作をすると、この画面が表示されました。よく見ると、入力が必要な元本と利率の入力欄がありますが、入力データをバックエンドへ送信するボタンがありません。なぜですか？

質問の答えはすぐにわかります。たとえば、元本に10000、利率に2を入力します（図1-9）。

図1-9 計算結果の表示

うぉ。これはすごい。元本と利率を入力した瞬間、ボタンを押していないのに、計算結果「10年後　12,186円」が表示されました。Webなのに、表計算ソフトのExcelと同じように値を入力するだけで自動的に計算結果が表示されます。まるでマジックです。これがスマートフォンのアプリだと言われても騙されてしまいそうですね。

この動きは従来型Webと異なります。
従来型Webで同じアプリを作ると、こんな操作になります。

(1) 元本と利率を入力する。
(2) 送信ボタンをクリックする。
(3) サーバーからの応答を待つ。
(4) 計算結果を表示される。

サンプルアプリと比べ、(2) の操作と、(3) の待ち時間が追加になります。ユーザーにとっては、(2) (3) どちらも無駄でしかありません。ここでは、データの入力・計算・結果の表示が同じフロントエンド内で行われるので、入力を結果に即座に反映できるのです。今度は、元本を20000に変更してみましょう（図1-10)。

図1-10 元本を変更した計算結果

元本の変更が、計算結果に瞬時に反映されました。通信待ちがなくなるだけでなく、送信ボタンのクリックも不要です。送信ボタンがないので、これがWebで動いていると気づく人はいないと思います。仕組みの変化は理解していましたが、使い勝手がここまで変化するとは思いませんでした。

すべてのモダンWebで送信ボタンが不要になるわけではありませんが、工夫次第で操作を簡略化できるという例です。また、同じ動作をJavaScriptとjQueryでも実現できますが、その場合は、入力データの変更イベント検知とデータ取得をプログラムで記述する必要がありますが、フロントエンド向けアプリケーションフレームワークでは、変更検知機能やデータバインド（入力した値を変数へ自動的に代入）機能を内蔵しているので、コード量を大幅に削減できます。以上で、複利計算アプリの高速表示機能は確認できました。それでは、その他の機能を見てみましょう。

はい。

明細機能を紹介します。明細表示のボタンをクリックすると、毎年の金額の変化を確認できます（図1-11）。元本や金利を変更すると、結果と明細表示の両方に瞬時に反映されます。

図1-11 1年ごとの明細表示

計算の過程がわかって便利ですね。

最後に保存・復元機能です。計算結果が表示されている状態で、保存ボタンをクリックします。Webブラウザを閉じた後、再度開き、初めに入力したURLを呼び出します。今度は、保存ボタンをクリックした時点の画面が復元されます（図1-12）。

図1-12 **計算結果画面の復元**

すごい！ Webブラウザを閉じたのに、閉じる前の画面が復元できるなんて信じられません。またマジックですね。いったいどういう仕組みなのですか？

最近のWebブラウザは、データを保存できるWebストレージを内蔵しています。それを使って画面の状態を保存して、起動時に復元しています。

画面の状態というと、入力データ、計算結果、HTMLと結構なデータ量がありませんか？

それらのデータからでも復元できますが、ここで保存するのは、元本と利率だけです。たとえば「20000」と「2」という2つの値だけです。後は、その値をもとに表示を行います。具体的には、Webストレージから読み込んだ値を元本と利率にプログラムで代入すれば、あとはJavaScriptモジュールがキーボードから入力したときと同じように扱ってくれます。

なるほど、意外と簡単なのですね。複利計算アプリを見て、モダンWebの具体的なイメージをつかめました。やっぱり、この技術はすぐ欲しくなりますね。やる気が出てきました。

1-2-3 複利計算アプリの画面フロー

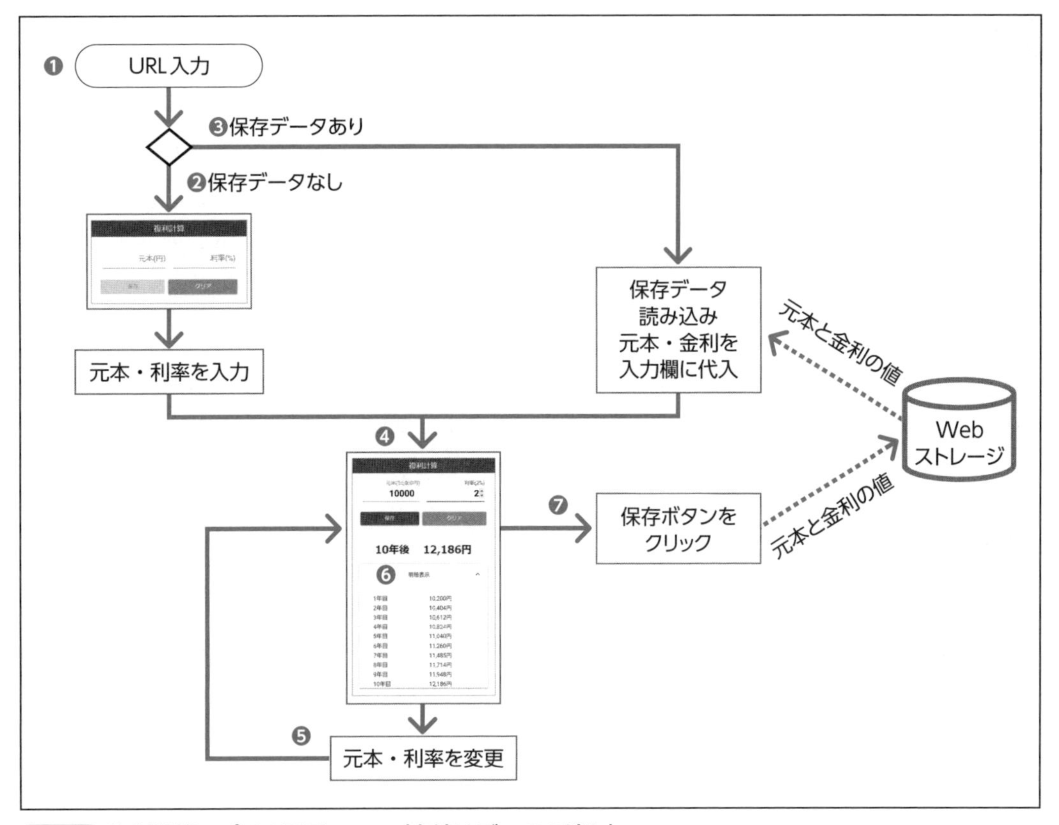

図1-13 複利計算アプリの画面フロー(点線はデータの流れ)

❶ index.htmlのURLを入力します。

❷ はじめて利用するときは、元本・利率が空白の入力フォームを表示されます。このフォームに元本・利率を入力します。

❸ 過去に利用したデータを保存しているときは、Webストレージから元本・利率の値が自動で入力され、保存時の画面の状態が復元されます。

❹ 計算結果が瞬時に表示されます。

❺ 元本・利率の値を変更すると、計算結果が瞬時に更新されます。

01

❻明細表示ボタンをクリックすると、以降は明細も同時表示されます。
❼保存ボタンをクリックすると、現在の元本・利率の値がWebストレージに保存されます。

1-3 待ちなしでバックエンドと連携

1-3-1 バックエンドからダウンロード

気になることがあります。複利計算アプリではJavaScriptモジュールが起動後、バックエンドとの通信はありませんでした。このケースで通信待ちが発生しないのはわかります。しかし、データベース検索などではバックエンドとデータ交換が必要なことがあります。この場合は、通信待ちが発生して従来型Webに逆戻りです。どうするのですか？

青木さんが指摘するとおり、モダンWebであっても、バックエンドと連携するケースでは通信待ちが発生します。この事実は変えようがありません。しかし、通信をしてもユーザーに待ちを感じさせない方法ならあります。

そんなことが可能なのですか。

従来型Webでは、ユーザーが送信ボタンをクリックしてから、通信を開始し、受信結果を画面に表示していました。この方法では、ユーザーが操作しないと通信が開始しないし、通信が完了しないと表示できません。それぞれの処理は、前の処理に依存しているので順序の変更ができず、通信中は画面がロックされ操作できません。これでは、どう頑張ってもユーザーから見て、通信待ちが発生します。

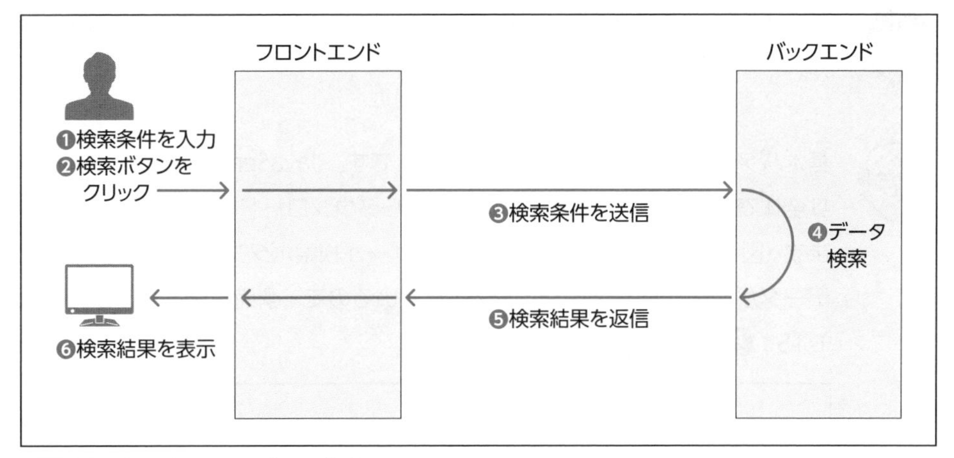

図1-14 従来型Webでデータ検索

その通りです。

一方、モダンWebでは、ユーザー操作に関係なく、任意のタイミングでJavaScriptモジュールが通信可能です。さらに、通信はバックグラウンドで行われるため、たとえ操作中であっても、画面はロックされず、ユーザーは通信していることを意識しません。

また、マジックですね。従来型Webでは通信中は画面がロックしてユーザー操作できなかったのが、モダンWebではユーザーが気づかないうちに通信可能ということですか？

その通りです。この特性を活かして、「通信をしてもユーザーに待ちを感じさせない」動作を行います。

具体的には、どうするのですか？

基本は、表示に必要なデータをバックエンドから事前に取得しておいて、ユーザーが操作したときは、取得済のデータを使って瞬時に表示するという考え方です。こうすれば、「通信しても待ちを感じさせない」ことができます。種明かしをすれば当たり前のことです。

確かに当たり前ですが、まだイメージがつかめません。もう少し、説明してもらえますか。

基本パターンは、「起動時ダウンロード」です。JavaScriptモジュールの起動時にアプリ全体で必要なデータをバックエンドからダウンロードしてWebストレージに保存します（図1-15：❶〜❹の処理）。ユーザーが検索ボタンをクリックしたときは、既にデータがフロントエンド内に保存されているので、瞬時に画面表示が行われます（図1-15：❺〜❽の処理）。

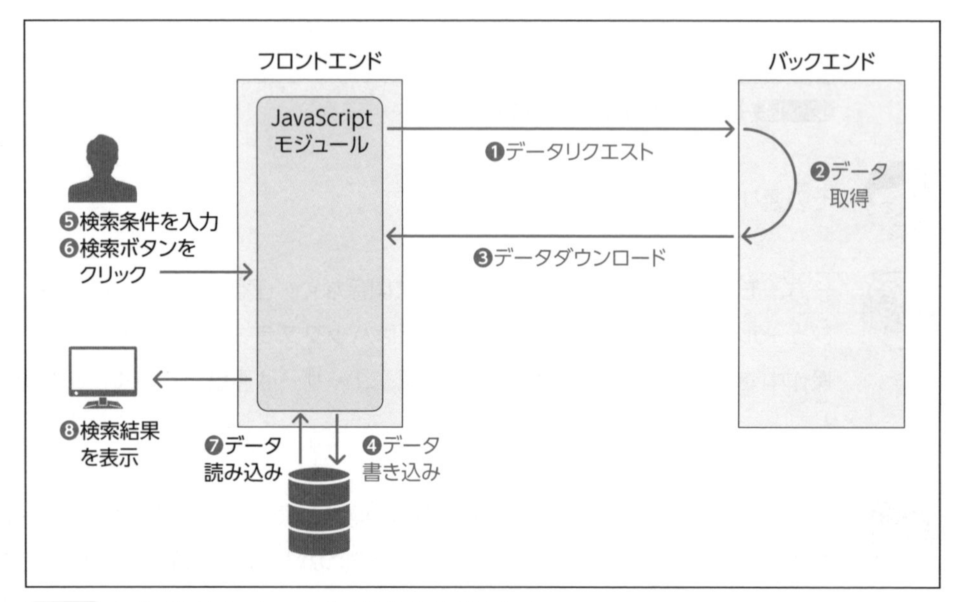

図1-15 **起動時ダウンロードで検索結果を瞬時に表示**

でも、ダウンロードのサイズが大きいと起動時に待たされませんか？

ダウンロードデータをWebストレージに保存すれば、2回目以降で起動待ちは発生しません。そのため、実運用上は問題にならないことが多いです。しかし、初回起動時の待ち時間も短縮したい場合は、「遅延ダウンロード」という方法があります。起動時は最小限のダウンロードをして、残りはスタート画面表示後、ユーザーの操作中にバックグラウンド通信でデータを取得します。

データがダウンロードできないほど巨大なときは、どうしますか。

「分割ダウンロード」という方法があります。たとえば1万件のデータをリストで表示したいときは、最初の表示に必要なデータ（たとえば10件）のみダウンロードします。ユーザーがスクロール操作をして追加のデータが必要になる都度、ダウンロードを繰り返し、不要になったデータは廃棄します（図1-16）。

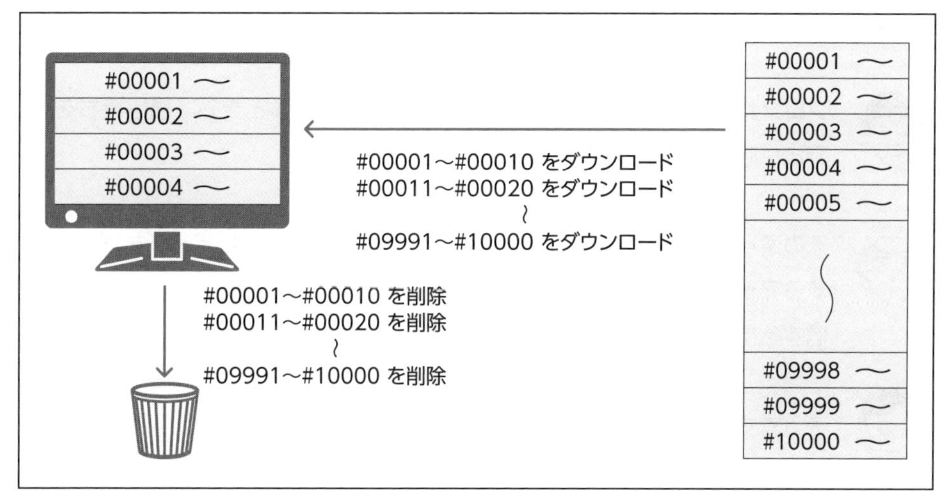

図1-16 **分割ダウンロード**

さらに、「予測ダウンロード」という方法があります。次のユーザー操作を予測して、事前にダウンロードを行います。たとえば商品説明のページに、「拡大写真を見る」というボタンがあるとします。このページを表示した直後、JavaScriptモジュールがバックグラウンドで拡大写真をフロントエンドへダウンロードします。こうすると、ユーザーが商品説明を読んで、拡大写真を見るボタンをクリックしたときには瞬時に表示されます。

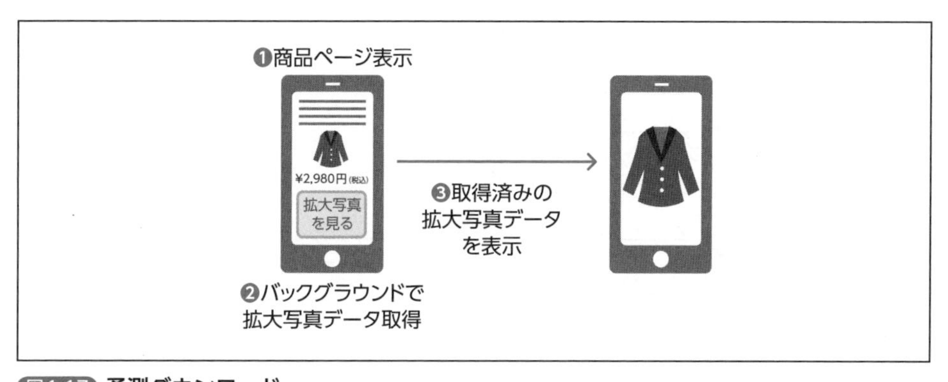

図1-17 **予測ダウンロード**

いろいろな方法がありますね。

1-3-2 バックエンドへアップロード

フロントエンドがバックエンドからデータをダウンロードするときに待ちを感じさせない方法を紹介しました。同じことが、フロントエンドからバックエンドへデータをアップロードするときも可能です。

フロントエンドからバックエンドにアップロードするときも、通信待ちを感じさせない方法があるということですか？

その通りです。写真などのファイルやフォームに入力したデータをバックエンドへ登録するアップロードは、従来型Webでは送信ボタンクリックしてから、レスポンスを受信するまで、待ちが発生していました。

そうです。

モダンWebでは、「遅延通知アップロード」という方法で、待ちを感じさせないようにします。具体的には、ユーザーが送信ボタンクリックすると、JavaScriptモジュールは送信データを受け取り、すぐに次の画面に進みます（図1-18 ❶〜❸）。これ以降、送信処理はバックグラウンド通信で行われるので、アップロードで待ちを感じません（図1-18 ❹〜❻）。バックグラウンド通信でアップロードが完了した時点で、送信完了のポップアップを表示します（図1-18 ❼）。

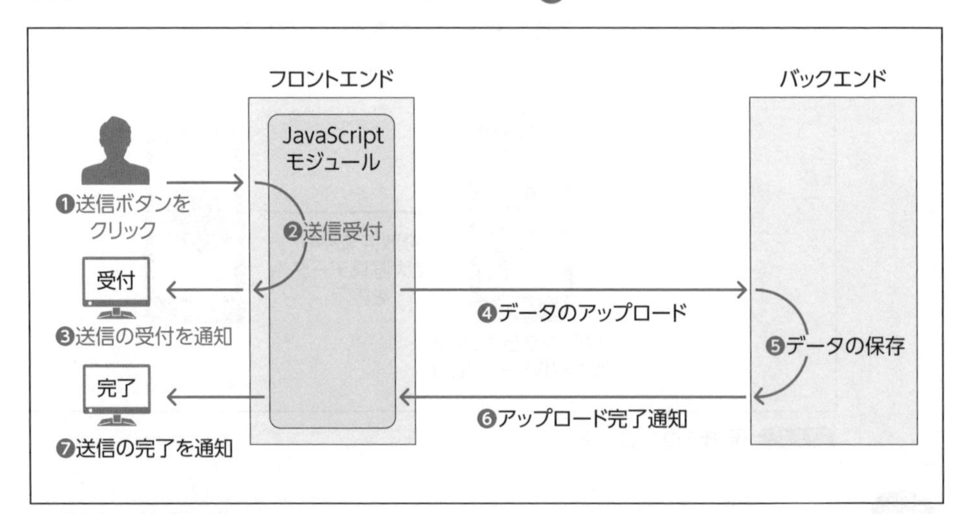

図1-18 遅延通知によるアップロード

通信失敗の例外処理については「8-1-5　データアップロードで重複登録が発生」で解説します。

1-3-3　バックエンドと連携のまとめ

バックエンドとの連携は、これまで説明した方法を、用途や目的に応じて組み合わせたり、改良したり、場合によっては画面デザインを変更したりして、アプリ全体で待ちを感じさせない仕組みに作り上げます。すきま時間をうまく使って、ユーザーの待ち時間をなくすので、私はこれを「時間を味方にする」と呼んでいます。

「時間を味方にする」ですか。少し哲学的ですが、面白い表現ですね。ITの世界では「時間との闘い」と言われ、「時間は敵」という意識がありますが、工夫次第で味方にもなる。Web開発エンジニアの腕の見せ所ですね。

その通りです。ここで紹介した、待ちを感じさせない方法は2章のサンプルアプリで動作を確認します。

サンプルを見るのが楽しみです。時間をずらして処理をするという経験がないので、内部の処理を説明されても、まだ半信半疑です。バックグラウンド通信中に本当にユーザー操作に影響はないのか、分割ダウンロード中にデータのつなぎ目でスクロールが固まらないか、などを自分の目で確認したいです。

「半信半疑＋期待感」のその気持ち、よくわかります。私自身もモダンWebのアプリを作り始めた頃、同じ気分でした。

「半信半疑＋期待感」。確かに、そんな気分ですね。

01

1-4 1章まとめ

- Webの仕組みは、「従来型Web」と、最新フロントエンド技術を活用した「モダンWeb」に2分される。
- モダンWebでは、従来のバックエンドの役割の一部をフロントエンドが行う。
- 「SPA（シングルページアプリケーション）」はモダンWebの基本パターンで、画面データの生成をフロントエンドで行い、画面切り替えのたびの通信待ちを回避する。
- 「次世代SPA」はモダンWebの拡張パターンで、待ち時間ゼロのデータ検索、画面の復元、オフライン時の利用などを可能にする。
- モダンWebは、特殊な動作環境を必要としない。最近の主要ブラウザで動作する。
- モダンWeb開発には、フロントエンド向けアプリケーションフレームワークが必要。主要なものに、「React」、「Angular」、「Vue」がある。
- モダンWebでは、バックグラウンド通信とデータ保存を組み合わせ、見かけ上の通信待ちをゼロにすることが可能。（起動時ダウンロード、遅延ダウンロード、分割ダウンロード、予測ダウンロード、遅延通知アップロードなどの手法がある）
- モダンWebを導入すると、フロントエンドの高速化・操作性向上だけでなく、サーバー負荷の軽減、システム全体のコスト削減、売り上げ向上も期待できる。

第2章 次世代SPAのデモ

2-1 Google画像検索の無限スクロール

2-1-1 無限スクロールの操作デモ

第1章ではモダンWebの概要について解説しました。これまで不可能だったことが多く含まれていたので、理屈は理解できるものの、本当に動作するのか半信半疑だと思います。そこで第2章では、公開されているWebサイトや本書用のサンプルアプリを使い、第1章で紹介した機能のデモを行います。青木さん自身の目で確認して、理解を深めてください。何か希望はありますか？

誰でも知っているモダンWebを導入済みのサイトを知りたいです。この研修の後、社内のエンジニアにモダンWebを紹介するときに、「モダンWeb？それって何？」と聞かれたときに、「コレです」と説明するためです。

Google検索のサイトはいかがですか？バックグラウンド通信と分割ダウンロードを組み合わせた無限スクロール機能を使っています。大量の検索結果をページを切り替えることなく、通信待ちなしでスムーズにスクロールできます。

Google検索なら、誰でも使っているのでモダンWebを知らない人に説明するのにピッタリです。しかし、Google検索に無限スクロール機能が使われているようには見えません。どの画面で使われているのでしょうか？

青木さんが指摘するように、Google検索（検索対象「すべて」）には、無限スクロール機能はありません。1ページ分の検索結果が表示され、続きを見たいときはページ送りの操作が必要です。しかし、Google検索（検索対象「画像」）は、検索結果の無限スクロールが可能になります。それでは、やってみましょう。ここでは、Google Chromeを使って説明します。このデモは青木さんのPCでも確認できます。

❶ PCでWebブラウザを開き、検索キーワードに「東京タワー」と入力してGoogle検索（検索対象「すべて」）を行います（図2-1）。東京タワーに関する検索結果が、見慣れたレイアウトで表示されます[*1]。

図2-1 「東京タワー」をGoogle検索（検索対象「すべて」）

❷ 下方向にスクロールすると、ページ末尾にページ送りのリンクが表示されます（図2-2）。検索結果の続きを見るためにはページ送りの操作が必要です。

＊1　表示される画面は一例です。実際に操作したときと異なることがあります。

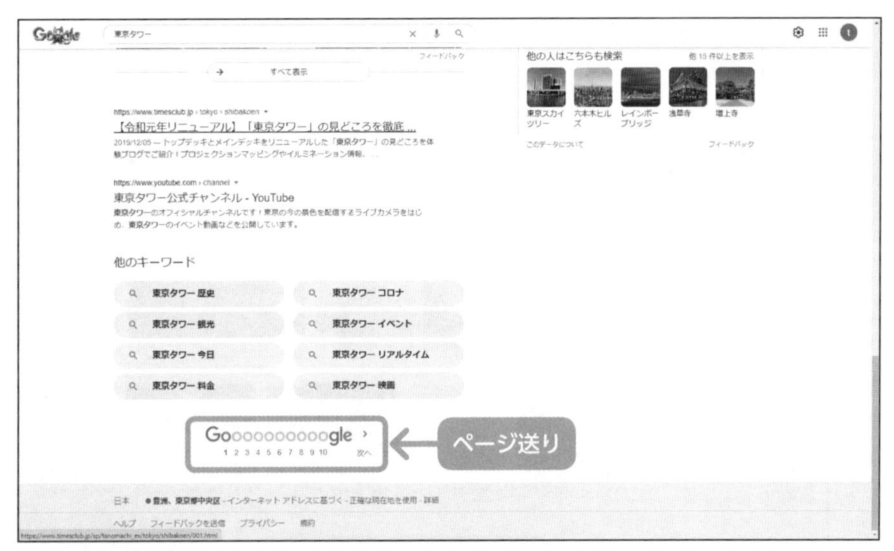

図2-2 検索結果のページ末尾にあるページ送りのリンク

❸ Google検索結果の画面から［画像］メニューを選択します（図2-3）。今度は、東京タワーの画像のGoogle検索（検索対象「画像」）結果が表示されます。このページは無限スクロールになっています。マウスのホイールで下方向にスクロールすると、通信待ちを感じることなく、大量の画像をスムーズに表示できます。

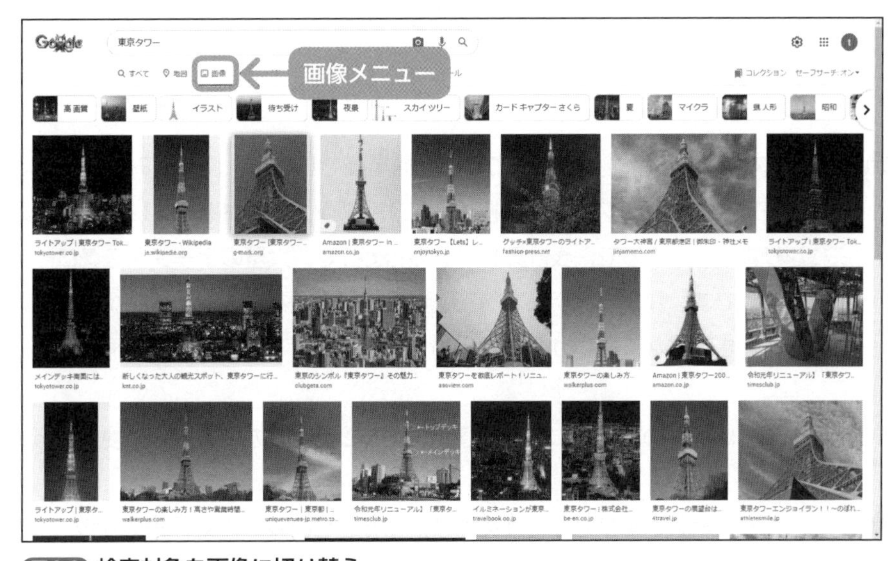

図2-3 検索対象を画像に切り替え

❹ある程度スクロールが進むとスクロールは一時停止しますが、［結果をもっと表示］ボタンをクリックすると、無限スクロールが継続されます（図2-4）。

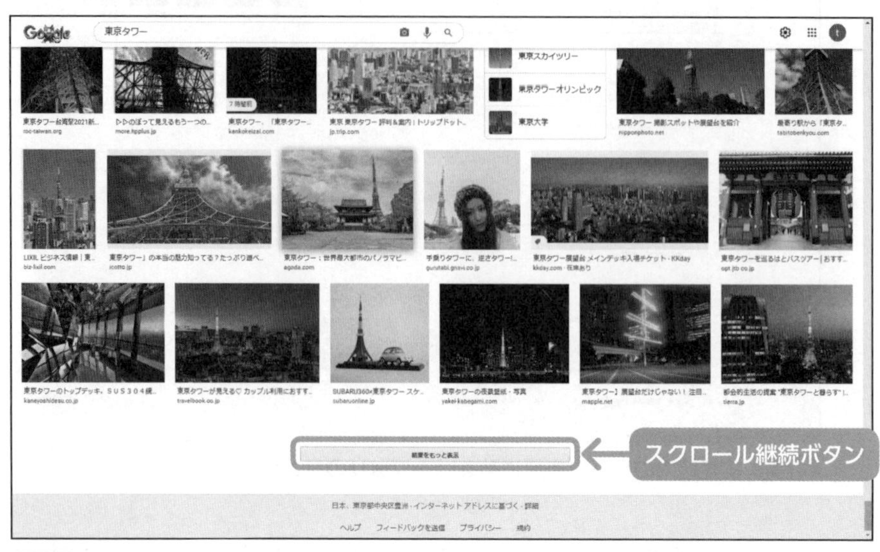

図2-4 **無限スクロールの一時停止**

ここまでが、Google検索（検索対象「画像」）を例にした無限スクロール機能（バックグラウンド通信＋分割ダウンロード）のデモです。ページ送りが不要なので、大量の写真の中から自分のイメージに合ったものを目視で探す場合に、とても楽に探せます。いかがですか？

「無限スクロール機能」については、半信半疑でしたが、使ってみると便利で、動きもスムーズです。バックグラウンド通信で分割ダウンロードをしているのは、見かけ上はわかりません。まるで、表計算ソフトのExcelで、大量のデータをスクロールして見ているようです。「バックグラウンド通信がユーザー操作に影響しないか？」「スクロールの動作がぎこちなくないか？」といった心配も、実際の動作を見て解消しました。

このデモは社内のエンジニアさん達に、モダンWebの事例として使えそうですか？

もちろん、身近な事例として使えます。また、Google検索（検索対象「すべて」）がページ送り、Google検索（検索対象「画像」）が無限スクロールなので、従来型とモダンWebの比較説明にも使えます。この便利さを知ると、もうページ送りを使う気になりません。社内のエンジニアに紹介するのが楽しみです。

MEMO 無限スクロールのデメリット

無限スクロールは、ページ送り方式より優れています。大きなデメリットは見当たりません。それでもGoogle検索（検索対象「すべて」）でページ送り方式が採用されているのはビジネス上の理由と思われます（「2-1-3　Google検索がページ送りの理由」を参照）。

また、インターネット検索すると、「無限スクロールのデメリットとして、フッターを表示できない」などの記事が見つかります。これは従来の画面デザインをそのまま踏襲できないという意味です。画面デザインを無限スクロールに最適化する前提であれば、問題ありません。

2-1-2　無限スクロールの内部処理

Google検索（検索対象「画像」）を外部から見た動作確認をしましたので、次は内部の処理を確認します。そのために、開発者向けツールを使って通信内容を監視します。スクロールするごとにバックグラウンド通信で行われる分割ダウンロードの様子を確認できます。

❶東京タワーの画像検索結果の画面で、F12キーを押下または、Chromeの右上にあるメニューから［その他ツール］＞［デベロッパーツール］を選択します。Chrome内部の動作を確認する開発者向けツールであるChrome Developer Toolsが表示されます。Chrome Developer Toolsのメニューから［Network］を選択します（図2-5）。これで、Chromeブラウザの通信内容の監視が始まります。

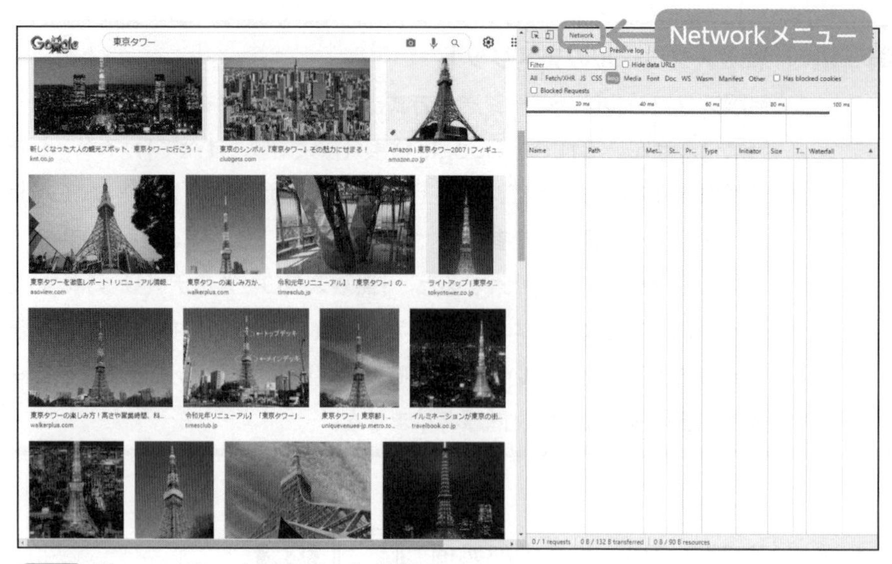

図2-5 Chrome Developer Toolsの表示

❷Chrome Developer Toolsの標準の設定では、すべての通信内容が出力されてしまい、見づらくなります。そこで、検索結果の画像データのみ出力するフィルターを設定します。フィルターの入力欄に「images?」と入力し、フィルターボタンの[Img]を選択します（図2-6）。

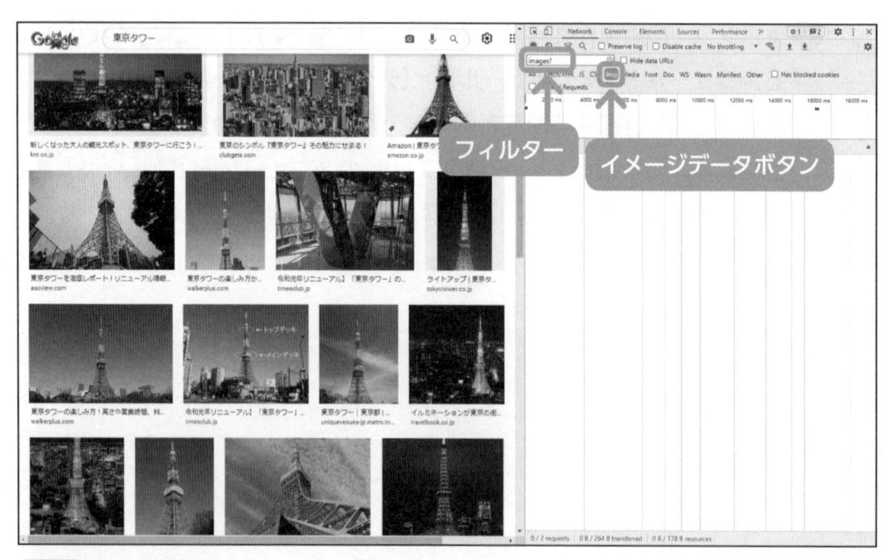

図2-6 通信を監視するフィルター設定

❸強制リロード（ShiftキーとF5キーの同時押し）します。ダウンロードされた画像

の通信内容がChrome Developer Toolsに表示されます。表示されたリストは、1行ごとに1つの画像データのダウンロードを表し、通信した順番に並んでいます(図2-7)。

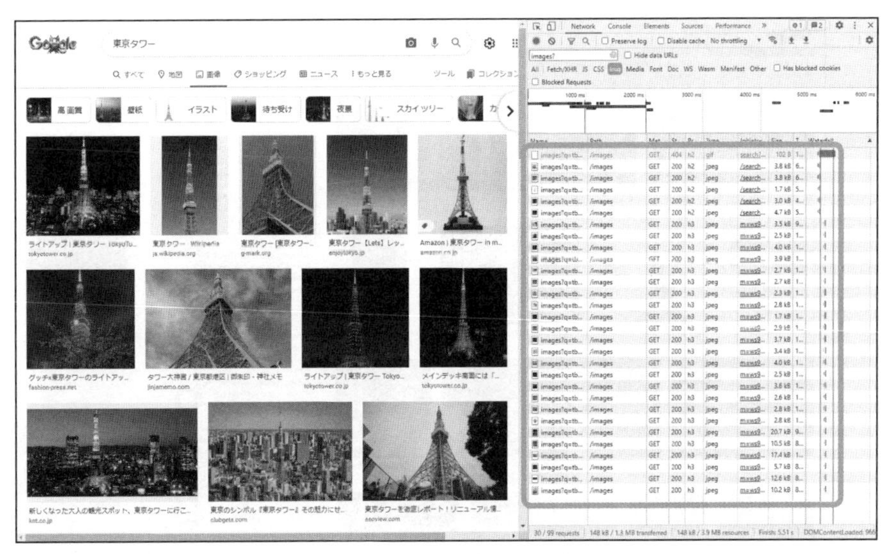

図2-7 強制リロードでダウンロードされた画像の通信内容

❹通信内容を下方向にスクロールして、最後にダウンロードした画像(一番下)のURL(通信内容項目の一番左、列名はName) をマウスでクリックすると、通信内容が右のペインに表示されます。右ペインの[Preview] メニューを選択すると、ダウンロードされた画像をプレビューできます(図2-8)。

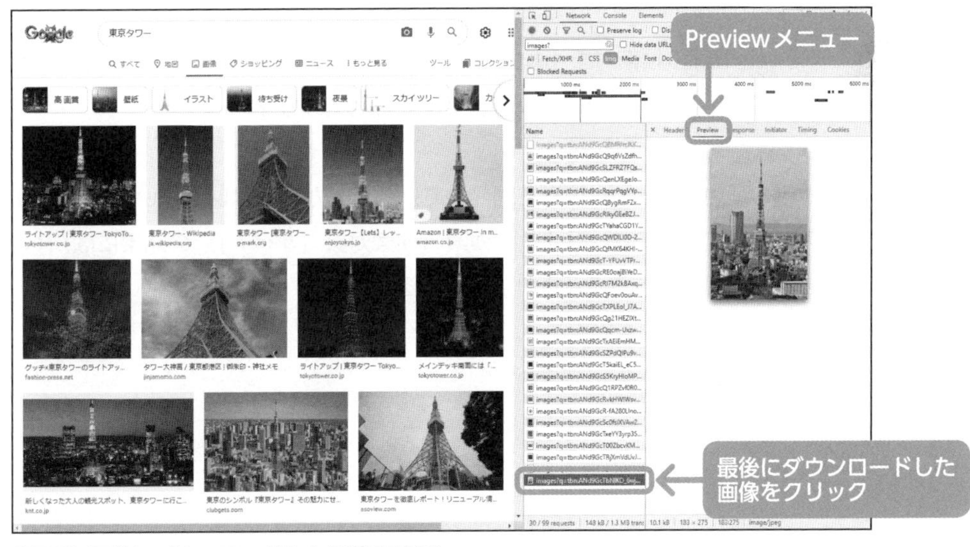

図2-8 最後にダウンロードした画像の表示

❺ この状態で、検索結果の表示エリアにマウスカーソルを移動し、マウスのホイールで下方向にスクロールすると、追加で分割ダウンロードされた画像の通信内容が表示されます（図2-9）。

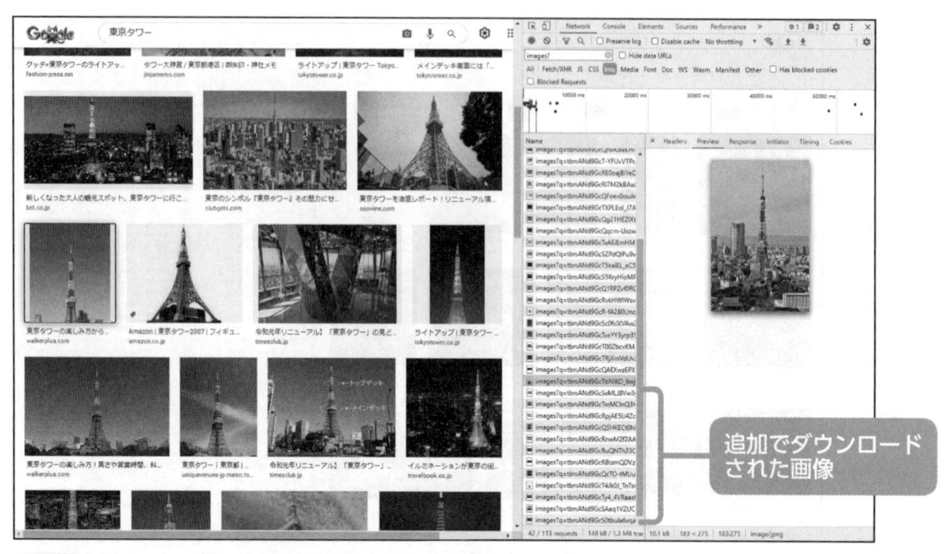

図2-9 **スクロールすると追加でダウンロードされた画像**

当たり前ですが、1章で説明を受けた分割ダウンロードの仕組みどおりの動きですね。半信半疑の気持ちはなくなりました。

2-1-3 Google検索がページ送りの理由

Google検索（検索対象「画像」）は無限スクロールするのに、Google検索（検索対象「すべて」）ではページ送りが必要です。なぜですか？

本当の理由はGoogle検索を開発している人しか知らないと思いますが、「ビジネス上の理由」のようです。Google検索（検索対象「すべて」）の結果には、ページの先頭または末尾に広告が表示されます（図2-10）。

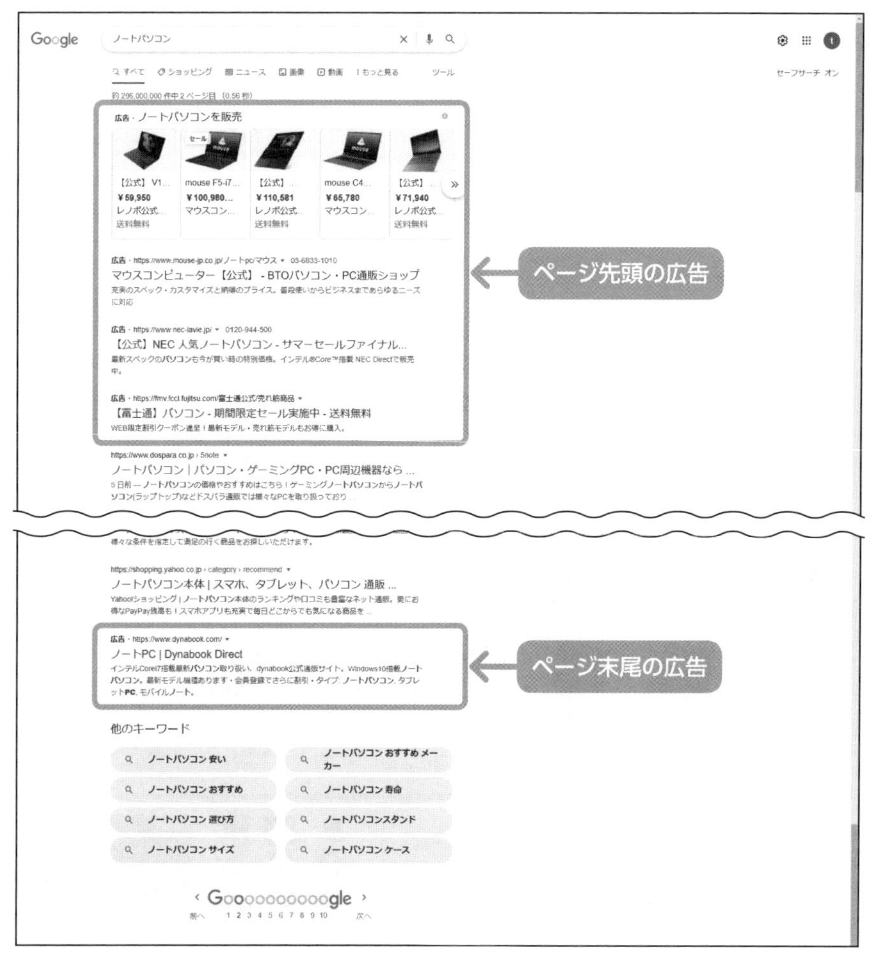

図2-10 Google検索（検索対象「すべて」）の広告表示

Google検索は優秀なので1ページ目の検索結果で欲しい情報が見つかることが多く、2ページ目以降の広告は表示される頻度が低下します。また、広告の表示順位は、検索キーワードとの関連性にも影響を受けますが、広告1クリックあたりの単価を高くすればするほど上位になる仕組みになっています*2。

そのため、世界中の企業が検索結果の1ページ目の上位に表示することを目指して、競争して単価を決めています。つまり、この広告は検索結果がページ送りであることを前提としてデザインされています。

＊2　Google広告の詳細は、公式サイト（https://ads.google.com/intl/ja_jp/home/）を確認してください。

Googleの広告は毎日見ていますが、広告を出す側の仕組みは知りませんでした。広告料は1クリック当たりの固定金額で、広告の表示順位は検索キーワードとの関連性だけで決まると思っていました。広告する企業同士が広告料を競り合う、良く考えられたビジネスですね。

無限スクロールは、ページの区切り目をなくしてしまいますので、この広告の仕組みに大きな影響があります。そのため、見直しに時間がかかっているのだと思います。一方、Google検索(検索対象「画像」)でも広告は表示されますが、商品の写真と名前・価格程度で、キャッチコピーなどの広告文は表示されません(図2-11)。そのため、無限スクロールにしても影響が少ないとGoogleが判断したのだと思います。

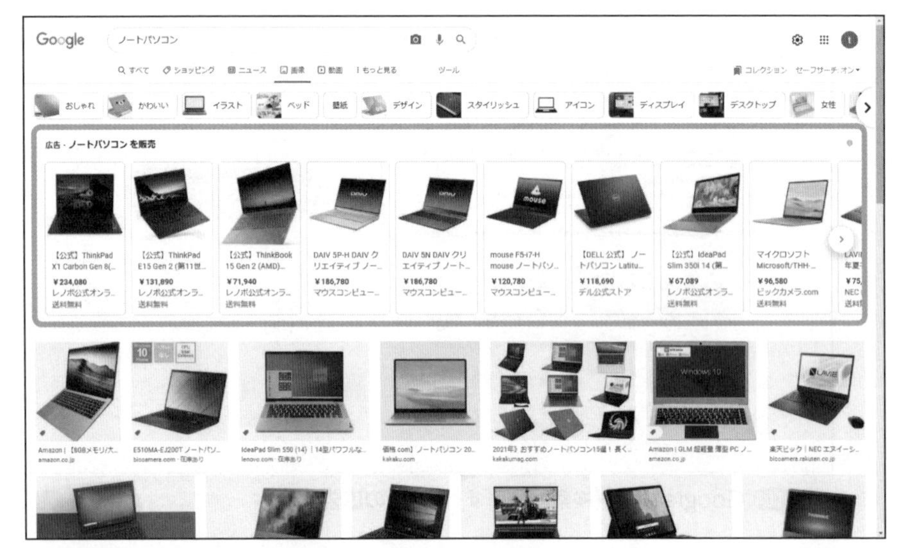

図2-11 Google検索(検索対象「画像」)の広告表示

Google検索(検索対象「すべて」)で、無限スクロールが採用されていないのは、技術的な制約ではなく、いわゆる「大人の事情」だということですね。

ちなみに、Amazonで商品検索した結果が無限スクロールでないのも、「ビジネス上の理由」のようです。面倒なページ送り操作があることで、ユーザーが閲覧するページを最小限にとどめて、短時間で購入する商品を決めてもらうためと言われています。

確かに、検索した商品リストが無限スクロールできると、候補となる全ての商品を見たくなったり、前後に何度もスクロールしたくなったり、購入する商品を決めるのに悩む

時間が増えそうです。でも、商品をじっくり選べるのは、ユーザーにとっては良いことですよね。

私も同感です。青木さんが、モダンWebの技術を修得して周囲のエンジニアに広げてゆけば、無限スクロールの事例は増えてきます。そうなれば、ページ送り方式を面倒だと感じるユーザーの声に押され、無限スクロールが積極的に取り入れられるようになり、モダンWebが大流行すると思います。青木さんのモダンWeb普及活動に期待しています。

2-2 待ち時間ゼロのデータ検索

2-2-1 データ検索アプリの紹介

次は、大量のデータから、目的のデータを検索して詳細情報を表示するという、よくあるデータ検索です。従来型Webでは、以下のような3ステップの処理が一般的です(図2-12)。

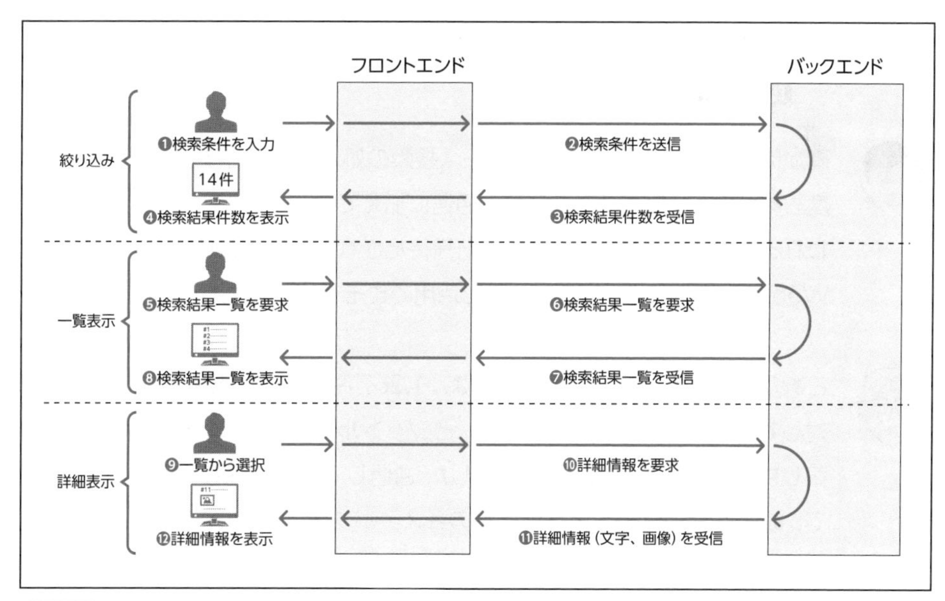

図2-12 データ検索の処理の流れ

▶ [ステップ1] 対象の絞り込み

❶ ユーザーが検索条件を入力します。

❷ バックエンドへ、検索条件を送信します。

❸ バックエンドから、検索結果の件数を受信します。

❹ 検索結果の件数を表示します。

- 件数が想定より多いときは、❶へ戻り検索条件を追加・変更します。
- 件数が想定内のときは、[ステップ2] へ進みます。

▶ [ステップ2] 検索結果一覧の表示

❺ ユーザーが検索結果一覧を要求します。

❻ バックエンドへ、検索結果一覧のリクエストを送信します。

❼ バックエンドから、検索結果一覧を受信します。

❽ 検索結果一覧を表示します。

▶ [ステップ3] 詳細情報の表示

❾ ユーザーが検索結果一覧から確認したい項目を選択します。

❿ バックエンドへ、選択項目の詳細情報のリクエストを送信します。

⓫ バックエンドから、詳細情報を受信します。

⓬ 詳細情報を表示します。

確かにWebでよくあるデータベース検索の処理の流れです。私も、開発した経験が何度もあります。操作するたびに、通信に加えて、バックエンドでデータベース検索が行われるので、レスポンスが悪く、結構待たされる印象がありました。この処理をモダンWebで改善できれば幅広い分野で活用できそうです。

これから紹介するサンプルアプリは、1,267件の国内観光スポット情報（写真付き）に対してエリア（北海道、東北など）とジャンル（海岸景観、町並みなど）を指定して検索します。そして、第1章で紹介した 通信しても待ち感じさせないテクニックを用いて、絞込み・一覧表示・詳細表示の3ステップ全てにおいて 見かけ上の待ち時間をゼロにします。

高速化ではなく、待ち時間ゼロですか！それも全ステップで！ すぐに見せてください！

2-2-2 条件による絞り込みデモ 動画

それでは、サンプルアプリのデモを始めます。本書サポートサイトで、デモの動画を参照できます。

❶ index.htmlのURLを入力すると、検索条件の入力画面が表示されます（図2-13）。

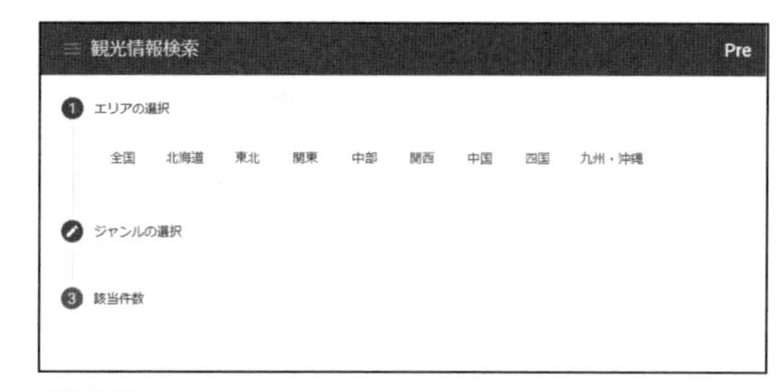

図2-13 起動時の画面

❷ 観光スポットの検索対象エリアを、全国（全エリア）、北海道、東北、関東、中部、関西、中国 四国、九州・沖縄からクリックして選択します（図2-14）。

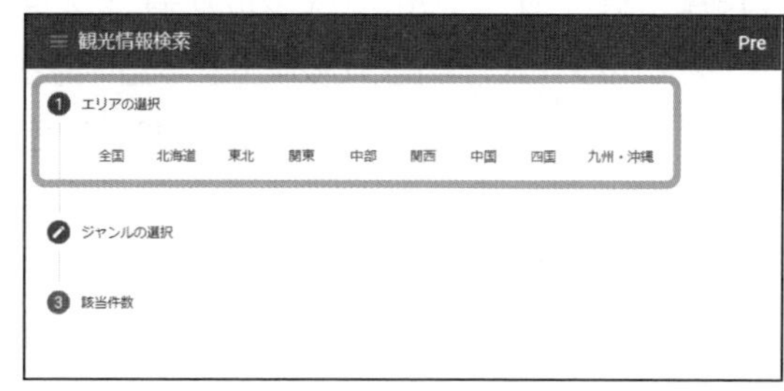

図2-14 エリアを選択

❸ 観光スポットの検索対象ジャンルのカテゴリーを、自然景観、施設景観、公園・庭園、動・植物からクリックして選択します（図2-15）。

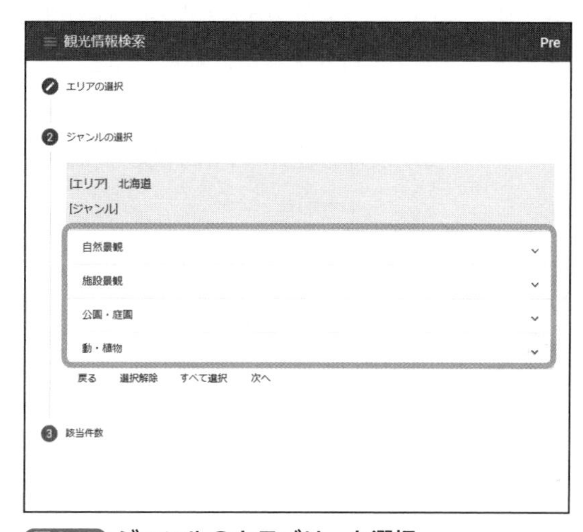

図2-15 ジャンルのカテゴリーを選択

❹ カテゴリーごとに、ジャンルのチェックボックスが表示されるので、チェックして選択します（複数選択可）。ジャンルの選択が追加・取り消しされるたびに、右上の検索結果件数が瞬時に更新されます（図2-16）。

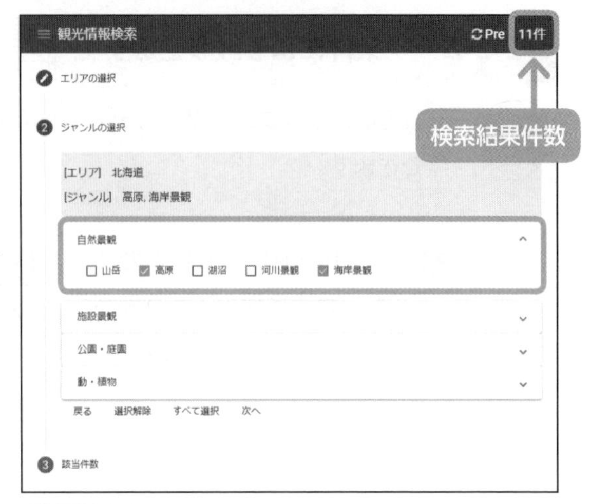

図2-16 ジャンルの選択

信じられません。ジャンルの選択を変更するたびに、右上の検索結果件数の値が、リアルタイムで変化しています。本当に待ち時間ゼロですね。過去にデータ検索のシステムを作ったときは、検索条件を設定した後、送信ボタンをクリック、しばらく待って、やっと検索結果件数が表示されていました。これだと、送信ボタンのクリックが不要で、検索結果件数の表示がジャンルにチェックを入れるごとにリアルタイムに反応するので、検索条件を変更しながら試すのが格段に楽になります。楽というより、楽しくなると言った方がよいかもしれません。

良いところに気づきましたね。画面毎に数秒程度の待ちがゼロになったところで、待ち時間の合計を人件費に換算すると、効果は小さいと言う人がいます。しかし、待ち時間が長いと集中力を削がれ、ストレスになるという報告もあります。待ちゼロにすると仕事の効率が上がり、単純な人件費の計算より大きな効果が期待できます。

2-2-3　絞り込み件数表示の仕組み

複雑な処理が必要な条件による絞り込みで、第1章の複利計算アプリと同じように、送信ボタン不要でリルタイムの結果表示が可能になるとは想像していませんでした。起動時にバックエンドのデータベースを丸ごとフロントエンドへコピーしているのですか？（図2-17）

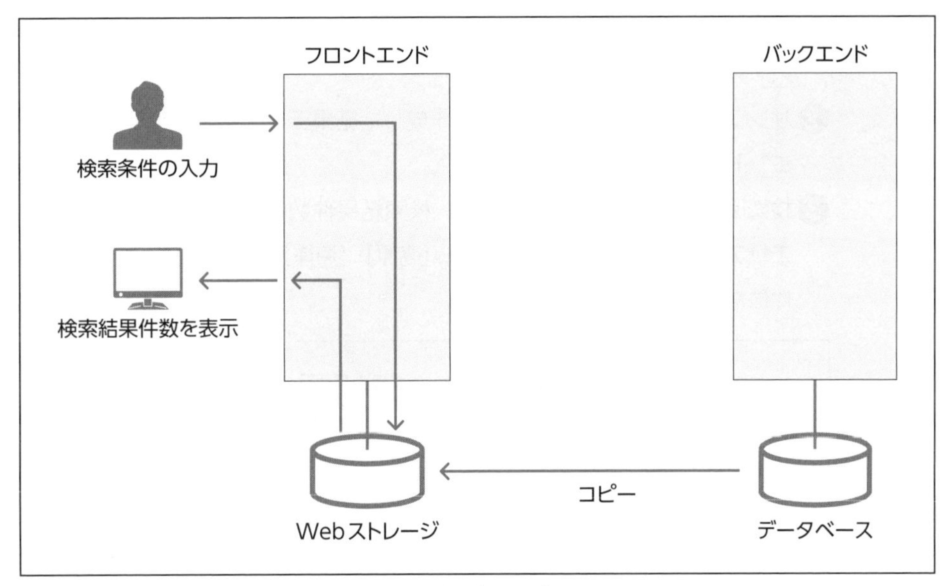

図2-17 **フロントエンドへデータベースを丸ごとコピー**

もちろん起動時にデータベースを丸ごとコピーすれば、同様の処理が可能です。しかし、データベースのデータ量が増えてくると、コピーするのに時間がかかり、待ちが発生してしまいます。ここでは、もっと高速で処理できる方法を使っています。例をあげて説明します。

❶条件の組み合わせすべてについて、登録件数をまとめた結果テーブル（表2-1）を作り、バックエンドに保存しておきます。

表2-1 **検索条件と登録件数をまとめた結果テーブル**

コード	エリア	ジャンル	登録件数
1101	北海道	山岳	6
1102	北海道	高原	1
1103	北海道	湖沼	4
1104	北海道	河川景観	4
1105	北海道	海岸景観	10
……..	……..	……..	……..

なお、結果テーブルは容量の最小化と処理の高速化のため、実際はコードと登録件数の

み保存しています。

❷ サンプルアプリ起動時に、❶で作成した結果テーブルをバックエンドからフロントエンドへダウンロードします。

❸ 検索時は、結果テーブルを使い、検索結果件数を取得して表示します。たとえば、エリアに［北海道］、ジャンルに［高原］［海岸景観］を選択すると、1＋10＝11件になります（図2-18）。

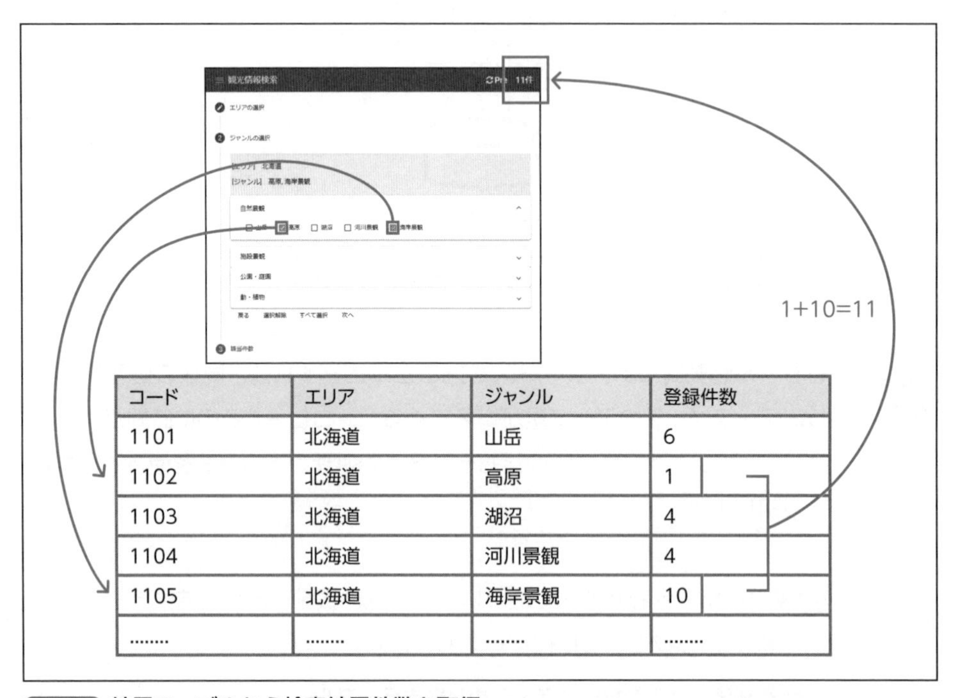

コード	エリア	ジャンル	登録件数
1101	北海道	山岳	6
1102	北海道	高原	1
1103	北海道	湖沼	4
1104	北海道	河川景観	4
1105	北海道	海岸景観	10
....	....	....	....

図2-18 **結果テーブルから検索結果件数を取得**

確かにデータベースをコピーするより高速に処理ができそうです。結果テーブルは、データベースの更新にどうやって対応しますか？

データベースの変更を結果テーブルに反映するには、該当するデータを追加また削除するときに、結果テーブルの該当する条件の登録件数の値を、+1または-1して更新します。たとえば、エリアが［北海道］ジャンルが［高原］（コード1002）の観光スポット1件をデータベースに追加するときは、現在の結果テーブルのコード1002の登録件数1を1＋1＝2に更新します。

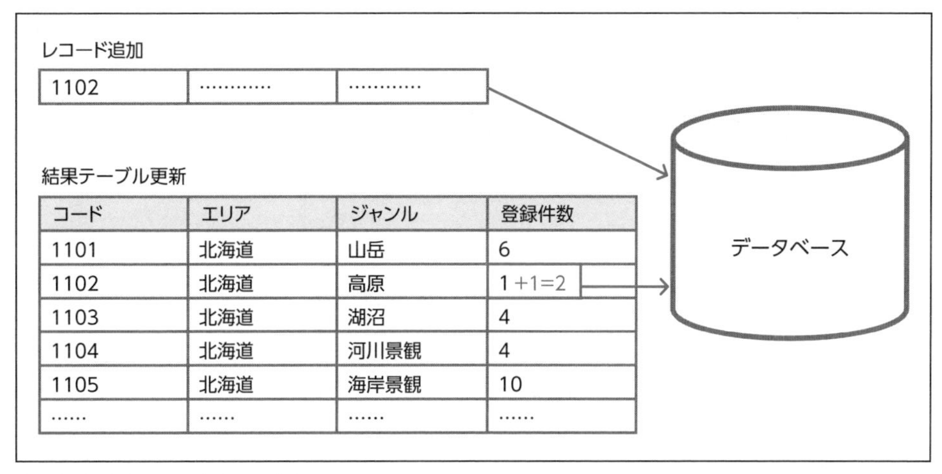

コード	エリア	ジャンル	登録件数
1101	北海道	山岳	6
1102	北海道	高原	1 +1=2
1103	北海道	湖沼	4
1104	北海道	河川景観	4
1105	北海道	海岸景観	10
……	……	……	……

図2-19 **結果テーブルの更新**

バックエンド側で登録件数のデータを事前に準備しておくことで、見かけ上の待ち時間をゼロにするテクニックですね。

2-2-4 検索結果の一覧表示デモ 動画

絞り込みの次は、検索結果の一覧表示です。デモを続けます。

❶［次へ］をクリックして、検索条件を確定します（図2-20）。

図2-20 **検索条件の確定**

❷ 検索条件と検索結果件数の最終確認が表示されるので、［表示］ をクリックします(図2-21)。

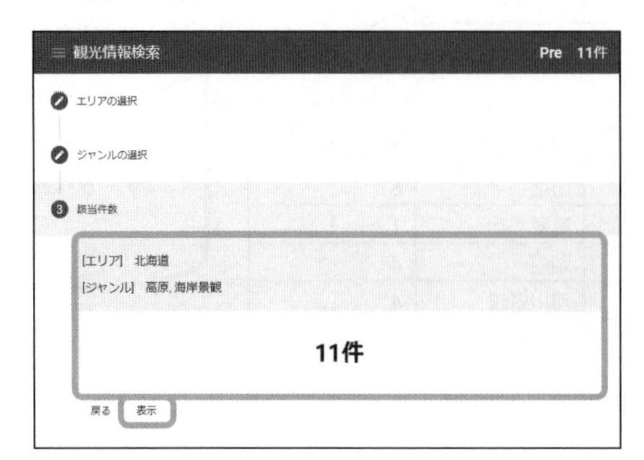

図2-21 検索条件の最終確認

❸ 検索結果の一覧が瞬時に表示されます（図2-22)。

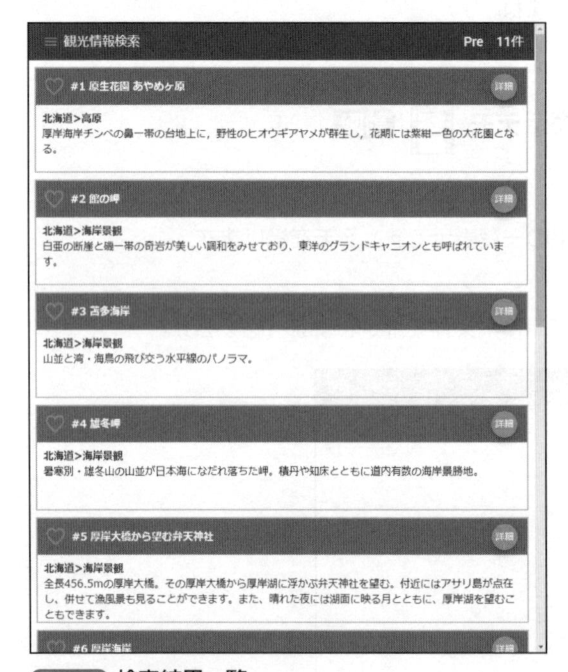

図2-22 検索結果一覧

一瞬で表示されましたが、今回の一覧は、11件しかありませんので、高速で表示されても 不思議ではありません。 もっと件数を増やして、動作を確認できますか？

それでは、エリアを［全国］、ジャンルを［すべて選択］して、全データ（1,267件）の一覧表示を確認してみましょう。

❶エリアで［全国］を選択（図2-24）。

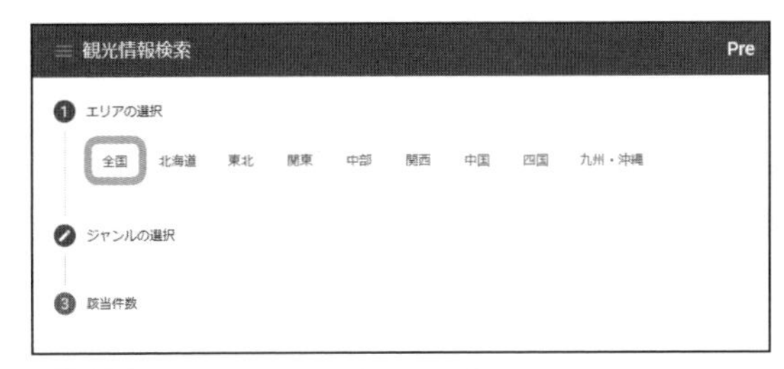

図2-24 **エリアとして全国を選択**

❷ジャンルで［すべて選択］をクリック後、［次へ］をクリック（図2-25）。

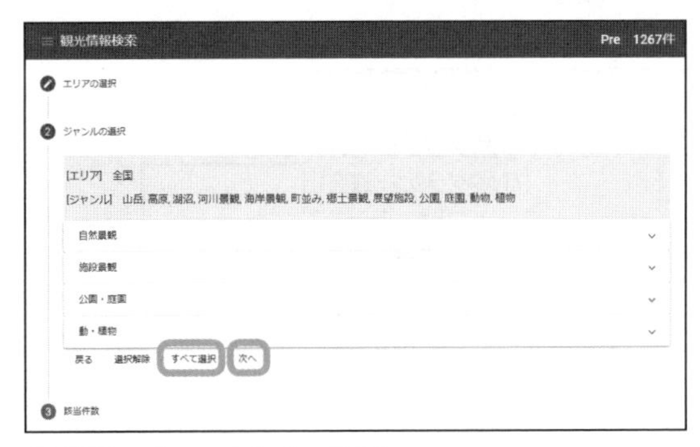

図2-25 **ジャンルを全て選択**

❸検索条件と検索結果件数の最終確認をして、［表示］をクリックします（図2-26）。

図2-26 **検索結果件数の表示（全件）**

❹今回も、検索結果の一覧が瞬時に表示されます。

11件を1,267件にしても、検索結果一覧の表示が瞬時でした。これまでのデモで一番ビックリしました。仕組みを教えてください。

2-2-5 一覧表示の仕組み

第1章で紹介した「予測ダウンロード」と「無限スクロール」を組み合わせています。ジャンルの選択で［次へ］をクリックした時点で検索条件は確定していますので、ユーザーが検索条件と検索結果件数の最終確認をしている間に、バックグラウンド通信で一覧表示のデータを予測ダウンロードします（図2-27）。

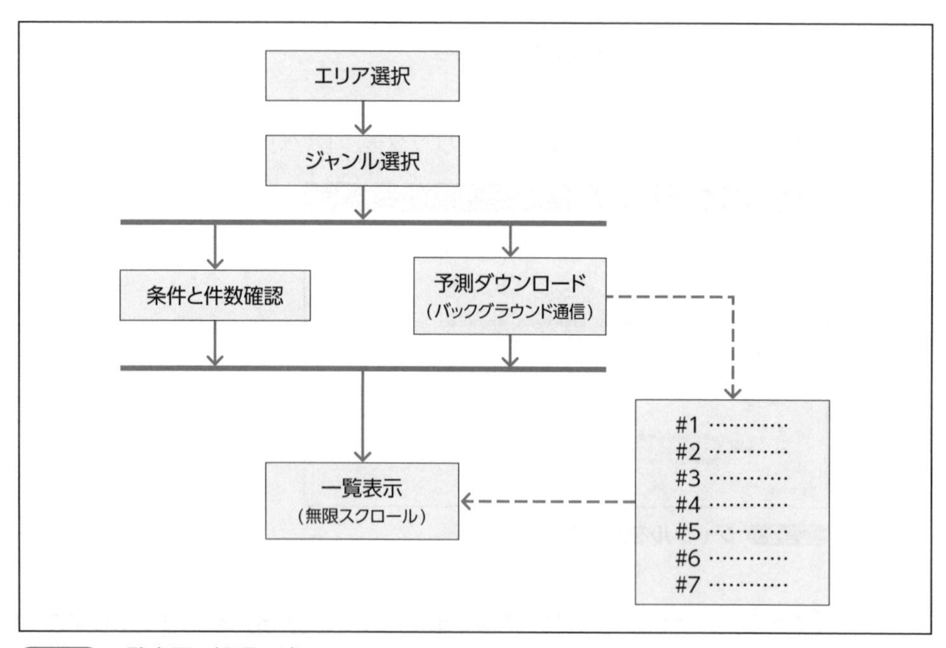

図2-27 一覧表示の処理の流れ

検索条件と検索結果件数の最終確認をすぐに終えて、［表示］ボタンをクリックするとどうなりますか？

一覧表示を無限スクロールにしていますので、たとえば検索結果が1,267件であっても、画面の初期表示には10件程度しか必要ありません。そのため確認時間が短くても、予測ダウンロードは可能です。残りの一覧表示のデータはスクロールしながら取得します。

ユーザーが一覧表示の操作をしたときには、データの準備が完了しているので瞬時に表示できる。これも、見かけ上の待ち時間をゼロにするテクニックですね。

2-2-6 詳細情報の表示デモ

一覧表示の次は、詳細表示です。

❶一覧表示にある［詳細］ボタンをクリックします（図2-28）。

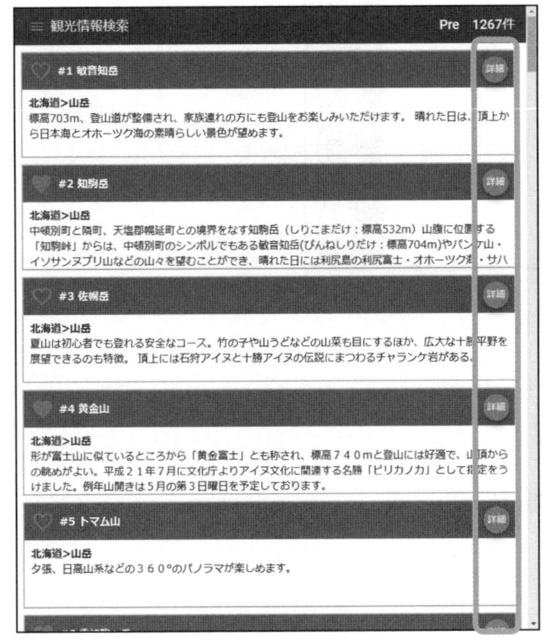

図2-28 ［詳細］ボタンをクリック

❷写真を含む観光スポットの詳細情報が表示されます（図2-29）。

図2-29 詳細情報の表示

詳細情報も一瞬で表示されました。

2-2-7 詳細情報表示の仕組み

しかし、この程度の情報であれば、すぐに表示されると思います。

たとえば、写真が高精細でデータサイズが大きい場合は、待ちが発生します。しかし、一覧表示で、どの［詳細］ボタンがクリックされるか予測はできないので、これまでのように事前のダウンロードはできません。そこで、待ちのストレスを緩和するテクニックを使います。一覧表示のデータに含まれる文字情報を先に表示し、写真はダウンロードが完了した時点で表示します（図2-30）。

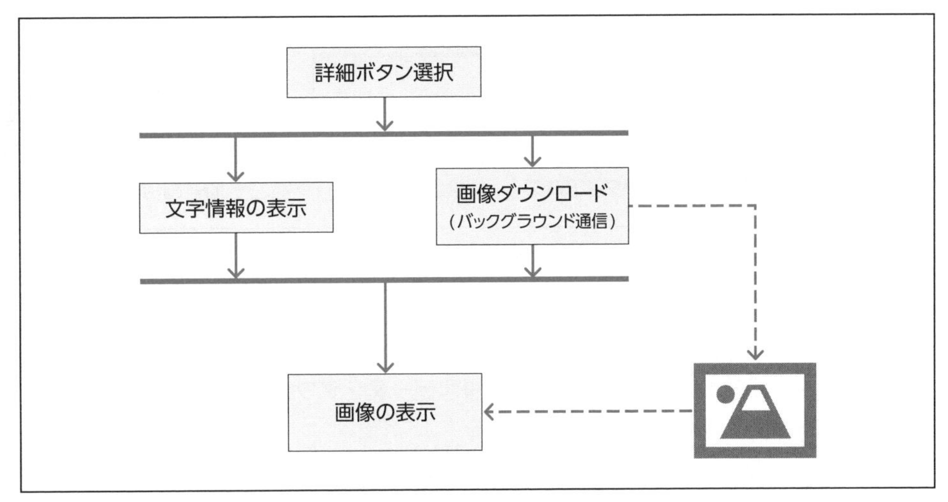

図2-30 詳細情報表示の処理の流れ（太線の間は同時処理）

ユーザーは、文字情報が瞬時に表示されるので、まず文章を読み始めます。そして読み終える頃には、画像が表示されますので、待たされてイライラするストレスを感じることが少なくなります。似たような手法として、まず低解像度の画像を表示し、遅れて高解像度の画像を表示するテクニックもあります。

技術というより心理効果ですね。仕様書どおり動作すればよかったバックエンド開発と比べ、フロントエンド開発は、ユーザーにストレスを感じさせない「おもてなし」の視点が必要だと感じました。

2-3 画面の復元

2-3-1 画面復元対応アプリの紹介

次は、画面復元のデモです。ログイン後、前回終了時の画面を復元し、すぐに続きの作業にとりかかれます。ビデオサービスの「続きから再生」と同じ様な機能です。デモに利用するのは、営業情報管理アプリです。顧客ごとの売り上げ実績や営業報告の情報を管理します。画面フローは以下になります（図2-31）。

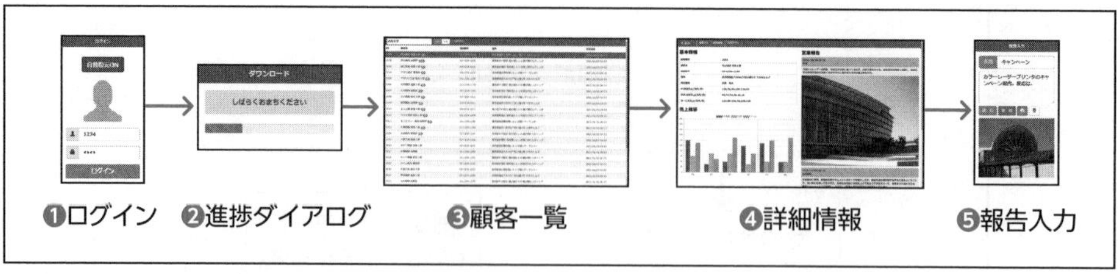

❶ログイン ❷進捗ダイアログ ❸顧客一覧 ❹詳細情報 ❺報告入力

図2-31 **営業情報管理アプリの画面フロー**

❶ユーザーIDとパスワードでログインします。

❷進捗ダイアログを表示して、顧客データをダウンロードします。

❸顧客一覧を表示します。

❹一覧でクリックした顧客の詳細情報を表示します。

❺報告入力を行い、バックエンドへ送信します。

※❸～❺の処理は❷でダウンロードした顧客データを利用します。

グラフや写真が表示されて、結構リアルなサンプルアプリですね。しかし、このサンプルアプリでは前画面からデータを受け取ることを前提に設計されています。つまり、顧客一覧--＞詳細情報--＞報告入力の順番に画面が呼び出されるようになっています。この順番の途中の画面を直接呼び出して復元するのは、前回の再生位置から始まるビデオのように簡単にはいかないと思います。

2-3-2 画面表示の復元デモ 動画

画面表示の復元操作のフローを説明します（図2-32）。1回目のログインで画面表示の保存、2回目のログインで画面表示の復元を行います。復元の対象は、太枠で囲まれた詳細情報画面です。

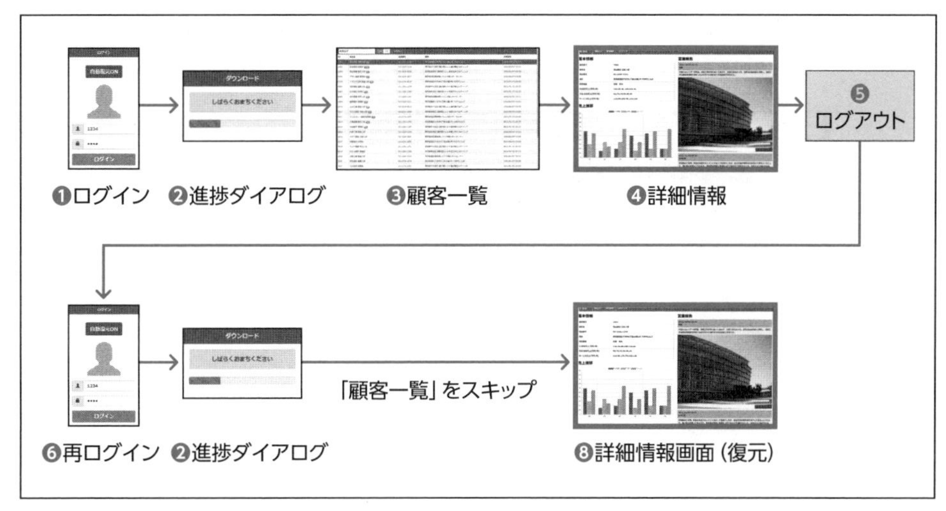

図2-32 画面表示の復元フロー

フローに沿って、動作を確認してみましょう。

❶ index.htmlのURLを入力すると、ログイン画面が表示されます（図2-33）。
ログイン画面内にある［自動復元OFF］のボタンをクリックして［自動復元ON］に表示を変えます（図2-34）。これで画面の復元機能が有効になりました。

図2-33 ログイン画面

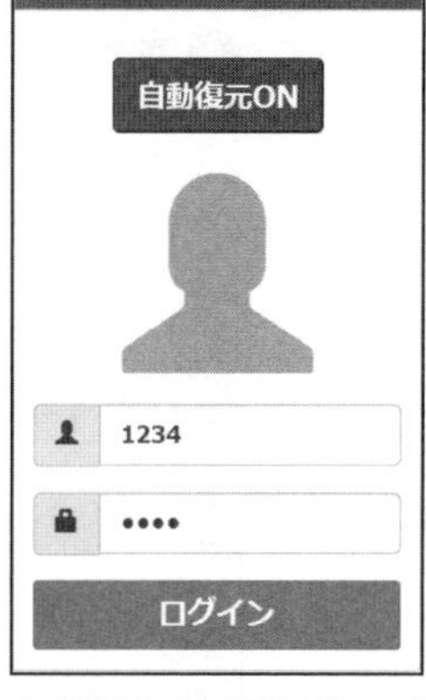

図2-34 ［自動復元ON］に変更

❷［ログイン］ボタンをクリックすると、顧客データのダウンロード進捗状況がダイアログで表示されます（図2-35）。

図2-35 ダウンロード進捗ダイアログ

❸ダウンロードが完了するとダイアログは自動で閉じ、顧客一覧が表示されます。赤い数字のアイコンは、顧客ごとに保存されている営業報告の件数です（図2-36）。

検索文字 日本 US ログアウト

ID	会社名	電話番号	住所	更新日時
1001	青山建設 営業1部 2	03-1234-1234	東京都港区六本木6丁目10番1号 六本木ヒルズ	2021/01/05 09:53
1002	赤松機械 総務部 11	03-1234-1235	東京都千代田区 霞が関3-2-6 霞が関ビルディング	2021/01/05 09:53
1003	朝日商事 販売2部 1	03-1234-1236	東京都新宿区 西新宿2-1-1 新宿三井ビルディング	2021/01/05 09:53
1004	アサヒ電気 管理部 1	03-1234-1237	東京都港区東新橋1-5-2 汐留シティセンター	2021/01/05 09:53
1005	アタリヤ工業 製造3部 8	03-1234-1238	東京都港区六本木6丁目10番1号 六本木ヒルズ	2021/01/05 09:53
1006	池田建設 営業1部 8	03-1234-1239	東京都千代田区 霞が関3-2-6 霞が関ビルディング	2021/01/05 09:53
1007	石井機械 総務部 2	03-1234-1240	東京都新宿区 西新宿2-1-1 新宿三井ビルディング	2021/01/05 09:53
1008	石川商事 販売2部 9	03-1234-1241	東京都港区東新橋1-5-2 汐留シティセンター	2021/01/05 09:53
1009	岩田電気 管理部 4	03-1234-1242	東京都港区六本木6丁目10番1号 六本木ヒルズ	2021/01/05 09:53
1010	上山工業 製造3部 4	03-1234-1243	東京都千代田区 霞が関3-2-6 霞が関ビルディング	2021/01/05 09:53
1011	ウタネ建設 営業1部 5	03-1234-1244	東京都新宿区 西新宿2-1-1 新宿三井ビルディング	2021/01/05 09:53
1012	エスエヌシー機械 総務部 7	03-1234-1245	東京都港区東新橋1-5-2 汐留シティセンター	2021/01/05 09:53
1013	大島商事 販売2部 4	03-1234-1246	東京都港区六本木6丁目10番1号 六本木ヒルズ	2021/01/05 09:53
1014	太田電気 管理部 5	03-1234-1247	東京都千代田区 霞が関3-2-6 霞が関ビルディング	2021/01/05 09:53
1015	大原工業 製造3部	03-1234-1248	東京都新宿区 西新宿2-1-1 新宿三井ビルディング	2021/01/05 09:53
1016	オガワ建設 営業1部	03-1234-1249	東京都港区東新橋1-5-2 汐留シティセンター	2021/01/05 09:53
1017	小田機械 総務部	03-1234-1250	東京都港区六本木6丁目10番1号 六本木ヒルズ	2021/01/05 09:53
1018	カイヤ商事 販売2部	03-1234-1251	東京都千代田区 霞が関3-2-6 霞が関ビルディング	2021/01/05 09:53
1019	カネコ電気 管理部	03-1234-1252	東京都新宿区 西新宿2-1-1 新宿三井ビルディング	2021/01/05 09:53
1020	川西工業 製造3部	03-1234-1253	東京都港区東新橋1-5-2 汐留シティセンター	2021/01/05 09:53
1021	神田建設 営業1部	03-1234-1254	東京都港区六本木6丁目10番1号 六本木ヒルズ	2021/01/05 09:53
1022	九州機械 総務部	03-1234-1255	東京都千代田区 霞が関3-2-6 霞が関ビルディング	2021/01/05 09:53

図2-36 顧客一覧

❹顧客一覧で、任意の行をクリックすると、その顧客の詳細情報が表示されます。ここでは1行目を選択します。「青山建設　営業1部」の詳細情報（基本情報:図2-37左上、売上推移グラフ:図2-37左下、写真付き営業報告:図2-37右）が表示されます。

図2-37 顧客ごとの詳細情報

❺上部メニューバーから［ログアウト］を選択してログイン画面へ戻ります。外部からは、ログアウトしているだけにしか見えませんが、このとき、表示中の「青山建設　営業1部」の詳細情報画面の復元に必要なデータがWebストレージに保存されます。

❻［画面復元ON］表示のまま、［ログイン］ボタンをクリックします（図2-38）。

図2-38 再ログイン

❼顧客データのダウンロード進捗状況がダイアログで表示されます（図2-39）。

図2-39 ダウンロード進捗ダイアログ

❽ダウンロードが完了すると、顧客一覧がスキップされ、「青山建設　営業1部」の詳細画面が表示されます（図2-40）。

図2-40 **復元された顧客ごとの詳細画面**

すごい！本当に画面の復元ができた。これまでのWebでは、前回の続きや前回と同じ作業をしたいときは、ログイン後に、その作業を行う画面までのメニューやボタン操作を、面倒だけど仕方ないと諦めてやっていました。

画面の復元以降は、通常にログインしたときと同じ操作が行えますので、前回ログオフ時の作業を継続できます。

前回ログオフ時の作業を継続するとなると、表示に復元に加えて、入力途中のデータも復元したいという要望が出てきそうです。

2-3-3　入力途中の復元デモ  動画

入力途中の復元操作のフローを説明します（図2-41）。1回目のログインで入力途中データの保存、2回目のログインで入力途中データの復元を行います。復元の対象は、太枠で囲まれた報告入力画面です。

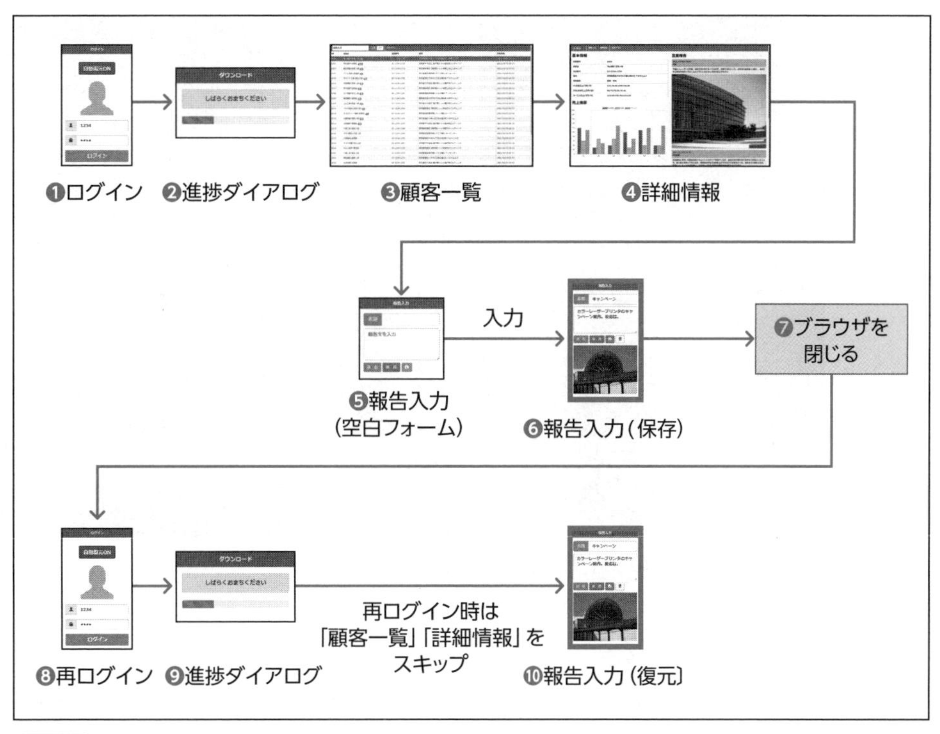

図2-41 **入力途中の復元フロー**

❶ [画面復元ON] の状態でログインします。

❷ 進捗ダイアログが表示されます。

❸ 顧客一覧画面が表示されます。

❹ 「青山建設　営業1部」を選択し、詳細画面を表示します。上部メニューから [報告入力] を選択します。

❺ 報告入力のダイアログが空白で表示されます（図2-42)。

図2-42 **報告入力のダイアログ（空白）**

❻以下の手順で報告入力を行います（図2-43）。

- ［表題］ボタンをクリックして表題名を選択（ここでは［キャンペーン］）
- 報告入力欄に、報告文を入力
- カメラのアイコンをクリックして報告文に添付する写真を選択

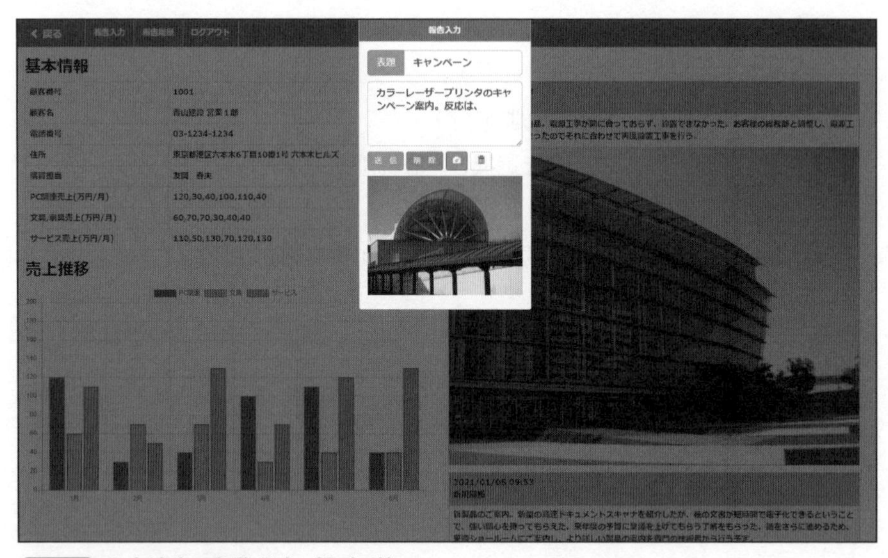

図2-43 **入力途中の報告入力（入力時）**

❼Webブラウザを閉じて終了します。

❽ index.htmlのURLを入力して、ログイン画面を表示します。［画面復元ON］の状態で再ログインします。

❾ ダウンロードが完了すると、報告入力の画面が入力途中の状態で表示されます。報告の続きを入力できます（図2-44）。

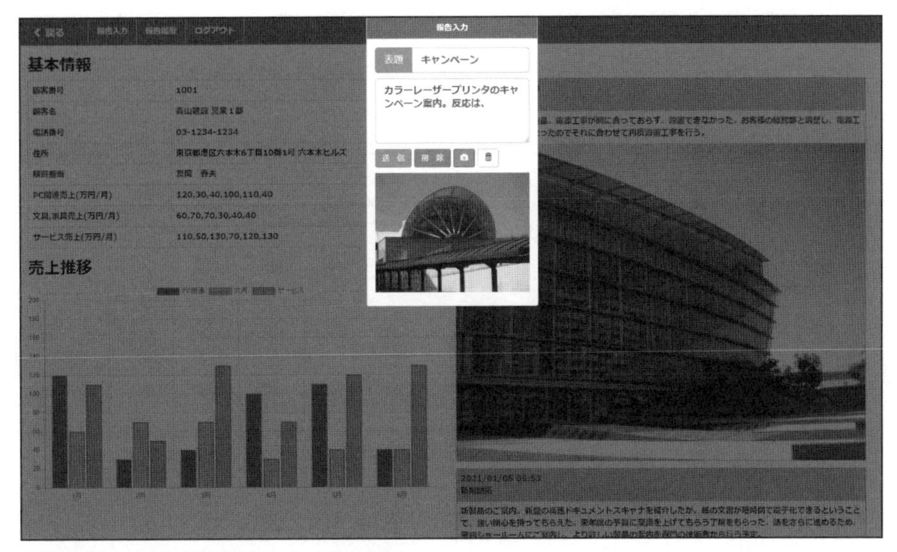

図2-44 **入力途中の報告入力（復元時）**

入力途中のデータも復元できました。これまで、オンラインショッピングで送り先の住所や名前を入力中に電話があって中断、電話終了後に続きを入力して送信ボタンを押すと、「タイムアウトエラー。もう一度ログインしてください。」と表示されてガックリ、ログインからやり直したことは何度もあります。同じ経験をした人は、沢山いると思います。そんなイライラをなくしてくれます。これで、表示と入力の両方が復元できることを確認できました。

❗ 注意

復元のために保存するデータには、個人情報や機密情報が含まれることがあります。暗号化や読み取り時の認証など、十分なデータ保護を検討する必要があります。

2-3-4 画面復元の仕組み

このデモの説明の冒頭、青木さんは前画面に依存している場合、フローの途中にある画面を復元するのは不可能だと指摘していました。図2-45のように前画面からパラメータ（表示に必要なデータ）を受け取る設計だと、表示したい画面をURLで直接呼び出してもパラメータがないため表示できません。

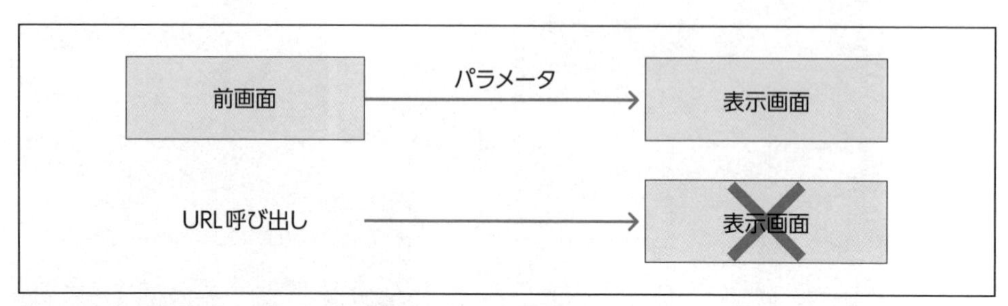

図2-45 前画面からパラメータ受け取り

そこで、前画面から呼び出されたときは直接パラメータを受け取り（Case1）、URLから呼び出されたときはWebストレージからパラメータを読み取る（Case2）ように変更します（図2-46）。

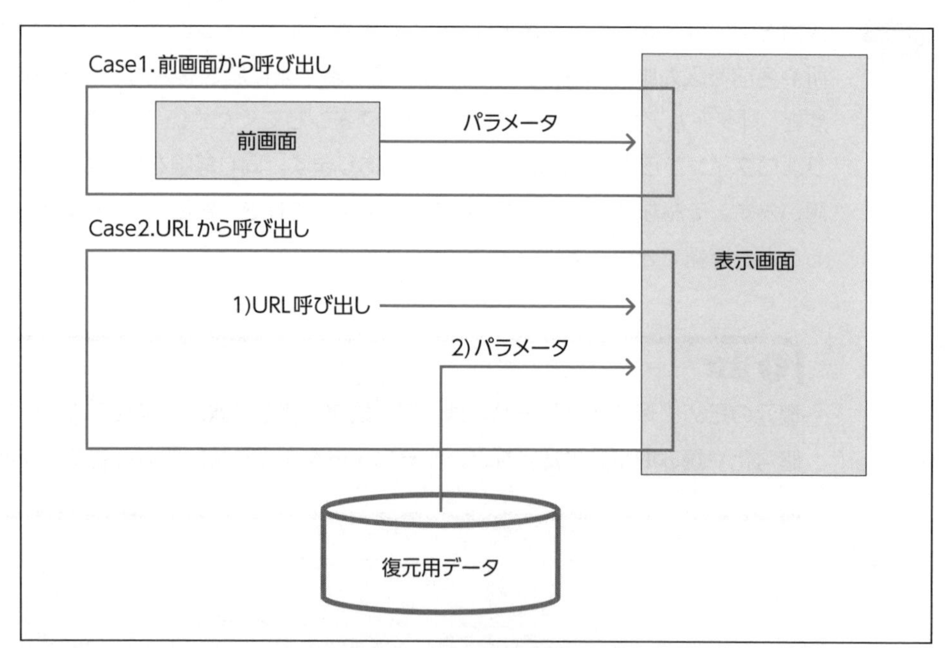

図2-46 Webストレージからのパラメータ読み取り機能を追加

この仕組みなら画面復元できて当然ですね。

できない原因がわかっていれば、できるように機能拡張すればよいだけです。ここでは、表示開始時にパラメータを受け取れないのが原因だったので、Webストレージから受け取れるようにしました。モダンWebは自由度が高いので、従来型Webの制約をそのまま鵜呑みにするのではなく、解決策を検討する習慣をつけることが大切です。

2-3-5 画面保存の仕組み

画面保存の仕組みは単純です。画面の表示中に、復元に必要なデータをWebストレージに保存するだけです（図2-47）。ログアウト時にまとめて保存する方法や、ブラウザを急に閉じても対応できるように入力データが変化する都度保存するなどの方法があります。

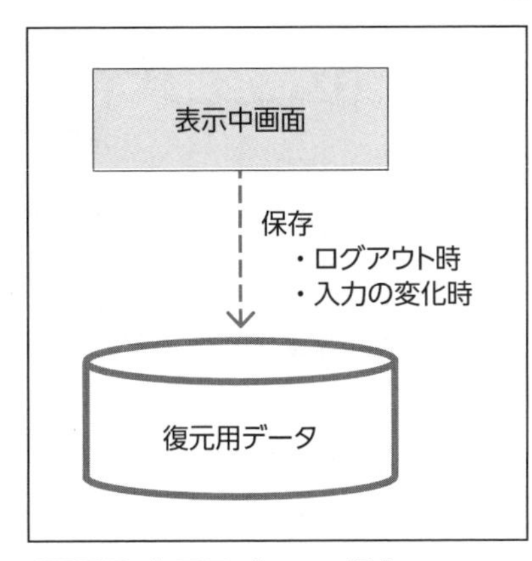

図2-47 復元用データの保存

確かに単純です。画面保存ボタンを追加して、ユーザーが復元したい画面を指定できると便利かもしれません。

良いアイデアだと思います。青木さんも、モダンWebを前提とした考え方に慣れてきたようですね。

2-3-6 画面復元の応用（Amazon商品検索）

URLで直接呼べるということは、ブックマークにURLを登録すれば任意の画面を呼び出せるのですか？

ブックマークで画面復元する機能は、Webサイトで幅広く採用されています。その場合は、復元に使うパラメータを、Webストレージではなく、URLに埋め込む方法がよく使われます。URLのみで呼び出し先とパラメータの両方を渡せるからです。Amazonでも採用されているので、商品検索の画面を使って解説します。

❶ Amazonの商品検索画面で、キーワードに「ノートpc」と入力して検索すると、検索結果一覧が表示されます（図2-48）＊3。

図2-48 AmazonでノートPCを商品検索

❷ 検索結果画面のブランド指定のチェックボックスの選択に応じて、WebブラウザのURL入力欄の値がリアルタイムで変化します。

❸ お気に入りとしてブックマークに登録します。

❹ ブックマークに登録したURLの内容は以下になります。URLの中に、検索キーワードと指定したブランド名がパラメータとして含まれています。

[オリジナルURL]

https://www.amazon.co.jp/s?k=%E3%83%8E%E3%83%BC%E3%83%88pc&i=computers&rh=n%3A2127209051%2Cp_89%3ADell%7CLenovo%7C%E3%（以下省略）

[文字を復元したURL]

https://www.amazon.co.jp/s?k=ノートpc&i=computers&rh=n:2127209051,p_89:Dell¦Lenovo¦ヒューレット・パッカード（HP）&（以下省略）

＊3　表示される画面は一例です、異なる画面が表示されることがあります。

❺登録したブックマークを呼び出します。

❻入力したキーワード、選択したチェックボックスの状態を含めて画面が復元されます。

Amazonの商品検索結果は、URLを友人と頻繁にシェアしています。あまりにも自然に使っていて画面復元機能が含まれているのは気づきませんでした。これも、身近な事例として使えそうです。

2-3-7 画面復元の応用（バックエンドと連携）

画面復元用データをフロントエンド（Webストレージ）でなく、バックエンドで管理すれば、ネットワークを介してデバイス間の画面復元が可能になり、用途はさらに広がります（図2-49）。たとえば、以下のことができます。

- 会社のPCで行った作業の続きを、帰宅後に自宅PCで画面を復元して行う。
- 自分のPCで行った作業の続きを、同僚が画面を復元して行う。

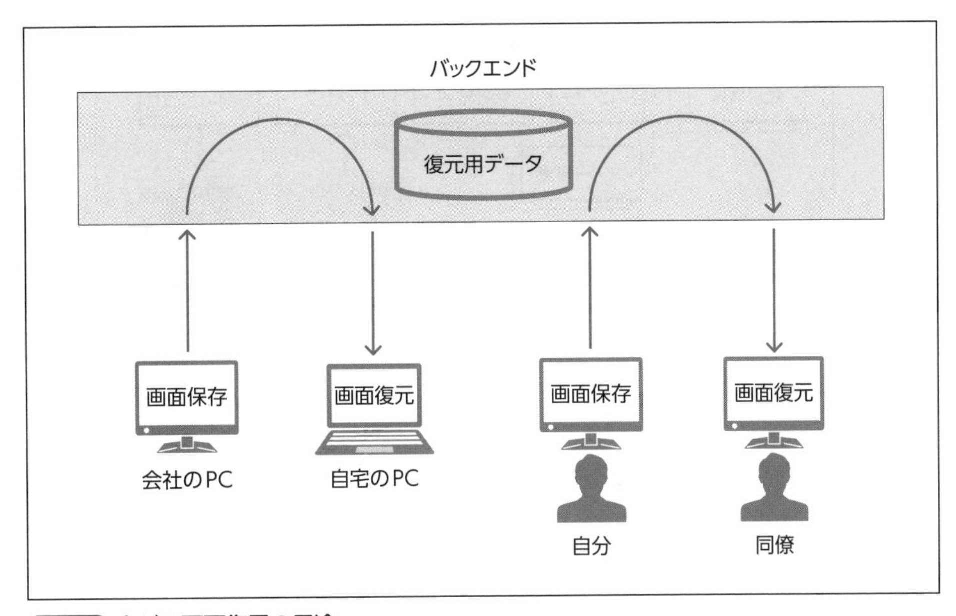

図2-49 広がる画面復元の用途

テレワーク作業にぴったりの機能ですね。画面復元の機能に驚いているだけでなく、その活用を考えだすと用途はどんどん広がりそうです。面白いです。

画面復元用データを、バックエンドで管理すれば、利用者の権限設定や高度な認証機能が可能になり、データ保護の強化もできます。

2-4 Webサイトのオフライン化

2-4-1 オフライン対応サイトの紹介

次は、WordPressで作成されたWebサイトのオフライン対応のデモです。このサイトは、図2-50のような標準的な企業ホームページの構造です。トップページを起点として各項目別のページを呼び出します。オフライン時にページの表示だけでなく、お問い合わせの送信やGoogleマップの表示もできます。

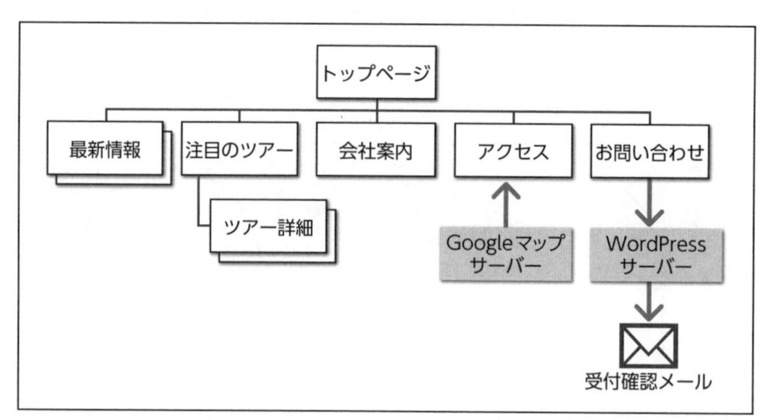

図2-50 デモサイトのサイトマップ

ネットワーク接続が前提のWebサイトで、オフライン時のページの表示と送信ですか。すごい機能だとは思いますが、最近はネットワーク圏外で困ることは少なくなりました。どんな利用シーンがあるのですか？

以下のように、通信ができなくて不便なことは意外とあるものです。

- 観光旅行に向かう飛行機の中で、宿泊予定ホテルのサイトを見たい

- 電波状態の悪い会議室で、商品カタログサイトを使ったプレゼンをしたい
- 数千人が参加して回線がパンク状態のイベントで、そのイベントサイトを見たい
- 通信禁止の病院内で、その病院のサイトを見たい
- 通信禁止のサーバールームで、サーバーメーカの技術サイトを見ながら保守作業したい

具体例を聞いて思い出しました。このうちのいくつかは私も経験があります。確かに、いつでも、どこでもネットワークを利用できるのが当たり前の生活をしているので、短時間でも接続できないと本当に困ります。

2-4-2 オフライン閲覧のデモ

それではオフラインでサイトを表示してみましょう。

❶ デモサイトにアクセス

スマートフォンで、以下のQR コードまたはURLにアクセスします。うまく表示できないときは、Webブラウザの再読み込みを行います。

URL

https://www.staffnet.co.jp/kt-home/offline-index.html

MEMO デモサイトは表2-2の環境で動作を確認しています。それ以外のブラウザでは動作しないことがあります。

表2-2 デモサイトの動作環境

OSとデバイス	ブラウザ
Androidバージョン7.11（京セラKYV42）	Google Chrome 87.0
iOS 14.2（iPhone7）	Safari Google Chrome 87.0
Windows 10 Enterprise（PC）	Google Chrome 87.0 Microsoft Edge 87.0

❷「開始確認」ページが表示されます（図2-51）。

- [WordPressサイトを開く] ボタンを押します。
- 「かがやきトラベル」のトップページが表示されます。
- 画面右上に「高速」モード表示があれば、オフライン利用可能です。

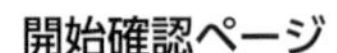

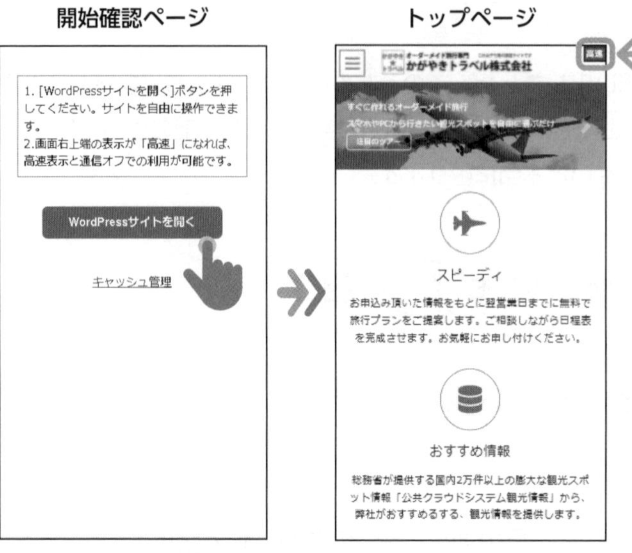

図2-51 サイト利用開始時の画面の流れ

MEMO 「高速」モードに切り替わらないときは

「高速」の表示が行われないときは、以下の手順でプログラムのリセットを行い(図2-52)、初めから操作をやり直します。

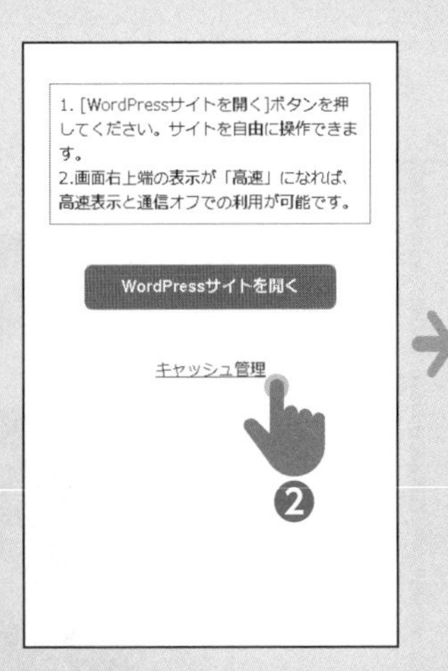

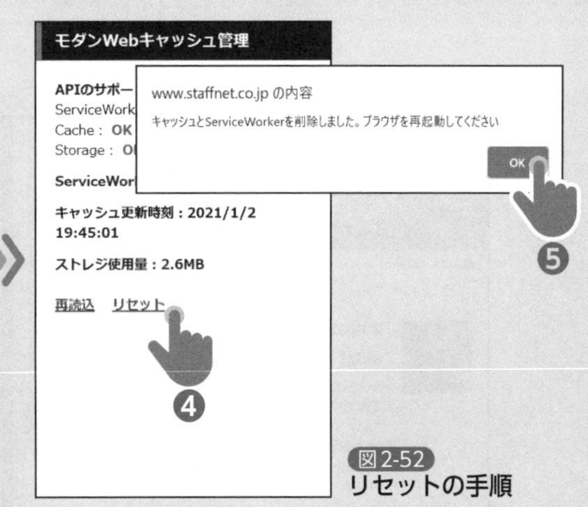

図2-52
リセットの手順

❶ QRコードまたはURLで開始確認ページを表示します。
❷ 開始確認ページで「キャッシュ管理」のリンクを選択します。
❸「キャッシュ管理」ページが表示されます。
❹「キャッシュ管理」ページで「リセット」のリンクを選択します。
❺ 確認のポップアップが表示されますので、[OK] ボタンを押します。
❻ ページが空白になります。
❼ Webブラウザを終了します。
❽ 再度、Webブラウザを起動します。
❾ ❶からやり直します。

❸ スマートフォンを機内モード（フライトモード、飛行機モードなど）に設定して、ネットワーク接続を無効にします。

❹ メニューボタンで表示項目を選択してページ間を移動します。オフラインでも自由にページの閲覧ができます。

01

図2-53 メニューから各ページへ移動

確かに私のスマートフォンでも、QRコードでアクセスしてオフラインでサイトを見ることができました。また、通信を行わないので表示が高速で、操作していて快適です。

2-4-3 オフライン送信のデモ 体験

次は、オフライン時の問い合わせ送信デモです。

❶スマートフォンがオフライン、デモサイトの右上に高速モード表示があることを確認します。
❷デモサイトのメニューから［お問い合わせ］を選択します。
❸お問い合わせ画面が表示されますので、必要な項目に入力後、下方向にスクロールして、［送信］ボタンをタップします（図2-54）。

図2-54 お問い合わせの送信

❹しばらくすると、「現在通信オフのため、後で送信します」のメッセージがダイアログで表示されます（図2-55）。

❺スマートフォンをオンラインの状態に戻します。

❻しばらくすると、「問い合わせを再送信しました」のメッセージがダイアログで表示されます（図2-56）。

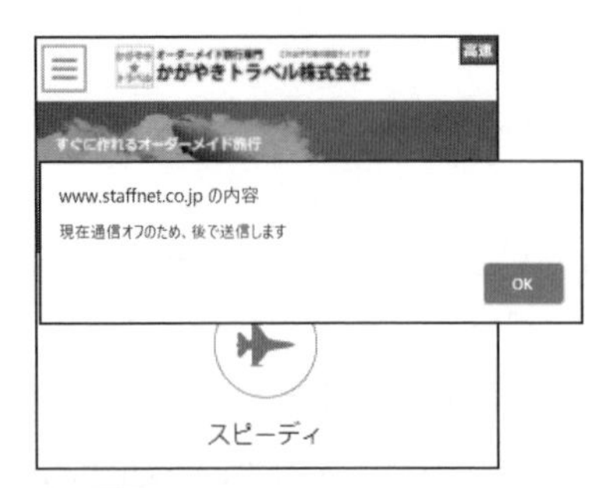

図2-55 **オフライン時の応答**

図2-56 **オンライン時の応答**

❼お問い合わせ画面で入力したメールアドレス宛に、問い合わせ内容の控えが送信されてきます（図2-57）。このメールの受信には時間がかかることがあります。

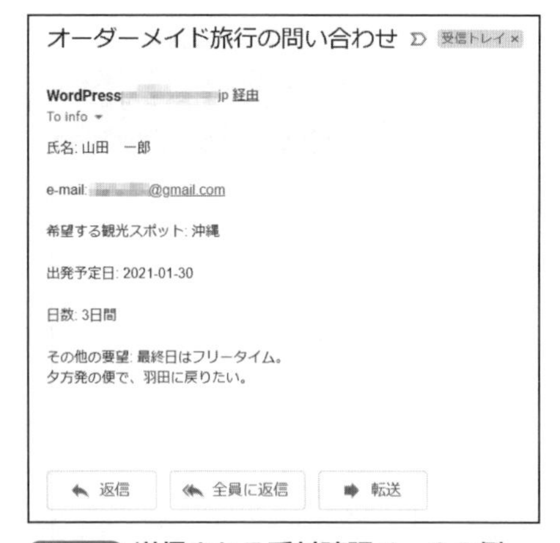

図2-57 **送信される受付確認メールの例**

MEMO オフライン送信の注意点

1) 問い合わせで入力するメールアドレスは、受信可能なアドレスにしてください。フリーメールや使い捨てメールのアドレスで構いません。
2) 「info@staffnet.co.jp」からのメールを受信できるように迷惑メールフィルターを設定してください。
3) 受付確認メールが受信できない場合は、通信オンで同じ操作を行ってみてください。通信オンでも受信できない場合は、入力したメールアドレスが誤っているか、迷惑メールとして扱われている可能性があります。

ネットワーク接続なしで、どうやって送信できるのか不思議です。これまでだと、オフライン時に送信するとネットワークエラーの画面が表示されていました。仕組みを教えてください。

2-4-4 オフライン対応の仕組み

オフライン対応の仕組みは簡単です。 Webサイトの利用には、Webサーバーとの接続が必要です。そこで、フロントエンドにWebサーバーと同じ機能を作り、そこにアクセスします（図2-58）。

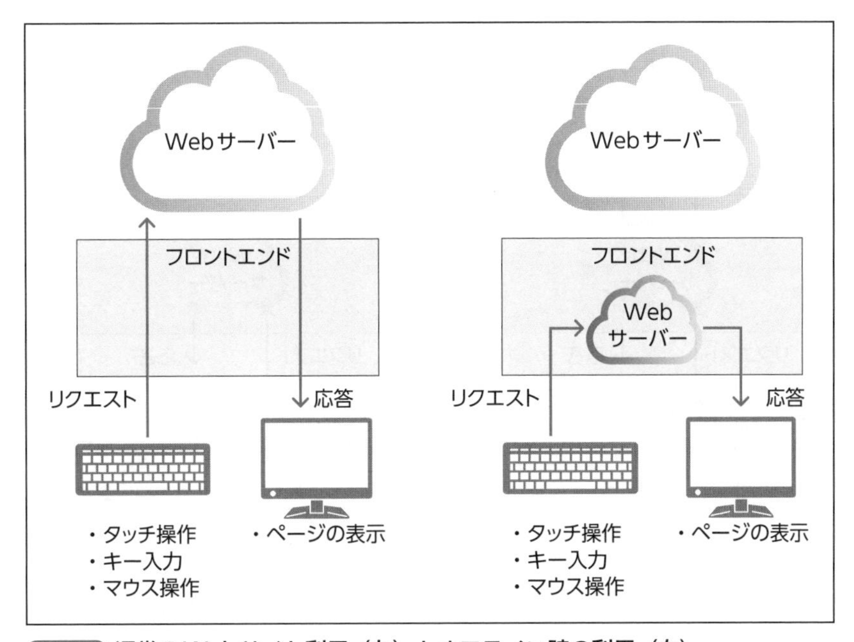

図2-58 通常のWebサイト利用（左）とオフライン時の利用（右）

すごいですね、フロントエンドにWebサーバーごと持ってくるのですか。それなら、オフライン対応できますね。しかし、Webサイトには巨大なものもあります。丸ごと持ってくるにはデータのダウンロードに時間がかかりませんか？

その場合は、「遅延ダウンロード」 のテクニックを使います。ページを表示しながら、バックグラウンドでダウンロードすれば、ダウンロード完了までの待ちを感じさせずに済みます。

スマートフォンなど、大容量のデータをダウンロードできないデバイスを利用する場合は、どうしますか？

物理的なデータ容量の制限はどうしようもないので、重要なページのみダウンロードします。その場合、フロントエンドのWebサーバーは、オンラインのときはリクエストをそのままバックエンドに転送して応答を返すことで全ページの利用を可能にし、オフラインのときはオフライン用のメニューを表示して、表示できるページのみ選択可能にすれば、エラーを回避できます（図2-59）。

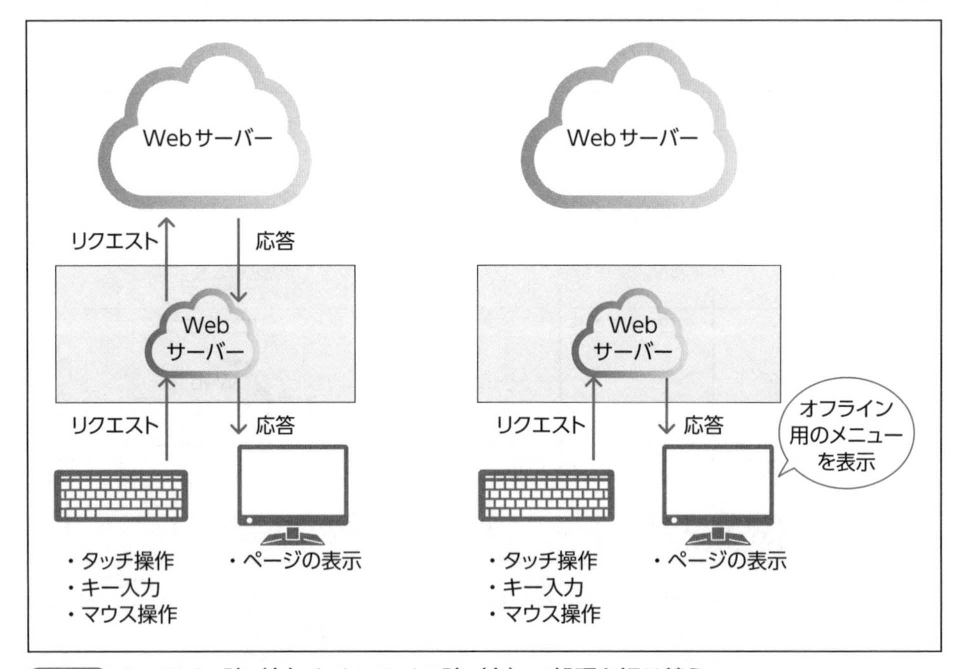

図2-59 **オンライン時（左）とオフライン時（右）で処理を切り替え**

フロントエンドにWebサーバーを、どうやってインストールするのですか？ apacheやnginxなどのWebサーバーはC言語で開発されていますが、フロントエンドではJavaScriptしか動作しないはずです。

フロントエンドにWebサーバーを作るには、Webブラザーに内蔵されているServiceWorker（サービスワーカー）[*4]という機能を利用します。ServiceWorkerを

＊4　詳細は以下のサイトを参照してください。
Service Worker の紹介
https://developers.google.com/web/fundamentals/primers/service-workers?hl=ja

どのように動作させるかは、JavaScriptでプログラムします。

これで、フロントエンドにサーバーと同じような機能を持つことが可能です。これ以降の解説では、WordPressサーバーを「親サーバー」、フロントエンドでService Workerを使ったWebサーバーを「子サーバー」[*5]と呼びます。

2-4-5 オフライン閲覧の内部処理

オフライン閲覧の内部処理を説明します。

❶初めてサイトにアクセスしたときに「親サーバー」からページの表示に必要なデータをダウンロードして保存します（図2-60左）。

❷子サーバーに保存済みのデータを利用して表示します（図2-60右）。

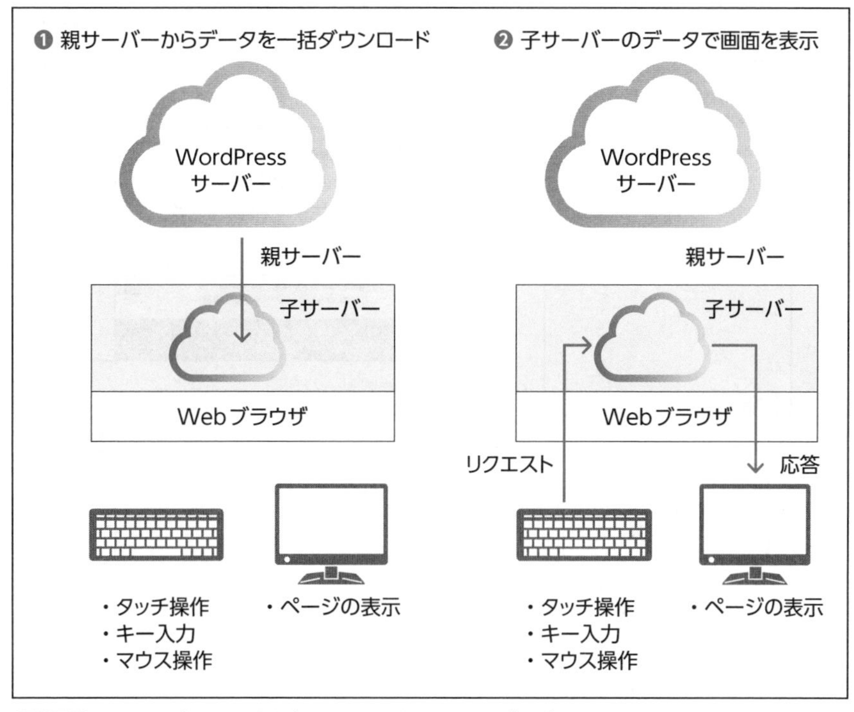

図2-60 子サーバーに一括ダウンロードしてページを表示

＊5 「子サーバー」という名前は便宜的に利用しており、一般的な用語ではありません。

2-4-6　オフライン送信の内部処理

オフライン送信の内部処理を説明します。処理の流れは、図2-61のようになっています。実線の矢印は処理の流れ、点線はデータの受け渡しを表しています。

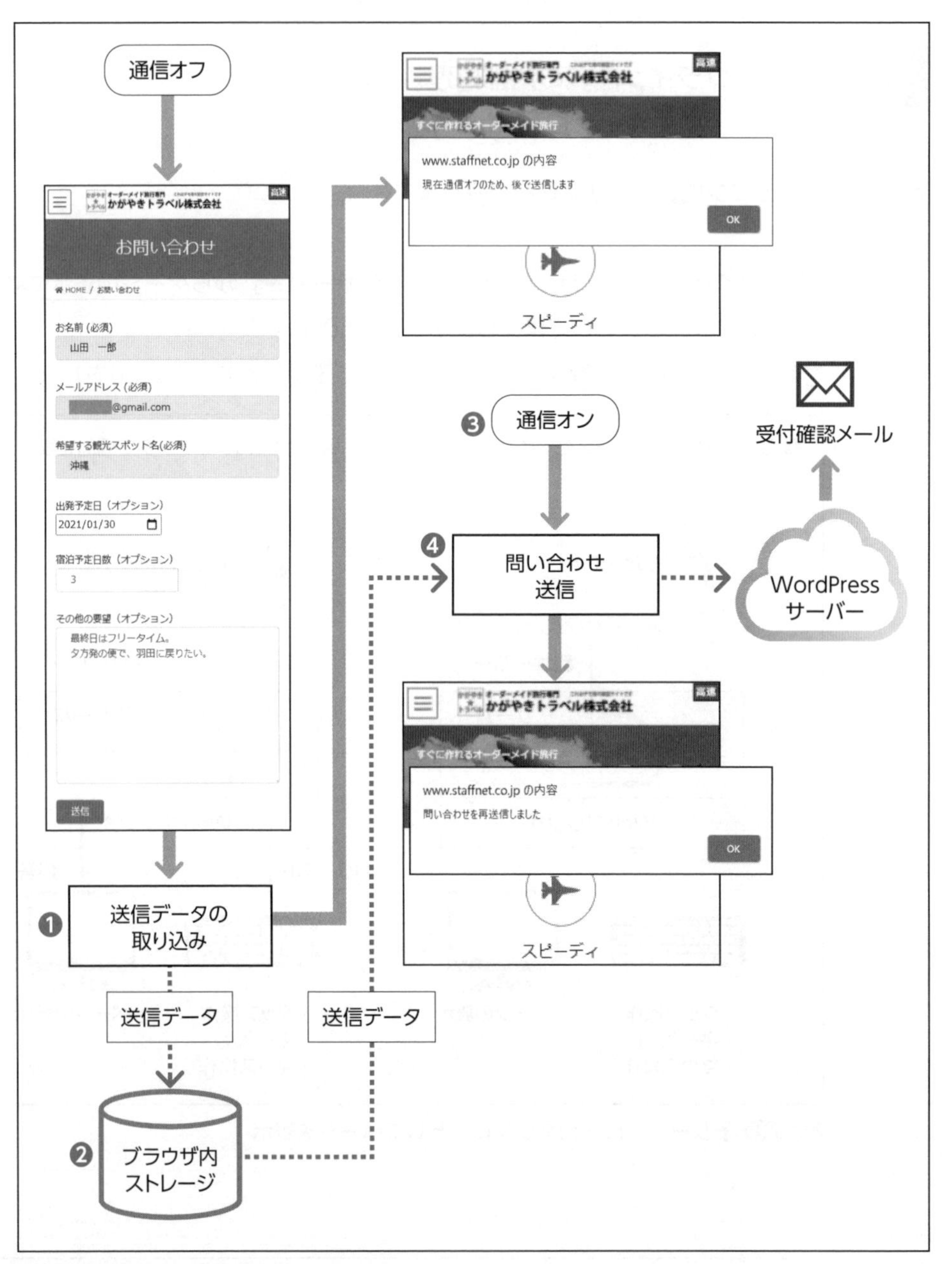

図2-61 **通信オフ時の問い合わせ送信**

❶子サーバーは、問い合わせ送信のリクエストを受信し、「現在通信オフのため、後で送信します」のダイアログを表示します。
❷子サーバーは、問い合わせの送信データを保存します。
❸子サーバーは、オンラインになるまで待機します。
❹オンラインになったとき、子サーバーは、保存した問い合わせの送信データを読み取り、親サーバーへ送信し、「問い合わせを再送信しました」のダイアログを表示します。

送信ボタンを押した直後に送信されるのではなく、送信が可能になったときに自動で再送信してくれるわけですね。これで、電波状態の悪い環境で接続可能な場所を探してウロウロする必要がなくなります。オンライン/オフラインに関係なく送信しておけば、後は自動で送信してくれるだけでも、ストレスが緩和されます。

2-5 2章まとめ

▶ Google検索

・Google検索（検索対象「画像」）では、無限スクロールが可能。

・ビジネス上の理由で、無限スクロールの導入が保留になっていることがある。

▶ データ検索

・データベース検索で、見かけ上の待ち時間をゼロにできる手法がある。

・モダンWebでは、ユーザー操作より前にデータを準備することが可能。

▶ 画面復元

・画面の表示と入力途中のデータのどちらも復元できる。

・パラメータ付きURLによる画面復元は、Amazonでも導入されている。

・会社PCと自宅PC、自分のPCと同僚のPC間でもネットワーク経由で画面復元が可能。

▶オフライン対応

・フロントエンドにWebサーバーと同等機能を作ることでオフライン対応が可能。

・Webサーバーと同等機能はWebブラウザの組み込み機能「ServiceWorker」を使う。

・ページの閲覧だけでなく、Webサイトへの送信もオフライン対応可能。

Part 02

フロントエンド開発の基礎知識

02

第3章 JavaScript開発環境

3-1 別世界になったJavaScript

3-1-1 モダンWeb開発の出だしでつまずく要因

Part1では、最新フロントエンド技術について、「どのようなことができるか」「どれほどの価値があるか」「どのような仕組みで動くか」という視点から、事例やサンプルアプリを使って解説しました。いかがでしたか？

これまでWebではできないと思っていた機能が、次々と実現できて驚きの連続でした。また、ユーザーに喜んでもらえそうな機能ばかりだったので、すぐに開発に取りかかりたい気分です。モダンWebの開発は、フロントエンド向けアプリケーションフレームワークが必要とのことでしたので、今日からでも学習を開始したいです。どのフレームワークがお奨めですか？

すぐに開発にとりかかりたい気持ちは、よくわかります。しかし、フロントエンド向けアプリケーションフレームワークの学習前に、最新のJavaScript環境を理解する必要があります。これなしでは、出だしでつまずきます。

jQueryとBootstrapを組み合わせた環境でJavaScriptを使用した経験は何度もあります。いくら最新といっても、同じJavaScriptです。呼び出せる機能が増えるだけですよね。

いいえ、JavaScriptはここ数年で急速に進化していて、青木さんの知っているJavaScriptとは別世界です。たとえば、以下のような変更が行われています。

1.JavaScriptの言語仕様

- 2015年に仕様が大幅に改訂され、その後も変更が続いている。
- クラス構文によるオブジェクト指向プログラミングが可能になった。
- 非同期処理の構文（async/await、promise）が利用可能になった。
- JavaScriptの仕様を拡張した、TypeScriptの普及が進んでいる。

2.コード作成手順

- 互換性を維持するため、最新バージョンのJavaScriptは変換してから利用する。
- 外部ライブラリの管理は、パッケージ管理ツール（npm）で自動化する。
- 分割したソースコードや関連ファイルは、ビルドしてモジュール化する。

3.コード実行環境

- node.jsをインストールすれば、同じJavaScriptコードを異なるOSで実行できる。
- node.jsが、JavaScriptベースのサーバーやツールの実行環境に利用されている。

知らないうちに、こんなに色々変わっていたのですか？驚きです。確かに別世界の様に感じます。これまで意識してこなかったのですが、本当は何か問題があったのでしょうか？

Webブラウザは、インターネットで公開されている新旧さまざまなページを表示できるように設計されています。そのため、古い仕様で書かれたJavaScriptのコードを正常に実行します。また、簡単なスクリプト言語としての用途であれば、パッケージ管理やモジュール化の必要がないので、JavaScriptの変化に気づかなかったのです。したがって、現在稼働しているJavaScriptのコードに急いで手を加える必要はありません。

これまでに開発したシステムの緊急改修が必要かと思い、焦りました。

一方、フロントエンド向けアプリケーションフレームワークは、オブジェクト指向で本格的なコード作成ができる、新しいJavaScriptの開発環境を前提にしています。たとえば、フロントエンド向けアプリケーションフレームワークのインストール手順に「○○はnpmでインストールして、npm run ○○ で実行します」のような指示があっても、npmコマンドの使い方、パッケージ管理の仕組みを知らなければ、何をやっているのかわからず、出だしでつまずいてしまうでしょう。

これまで、JavaScriptといえば手軽に記述できるスクリプト言語というイメージでした。Javaのような本格的な開発環境に進化していると見直して、再学習する必要がありそうですね。

青木さんの言う通りです。そこで、本章では最新のJavaScriptの環境について解説します。

3-1-2 JavaScriptのバージョン

使っているJavaScriptのバージョンを意識したことはありますか。

JavaScriptは、「IE11のJavaScript」「Google ChromeのJavaScript」のように、Webブラウザごとに仕様が異なるということは意識していました。しかし、Webブラウザ間の違いは、jQueryやBootstrapが吸収してくれるので、結局のところバージョンを意識せずにコードを作成していました。

最近のJavaScriptは、ECMAScript（エクマスクリプト）という言語仕様に準拠しています。その最新版は、以下のURLで確認できます（図3-1）。

・ECMAScript言語仕様　https://tc39.es/ecma262/

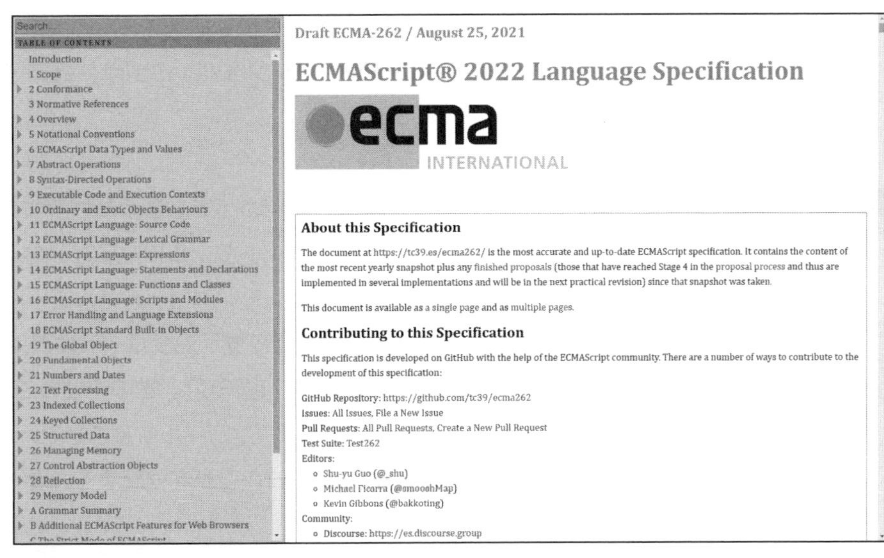

図3-1 ECMAScript言語仕様

現在、ECMAScriptの仕様は継続的更新が行われていますので、バージョン番号の代わりに、毎年6月時点で確定した仕様に年号を付けています。たとえば、2021年6月時点で確定した言語仕様を、「ECMAScript2021」と呼びます。開発者の間では、略名である「ES2021」または「ES12」がよく使われ、「エディション12」と呼ばれることもあります。これまでの履歴は表3-1になります。

表3-1 ECMAScriptの履歴

仕様名	略名	公開
ECMAScript 1	ES1	1997年6月
ECMAScript 2	ES2	1998年6月
ECMAScript 3	ES3	1999年12月
ECMAScript 4	ES4	破棄
ECMAScript 5	ES5	2009年12月
ECMAScript 5.1	ES5.1	2011年6月
ECMAScript 2015	ES2015 または ES6	2015年6月
ECMAScript 2016	ES2016 または ES7	2016年6月
ECMAScript 2017	ES2017 または ES8	2017年6月
ECMAScript 2018	ES2018 または ES9	2018年6月
ECMAScript 2019	ES2019 または ES10	2019年6月
ECMAScript 2020	ES2020 または ES11	2020年6月
ECMAScript 2021	ES2021 または ES12	2021年6月

これまでの仕様変更の中で、ECMAScript2015で大幅な拡張（クラス構文やブロックスコープなど）が行われており、それ以降を「モダンなJavaScript」と呼ぶことがあります。

こんなに頻繁に仕様の更新が行われたのなら別世界になってしまうのも当然です。しかし、仕様変更にWebブラウザの対応が追いつかずにトラブルにならないのですか？

最新のJavaScript開発では、コードを主要Webブラウザでサポートされている仕様（ES3、ES5、ES6など）に変換してから利用します（図3-2）。この変換のことを、「コンパイル」または「トランスパイル」と呼びます。コンパイルすることで、Webブラウザの対応を待つ必要も、ユーザーに最新のWebブラウザを強制する必要もありません。

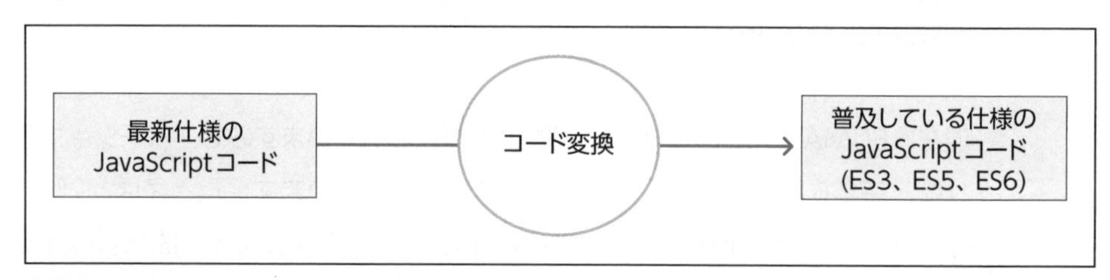

図3-2 **最新仕様のJavaScriptは変換（コンパイル）して利用**

3-1-3 TypeScript概要

次にTypeScriptについて説明します。TypeScriptは、2012年10月に初リリースされた、Microsoftが開発したオープンソースの開発言語です。JavaScriptの代替言語として開発されたため、JavaScriptとの親和性が高く、JavaScriptで作成された資産と共存できます。一方で、JavaScriptにはない静的型付けを持つため、JavaやC#経験者に、なじみやすい言語といえます。主要なフロントエンド向けアプリケーションフレームワーク（React・Angular・Vue）全てがTypeScriptをサポートしており、AngularではTypeScriptが必須です。TypeScriptに関する仕様や利用方法は、公式サイトから入手できます（図3-3）。

・TypeScript公式サイト　https://www.typescriptlang.org/ja/

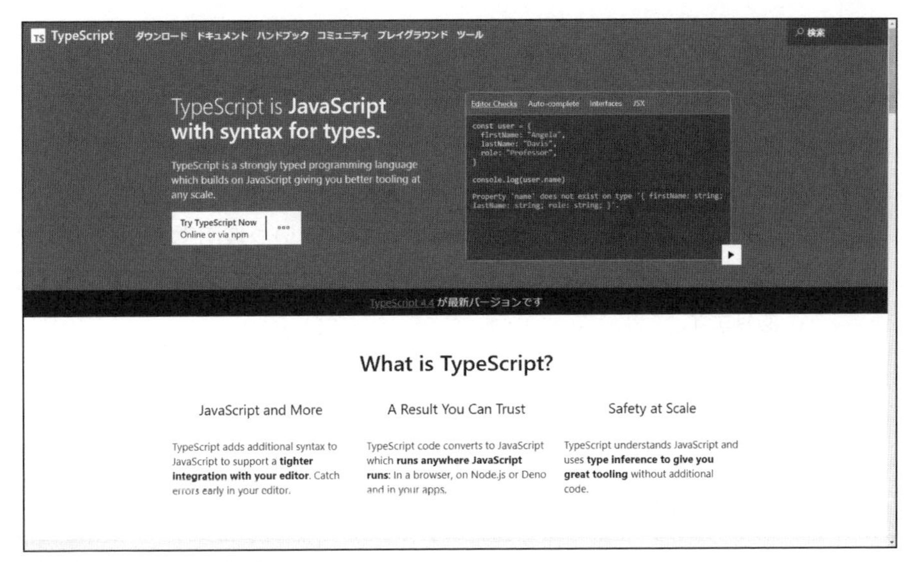

図3-3 TypeScript公式サイト

結局、JavaScriptとTypeScriptのどちらを選択したらよいのですか？

TypeScriptを推奨します。TypeScriptの方が、機能が豊富なのでモダンWebのような複雑な処理のコードを効率よく作成できます。またフロントエンド開発の全体の傾向でも、TypeScriptが選択されるケースが増えています。たとえば、Angularはリリース当初JavaScriptとTypeScriptの両方をサポートしていましたが、現在はTypeScript一択です。またVueはバージョン3からフレームワーク自身がTypeScriptで開発されています。

MEMO JavaScriptエンジニアにとってのTypeScript

JavaScriptを使いこなすエンジニアは、プロトタイプによる継承や疑似クラスを使用して、TypeScriptなしでも複雑な処理を記述してきました。型指定が必要なTypeScriptを面倒と感じる人も多いと思います。しかし、以下の3つの理由から、TypeScriptをお奨めします。

1.エンジニアの傾向

新人のフロントエンド・エンジニアは、過去の経験なしでJavaScriptとTypeScriptを比べ、機能が豊富で使いやすいという理由で、TypeScriptを選択する傾向があります。今後、TypeScriptしか知らないエンジニアが増え、高度なJavaScript実装技術の伝承が難しくなることが予想されます。

2. 企業の傾向

JavaScriptに習熟した人材確保が難しいという理由で、Javaの記述に近いTypeScriptを選択して、Java経験者をフロントエンド開発に育成する傾向があります。

3.Angularフレームワークの前提

フロントエンド向けフレームワークとしてAngularを選択した場合、TypeScriptが必須です。

TypeScriptが推奨ということはわかりました。では、これまで開発してきたJavaScriptのコードもTypeScriptで書き直した方がよいのですか？

原則、正常に動作しているJavaScriptのコードを書き替える必要はありません。コードが複雑になって保守に手間がかかっている場合や、システムをリニューアルする場合に、TypeScriptへの移行を検討すればよいと思います。

困っていないところを変える必要はないということですね。ところでWebブラウザのサポートは、大丈夫でしょうか？

最新のJavaScript開発環境と同様に、コードをコンパイルして幅広いWebブラウザに対応します。具体的には、TypeScriptで作成したコードは、拡張子.tsのファイルに保存されます。このファイルを、TypeScript専用のコンパイラ（tsc）使い、JavaScriptのコードで記述された拡張子.jsのファイルへ変換します（図3-4）。コンパイルの条件設定は、tsconfig.jsonファイルで定義します。この変換の様子は、「3-2-3　JavaScriptへ変換」で解説しています。

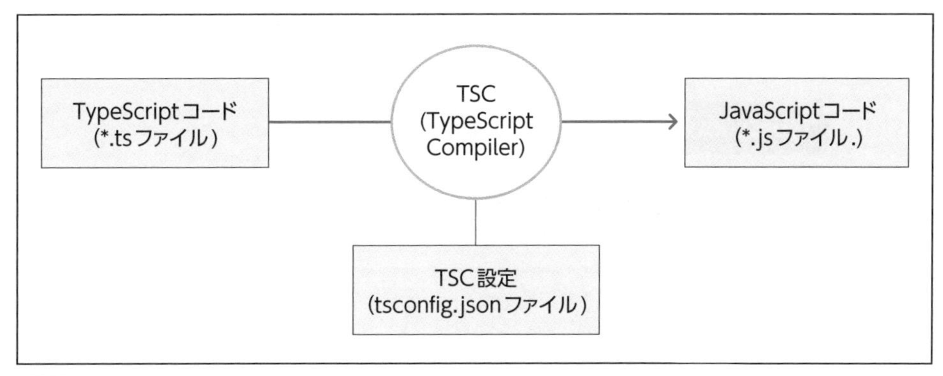

図3-4 TSCでコード変換

ソースコードのコンパイルが必要になるとは、Javaの開発環境に似てきましたね。

このようにTypeScriptはJavaScriptに変換後に実行しますので、JavaScriptを「JavaScriptまたはTypeScript」と読み替えて構いません。

3-2 TypeScriptの体験

3-2-1 プレイグラウンド概要

説明ばかりでは理解が深まりませんので、TypeScript公式サイトにある「プレイグラウンド」を使ってコード作成を体験してみましょう。「プレイグラウンド」では、Webブラウザから TypeScriptのコードを入力して、スグに動作を試せます。通常、「プレイグラウンド」を使うのはサンプルコードのチェック程度までで、実際の開発は開発環境をインストールして行います。

「プレイグラウンド」は直訳すると遊び場ですか。面白い呼び名ですね。

では早速始めます。

▶ プレイグラウンドの開始

❶ Webブラウザで以下のURLを呼び出して、プレイグラウンドのページを開きます(図3-5)。

● TypeScriptプレイグラウンド　https://www.typescriptlang.org/ja/play/

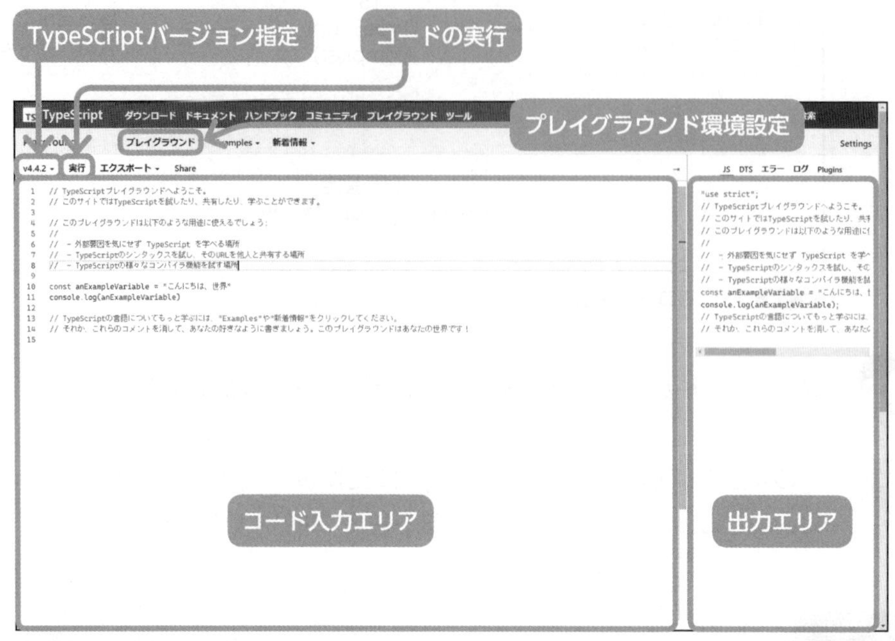

図3-5 TypeScriptプレイグラウンド

画面の最上部にメインメニュー、その下は左右のペインに2分割され、左ペインがコード入力エリア、右ペインが出力エリアになっています。

▶コードの実行

❶ 左ペインに表示されているコードを、すべて削除して、以下のコードを入力します(図3-6)。

```
console.log("こんにちは");
```

図3-6 コードの実行確認

❷ 左ペイン上部のメニューから、［実行］を選択します。

❸ トランスパイル完了のメッセージが一時的に表示されます。

❹ 右ペインに、以下のログが出力されれば、プレイグラウンドは正常に動作しています。

```
[LOG]: "こんにちは"
```

3-2-2 コード作成 体験

プレイグラウンドの基本操作ができたので、次は、TypeScriptでクラスの定義をしてみましょう。

❶ 左ペインに表示されているコードをすべて削除して、以下のコードを入力します（図3-7）。

```
// Userクラスの定義
class User{
    id:number;
    name:string;
    accessLevel:number;
```

```
    // コンストラクタ
    constructor(id:number, name:string, level:number = 0){
        this.id = id;
        this.name = name;
        this.accessLevel = level;
    }
}
//  Userクラスのインスタンスを生成してuser01へ代入
const user01 = new User(1000, "青木");
// user01の内容をログ出力
console.log(user01);
```

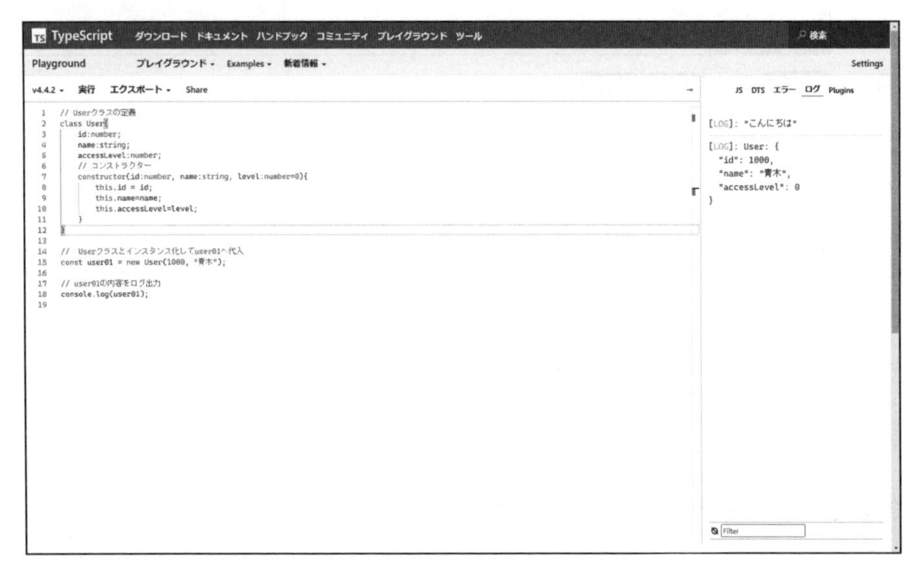

図3-7 クラスの定義

❷左ペイン上部のメニューから、[実行]を選択します。

❸右ペインに、以下のログが出力されれば、コードが正しく実行されています。

```
[LOG]: User: {
  "id": 1000,
  "name": "青木",
  "accessLevel": 0
}
```

MEMO コードの解説

```
class User{....}
```

Userという名前のクラスを定義しています。なお、TypeScriptではアクセス修飾子を省略した場合は、publicと解釈されます。

```
id:number;
name:string;
accessLevel:number;
```

Userクラスのメンバ変数の定義です。TypeScriptで変数の型指定は、変数名の後にコロンで区切って指定します。

```
constructor(id:number, name:string, level:number = 0){....}
```

Userクラスのコンストラクタです。引数には型指定を行います。引数に値が渡されないときの既定値を「引数＝既定値」で指定できます。ここでは、levelの既定値を0に指定しています。

```
this.id = id;
this.name = name;
this.accessLevel = level;
```

Userクラスのインスタンスを生成する際に、メンバ変数の初期化を行います。

```
const user01 = new User(1000, "青木");
```

Userクラスのインスタンスを生成して、user01変数へインスタンスの参照を渡します。3番目の引数、accessLevelは指定されていないので、コンストラクタに既定値 (0) が渡されます。

```
console.log(user01);
```

user01の内容をログ出力します。

プレイグラウンドは、Webブラウザなのに高機能エディタのように入力候補を出してくれたり、文法チェックをしてくれたりして便利ですね。クラス定義のコードを見ると、Javaと比べて記述の仕方が違うところはありますが、対応できる範囲だと思います。

3-2-3 JavaScriptへ変換 

次は、TypeScriptのコンパイルを確認します。「3-1-3 TypeScript概要」で説明したように、TypeScriptのコードはtsc（TypeScriptCompiler）でJavaScriptに変換後、実行されます。プレイグラウンドは、変換先のECMAScript仕様を指定できます。ES2015（ES6）とES5に変換して違いを確認してみましょう。

❶クラスの定義のコードはそのままで、画面上部の［プレイグラウンド］メニューを選択します（図3-8）。

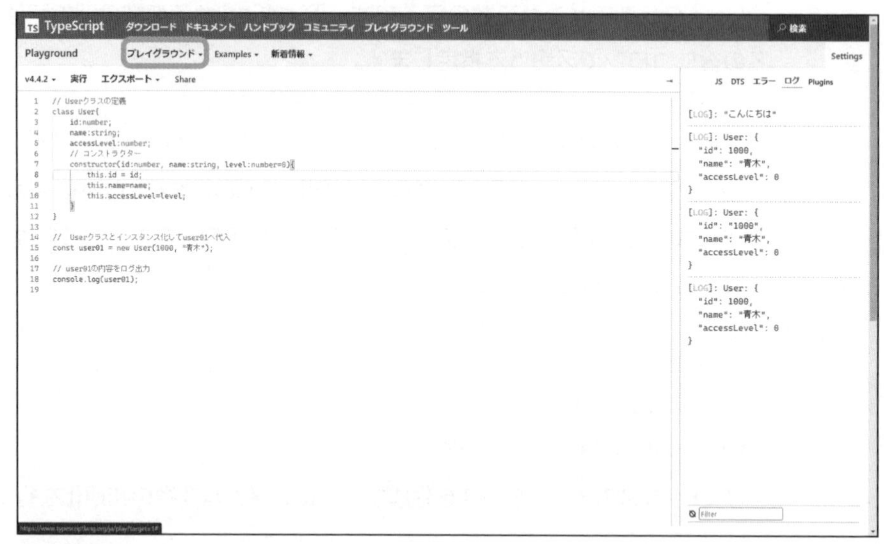

図3-8 ［プレイグラウンド］メニューを選択

❷プレイグラウンド環境設定画面が開きます。右ペインの上部メニューから[JS]を選択すると、変換後のコードが表示されます（図3-9）。

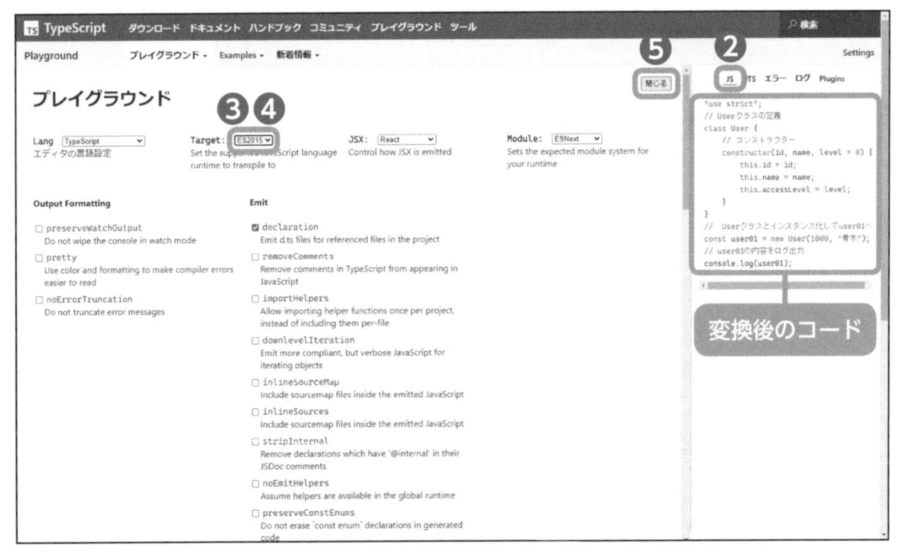

図3-9 プレイグラウンド環境設定画面

❸左ペインのTarget欄から、変換先のECMAScript仕様として[ES2015]を指定します。右ペインに、以下のような変換後のコードが出力されます。

```
"use strict";
// Userクラスの定義
class User {
    // コンストラクタ
    constructor(id, name, level = 0) {
        this.id = id;
        this.name = name;
        this.accessLevel = level;
    }
}
//  Userクラスのインスタンスを生成してuser01へ代入
const user01 = new User(1000, "青木");
// user01の内容をログ出力
console.log(user01);
```

02

❹今度は、Target欄から[ES5]を選択します。右ペインに、以下のような変更後のコードが出力されます。

```
"use strict";
// Userクラスの定義
var User = /** @class */ (function () {
    // コンストラクタ
    function User(id, name, level) {
        if (level === void 0) { level = 0; }
        this.id = id;
        this.name = name;
        this.accessLevel = level;
    }
    return User;
}());
//  Userクラスのインスタンスを生成してuser01へ代入
var user01 = new User(1000, "青木");
// user01の内容をログ出力
console.log(user01);
```

❺左ペインの右上の［閉じる］ボタンをクリックして、コード入力画面へ戻ります。

ES2015に変換したときは、変換元とほぼ同じですが、型指定の記述（青文字箇所）が削除されていますね。JavaScript には型定義の機能がないので、変換結果は予想通りです。

```
// Userクラスの定義
class User{
    id:number;
    name:string;
    accessLevel:number;
    // コンストラクタ
    constructor(id:number, name:string, level:number=0){
        this.id = id;
        this.name = name;
        this.accessLevel = level;
    }
```

```
}
```

一方、ES5に変換したときは、クラス定義が完全に書き替えられています（青文字箇所）。この部分は、全く別の記述に書き替えられていますね。なぜですか？

```
// Userクラスの定義
var User = /** @class */ (function () {
    // コンストラクタ
    function User(id, name, level) {
        if (level === void 0) { level = 0; }
        this.id = id;
        this.name = name;
        this.accessLevel = level;
    }
    return User;
}());
```

書き替えられた箇所はJavaScriptの疑似クラス定義です。ES5はclass構文が利用できないので、疑似クラスの記述に置き換えています。これはclass構文と同等の動作をするので、ES5でもインスタンスの生成部分は同一です。

コンパイラは、こんなにきめ細かく自動変換してくれるのですね。ありがたいです。

MEMO **変換先の選択**

変換先は、ES3にすれば幅広いWebブラウザに対応できます。しかし、コンパイルは、不足する機能を補完するコードを追加するので、機能差分が大きいほど変換後のコードサイズが増大します。表3-2は、ECMAScriptで定義されている機能のうち、各Webブラウザで実装されている機能の割合を示しています。

表3-2 Webブラウザの対応状況（2021年9月）

言語仕様	IE11	ほかの主要Webブラウザ
ES5	99%	100%
ES2015(ES6)	11%	98%

この表から最近の主要Webブラウザは、ES2015の98%の機能をサポートしており、変換先として選択できることがわかります。一方、IE11はES2015の機能の11%しかサポートしていません。IE11対応を行うときは、1つ前のバージョンであるES5を変換先として選択すべきことがわかります。

なお、WebブラウザごとのECMAScript対応状況は、以下のURLで確認できます。

・ES5対応状況　http://kangax.github.io/compat-table/es5/
・ES2015（ES6）対応状況　http://kangax.github.io/compat-table/es6/

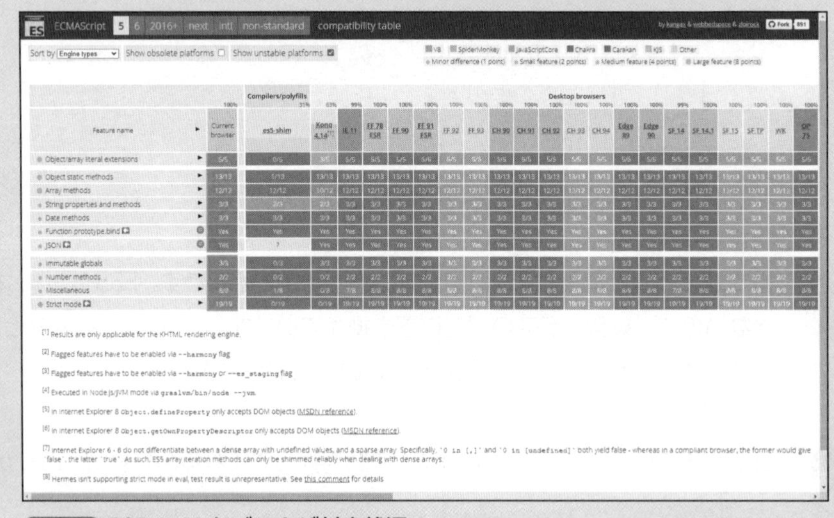

図3-10 ES5のWebブラウザ対応状況

3-2-4 型チェック 体験

最後に、TypeScriptの型チェックを試しましょう。TypeScriptを直訳すると「型付きのスクリプト」。言語の名称にするくらい、JavaScriptとの大きな違いを示す機能です。それでは、始めます。

❶ Userクラスのインスタンスを生成する引数を、数値から文字列"1000"に変更します（青文字箇所）。

```
変更前：const user01 = new User(1000, "青木");
変更後：const user01 = new User("1000", "青木");
```

図3-11 型チェックによるエラー表示

❷ 変更するとすぐに、"1000"の部分には赤い下線が、右の出力には赤いアイコンでエラーが1箇所あると表示されます（図3-11）。

❸ 右ペインの上部にある［エラー］メニューを選択すると、以下のようなエラーの詳細が表示されます。

```
Argument of type 'string' is not assignable to parameter of type 'number'.
［日本語訳］string型の値は、number型の引数に渡せません
```

このように、実行前にコードのミスを型チェックで検知できます。

やはり、Javaのように型チェックがあると安心です。また、型指定があると、どんな値が渡されるかわかるので、ほかの人が書いたコードが読みやすくなります。コードの保守作業の効率が上がり、データ型不一致のミスが減りますね。

3-3 JavaScript実行環境node.js

3-3-1 node.js概要

次は、node.jsについて解説します。node.jsを利用したことはありますか？

node.jsという名前はよく聞きますが、使ったことがないので、どのようなものかわかりません。

node.jsは、Webブラウザ以外でJavaScriptを動作させる実行環境です。Windows、Mac、LinuxなどのOSをサポートしています。node.jsをインストールした環境であれば、OSに依存することなく、同じJavaScriptのコードを実行できます(図3-12)。もちろんTypeScriptもJavaScriptのコードに変換後、実行できます。

JavaScriptコード	JavaScriptコード	JavaScriptコード
Windows用node.js	Mac用node.js	Linux用node.js
Windows	Mac	Linux

図3-12 同じコードを異なるOSで実行可能

Webブラウザで動作しないということは、フロントエンドの処理に使えません。何に利用するのですか？

node.jsの目的は、WebブラウザのJavaScript実行環境の置き換えではなく、JavaScriptで開発できる世界を広げることです。つまり、node.jsを利用すれば、JavaScriptがWebブラウザでも、デスクトップでも、サーバーでも、動くということです。

JavaScript開発エンジニアの活躍先が一気に広がるわけですね。でも、デスクトップやサーバーは、既に別の言語で開発されています。具体的にどんな用途があるのですか？

主に、2つの用途があります。1つめは、バックエンドとフロントエンドの開発言語共通化です。これまで、フロントエンドはJavaScript、バックエンドはJava・PHPなどで開発していました。これをJavaScriptで統一すれば、全く別のものとして開発してきた関数やクラスを共通利用できる可能性があります。また、バックエンドの処理の一部をフロントエンドで行って処理の通信待ちをなくしたり、逆にフロントエンドで処理能力が不足する処理をバックエンドで行ったり、フロントエンドとバックエンドの処理分担の変更が容易になります（図3-13)。

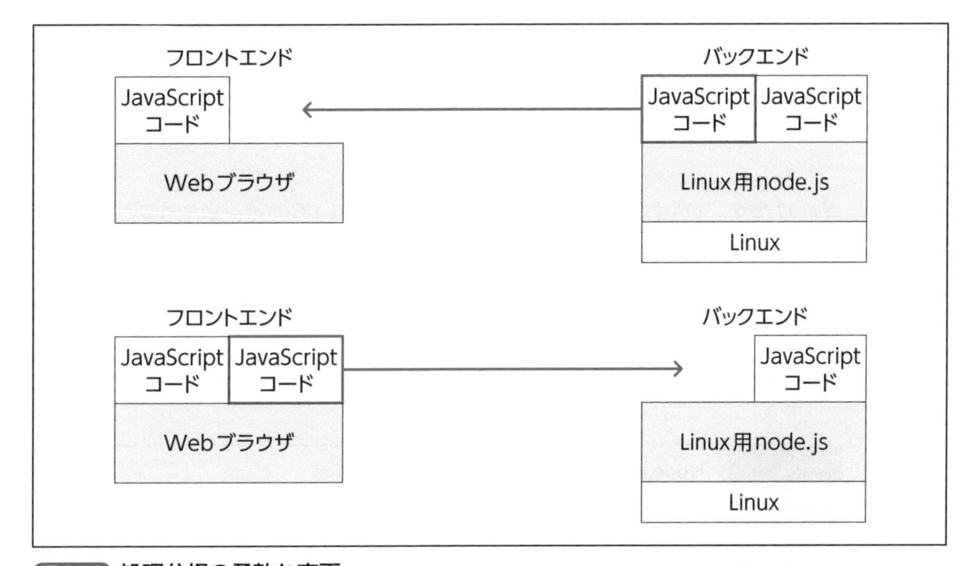

図3-13 **処理分担の柔軟な変更**

バックエンドでJavaScriptを使うとは、想像もしていませんでした。確かに大きなメリットになりますね。しかし、すでにJava・PHPなどで開発済みのバックエンドでは利用できませんので、新規開発時に検討することになると思います。2つめの用途は何ですか？

2つめはJavaScript開発ツールを実行させることです*1。最新のJavaScript開発ツールは、ツール自身がJavaScriptで開発されていて、node.js上で実行するのが常識になっています（図3-14)。したがって、フロントエンド向けアプリケーションフレームワークの環境セットアップは、node.jsのインストールから始めるのが一般的です。

＊1　node.js向けに作られたJavaScriptアプリであれば、種類は限定されません。本書が扱う範囲では、主な用途は開発ツールの実行環境になります。

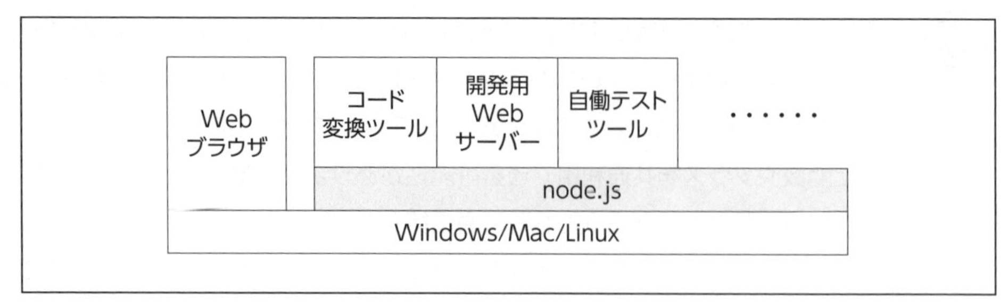

図3-14 node.jsを開発ツールの実行環境として利用

2つ目の用途は、すぐに利用しますので覚えておきます。ところで、node.jsのJavaScriptは、WebブラウザのJavaScriptと使えるAPIは異なるのですか？

異なります。Webブラウザとは別に設計されているので、WebブラウザにないAPIがありますし、Webブラウザにあってnode.jsにないAPIもあります。公式サイトに、node.jsのAPIのドキュメントが公開されています（図3-15）。

・node.js APIレファレンス　https://nodejs.org/api/

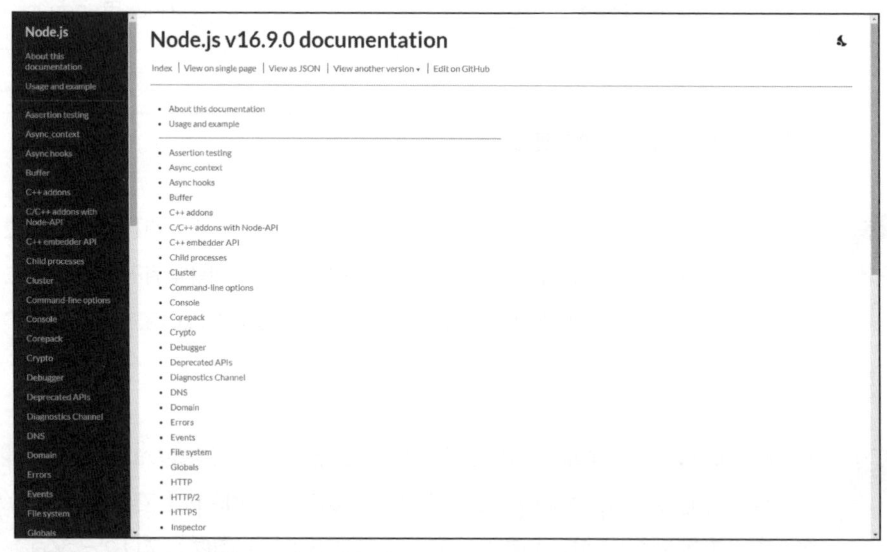

図3-15 node.js APIレファレンス

MEMO node.jsのES2015対応

node.js のAPIは、Webブラウザと異なりますが、JavaScript言語そのものの仕様はECMAScriptに準拠しています。既にES2015に対応しています（図3-16）。

・node.jsのES2015対応状況　https://node.green/

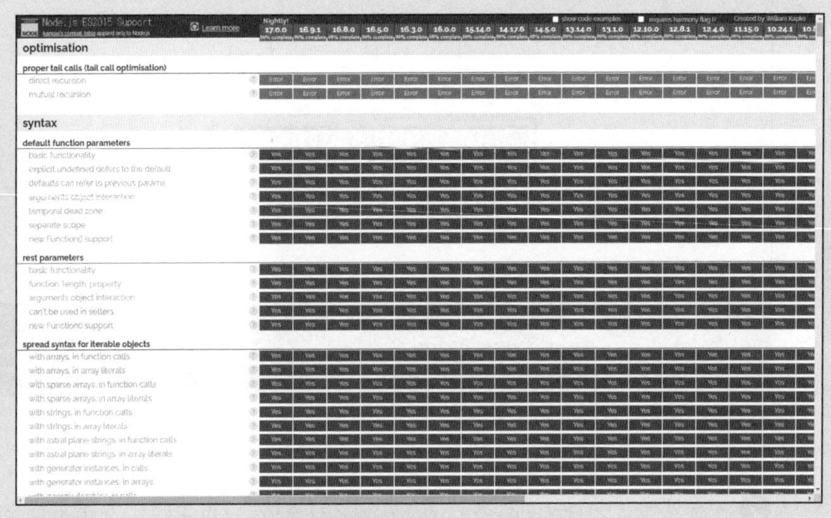

図3-16 node.jsのES2015対応状況

3-3-2　node.jsの使い方  体験

node.jsの使い方は単純です。公式サイトからnode.jsのインストーラーをダウンロードしてインストールします。インストール完了後、以下のコマンドでJavaScript のプログラムを実行します。

```
node  <JavaScriptファイルへのパス>
```

CLI（コマンドラインインターフェイス）から、JavaScript実行した経験はありません。確かに、Webブラウザでの JavaScriptとは異なりますね。具体的な手順も教えてください。

手順を説明します。

▶インストール

❶node.jsの公式サイトにアクセスします（図3-17）。

- node.js公式サイト　https://nodejs.org/ja/

図3-17 **node.js公式サイト**

❷トップページ中央にある2つのボタンのうち、「推奨版」を選択します。「推奨版」は、動作が安定していて、LTS（Long Term Support:長期間のサポートあり）のバージョンです。

❸インストーラーをダウンロードします。

❹ダウンロード完了後、インストーラーを実行します。

❺インストール画面が表示されます。しばらく待つと［Next］ボタンが有効になるのでクリックします（図3-18）。

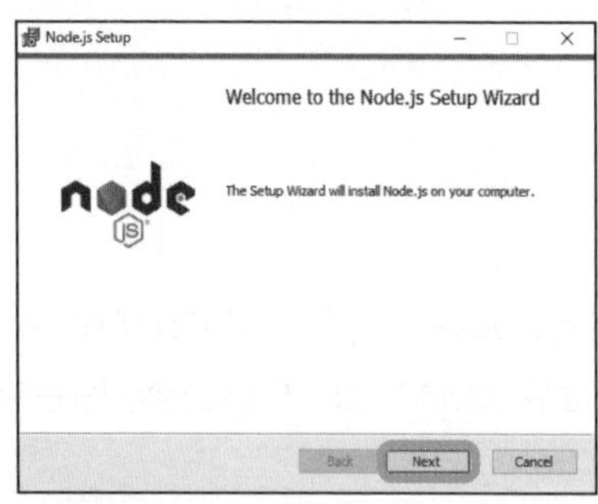

図3-18 **［Next］ボタンをクリック**

❻インストーラーの指示に従って操作し、インストールを完了します。

❼以下のコマンドで、node.jsの動作を確認します。

```
node -v
```

正常な場合は、バージョンの値が返されます（図3-19）。

図3-19 node.jsの動作確認

▶JavaScriptファイルの実行

❶テキストエディタで、以下のファイルを作成します。

```
ファイル名: hello-node.js
保存場所：カレントディレクトリ
内容: console.log("Hello, node.js!!");
```

❷以下のコマンドを入力すると、hello-node.jsが実行されます（図3-20）。

```
node hello-node.js
```

図3-20 hello-node.jsの実行

コマンドプロンプトでJavaScriptが動作するのを初めて見ました。簡単ですね。これで、node.jsの基本は大まかに理解できました。

MEMO node.jsのインストール方法

実際の開発では、公式サイトのインストーラーの代わりに、node.jsバージョン管理ツール（nvmなど）を使ってインストールするのが一般的です。これは、node.jsのバージョンを厳密に管理するためです。詳細は、「7-2-2　node.jsインストールのバージョン指定」で解説します。

3-3-3 npm概要

ここまで解説したJavaScript開発環境の基礎知識は、初めてでも、一度経験すれば何とか理解できたと思います。これから説明するnpm(node package manager)は青木さんにとっては全く未経験の仕組みなので、理解するのに時間がかかると思います。何度も繰り返し利用する過程で、徐々に理解が進んでいくのが普通です。 焦らずに取り組んでください。なお、node.jsをインストールすればnpmコマンドが使えるようになります。

ゆっくり教えてください。

まず npmの全体像について説明します。 npmは JavaScriptプログラムの巨大レポジトリ （プログラムパッケージのデータベース） を中心としたシステムになっています(図3-21)。

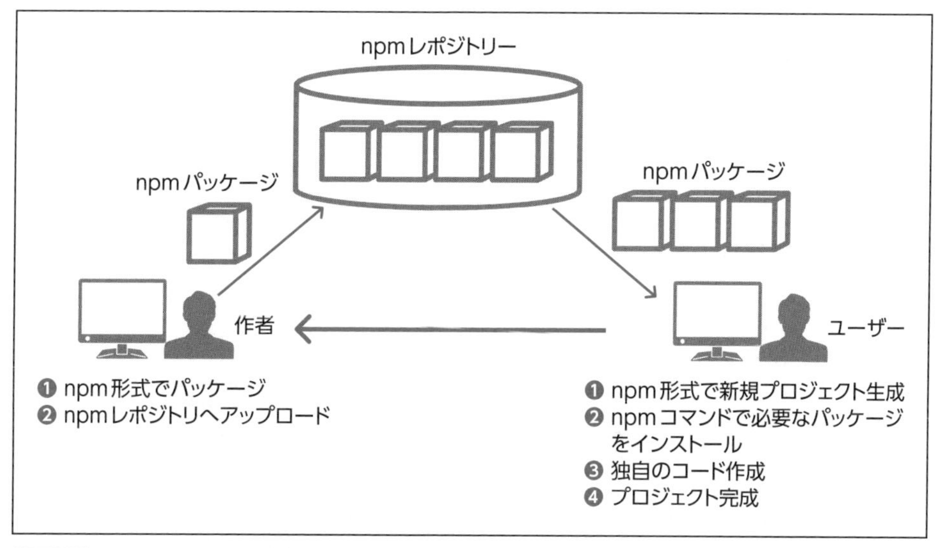

図3-21 npmシステムの全体像

▶プログラムの作者

❶作成したプログラムをnpmレポジトリに登録できる形式（以降npm形式と呼びます）に整えます。

❷作成したパッケージをnpmレポジトリに登録します。

▶パッケージ利用者

❶npmレポジトリを利用するユーザーは、npm形式で新規プロジェクトを作成します(npm initコマンドを使用)。

❷必要なパッケージをプロジェクトにインストールします(npm installコマンドを使用)。インストールで指定したパッケージが、ほかのパッケージに依存している場合は、これらのパッケージも同時にインストールされます（依存関係の自動解決)。

❸インストールしたパッケージを利用して、独自のコードを作成します。

❹プロジェクトが完成します。

完成したプロジェクトはnpm形式ですので、今度はこの完成品をプログラムの作者としてnpmレポジトリに登録できます。

これまでjQueryやBootstrapなどは、それぞれ個別に公式サイトからダウンロードして、プロジェクト内にコピーして利用していました（図3-22左）。npmでは、スマートフォンのアプリストアのように、1箇所でまとめてインストールできるので助かります（図3-22右）。

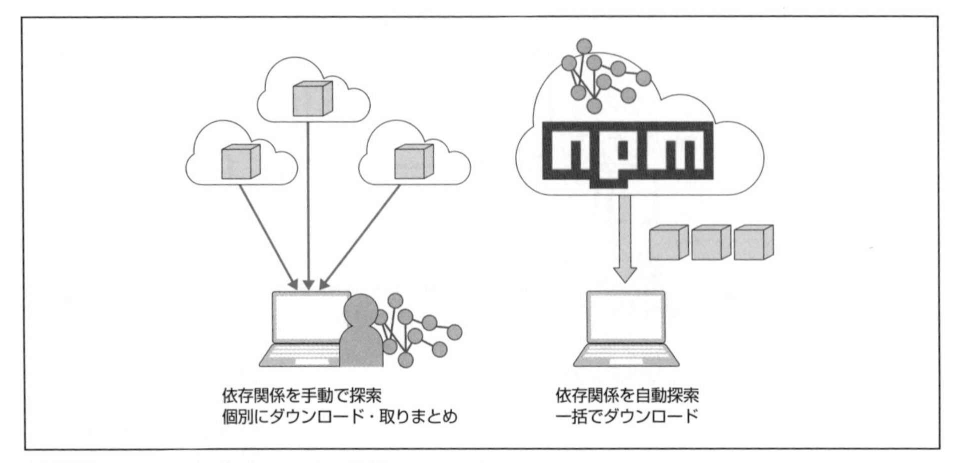

図3-22 npm installコマンドで簡単にインストール

npmレポジトリは、「node package manager」という名前のとおりnode.jsで動作するプログラムを扱っていましたが、現在ではWebブラウザ用のパッケージも含まれるようになりました。そして、JavaScript開発にnpmを使用するのが常識になりつつあります。したがって、jQueryやBootstrapの公式サイトにも、npmを使ったインストール方法が記載されています。npm全体像を説明したので、次はnpmを体験してみましょう。

私が知らなかっただけで、npmはJavaScript開発に欠かせないものになっているようですね。

3-4 npmの体験

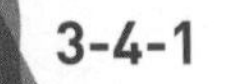 3-4-1 npmレポジトリ  

npmシステムの中心となるnpmレポジトリから始めます。それでは、青木さんが知っているjQueryを、npmレポジトリから探してみましょう。

❶ 以下のURLからnpmレポジトリにアクセスします（図3-23）。

- npmレポジトリ　https://www.npmjs.com/

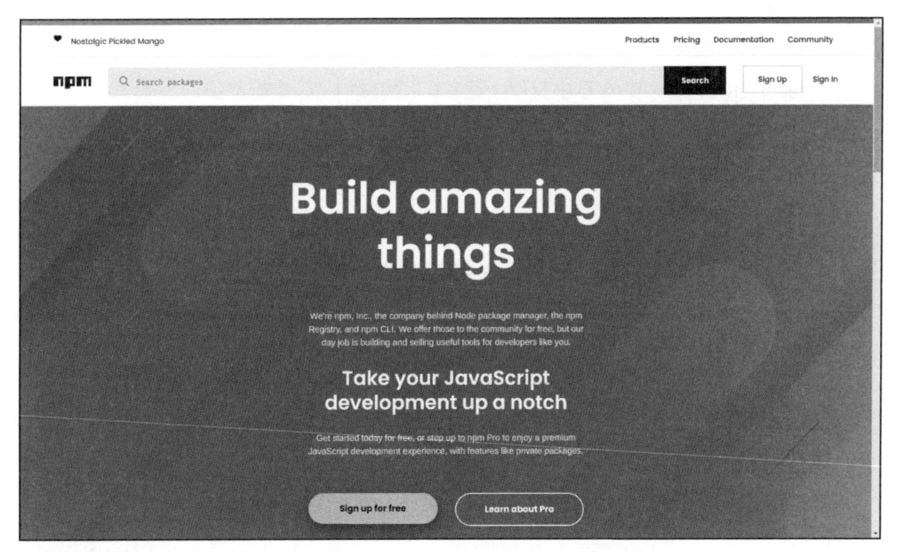

図3-23 npmレポジトリ

❷ 画面上部にある入力欄に「jQuery」と入力後、[Search] ボタンをクリックします。

❸「jQuery」というキーワードがヒットするパッケージ一覧が表示されます（図3-24）。

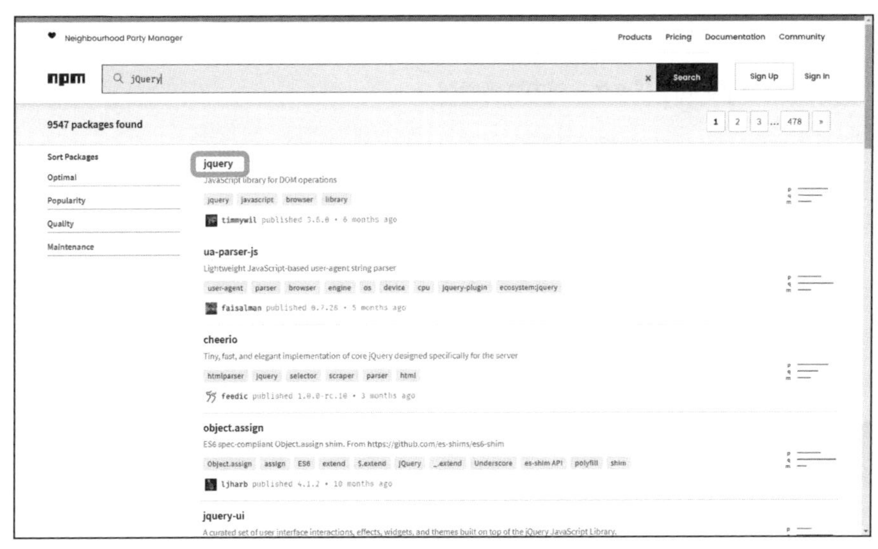

図3-24 検索結果一覧（キーワードはjQuery）

注意

jQueryのパッケージ名

古いバージョンのパッケージが、「jQuery」という名前で登録されています。最新版は「jquery」(すべて小文字)ですので注意してください。

❹結果一覧から「jquery」を選択します。

❺jqueryパッケージに関する詳細情報が、表示されます(図3-25)。

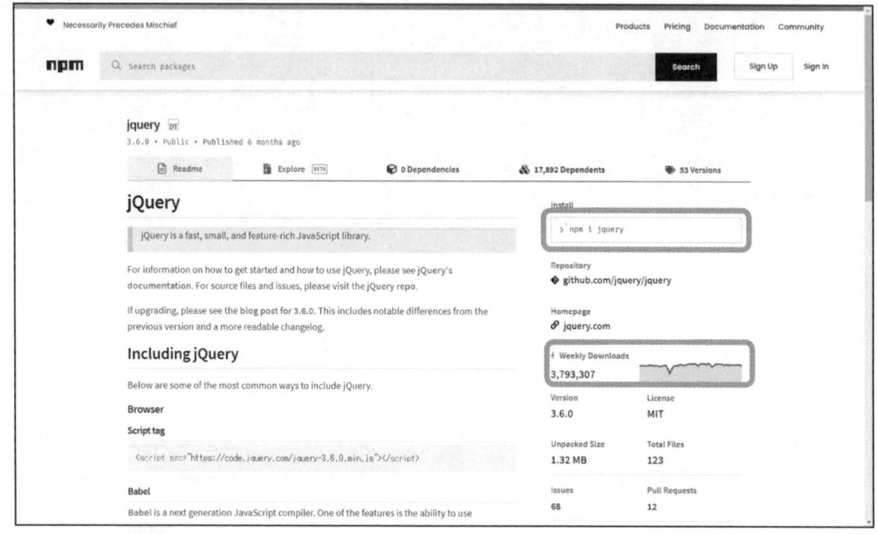

図3-25 **jQueryパッケージの詳細情報**

❻画面右上のinstallの欄で、インストール方法を確認します。

- 「npm i jquery」のコマンドでインストールできることがわかります。
- 「npm i」は「npm install」の短縮入力です。どちらのコマンドを使っても同じです。
- この欄をマウスでクリックすると、クリップボードにコピーされるので便利です。

画面右中央のWeekly Downloads(週間ダウンロード数)が、なんと300万を超えています。npmによるインストールが常識になったことがよくわかりました。

3-4-2 npmプロジェクト作成 

次は、npmレポジトリを利用するための、プロジェクトをコマンドプロンプトで作成します。

❶プロジェクトフォルダを作成します。ここでは「proj01」とします。

```
md proj01
```

❷作成したフォルダに移動します。

```
cd proj01
```

❸以下のnpmコマンドで新規プロジェクトを作成します。

```
npm init -y
```

npm initコマンドはプロジェクトの初期化をします。-yオプションを付けると初期パラメータの入力をスキップして既定値で設定します。このコマンドを発行すると、パッケージ管理情報を持つpackage.jsonファイルがカレントディレクトリに生成されます（図3-26）。

```
C:¥Windows¥System32¥cmd.exe
Microsoft Windows [Version 10.0.19043.1165]
(c) Microsoft Corporation. All rights reserved.

C:¥nodeTest>md proj01

C:¥nodeTest>cd proj01

C:¥nodeTest¥proj01>npm init -y
Wrote to C:¥nodeTest¥proj01¥package.json:

{
  "name": "proj01",
  "version": "1.0.0",
  "description": "",
  "main": "index.js",
  "scripts": {
    "test": "echo ¥"Error: no test specified¥" && exit 1"
  },
  "keywords": [],
  "author": "",
  "license": "ISC"
}


C:¥nodeTest¥proj01>
```

図3-26 npm initコマンドで新規プロジェクト作成

❹ package.jsonファイルの生成を確認します（図3-27）。

名前	更新日時	種類	サイズ
package.json	2021/09/10 19:33	JSON ファイル	1 KB

図3-27 **package.jsonファイルが生成**

❺ package.jsonファイルをテキストエディタで開きます。

```
{
  "name": "proj01",           パッケージ名称
  "version": "1.0.0",         バージョン
  "description": "",          パッケージの説明
  "main": "index.js",         実行開始時の呼び出し先
  "scripts": {                npm run コマンドで実行するスクリプト
    "test": "echo ¥"Error: no test specified¥" && exit 1"
  },
  "keywords": [],             npmレポジトリの検索キーワード
  "author": "",               作者名
  "license": "ISC"            ライセンスの種類
}
```

プロパティごとに説明を加えています（青文字部分）。初期化時、このファイルはプロジェクトで、これから作成するパッケージの基本情報を持ちます。また、"scripts"プロパティには「npm runコマンド」で実行するスクリプトを記述できます。たとえば、以下の記述（青文字部分）を行うと、「npm run lite」とコマンドプロンプトで入力するとlite-serverの起動スクリプトが呼び出されます。

```
"scripts": {
    "lite": "lite-server"
}
```

> **MEMO scriptプロパティの詳細情報**
> 以下のURLを参照してください。
> https://docs.npmjs.com/cli/v7/using-npm/scripts
>
> **package.jsonの仕様**
> 以下のURLを参照してください。
> https://docs.npmjs.com/cli/v7/configuring-npm/package-json

npm形式のプロジェクトと聞いて、もっと複雑なフォルダ構造を想像していました。

プロジェクトで必要な情報はpackage.jsonに集約されます。

3-4-3 npmパッケージインストール  体験

プロジェクトが作成できたので、npmレポジトリからパッケージをインストールします。ここでは、開発用Webサーバー「lite-server」と「jQuery」をインストールします。

1. package.jsonファイルが、カレントディレクトリに存在することを確認します。
2. 以下のnpmコマンドでパッケージをインストールします。「npm i」は「npm install」の短縮形です。ここでは、「jquery」と「lite-server」のパッケージをインストールしています。複数のパッケージ名を空白で区切って、一括インストールが可能です。

```
npm i jquery lite-server
```

MEMO yarnコマンド

npmパッケージによっては、「npmコマンド」の代わりに「yarnコマンド」が案内されています。yarnはnpmを置き換える目的で開発されたサードパーティーのツールです。ただし、「npm installコマンド」は「yarn addコマンド」に該当するなど、一部の仕様が異なります。かつては、「npm installコマンド」が繰り返し失敗したり、インストールに長時間かかったりしていたため、代替としてyarnが使用されていましたが、最近ではnpmコマンドの改良が進んでいるので、特に指定のない限り、npmコマンドを使用してください。

❸コマンドプロンプトにエラーメッセージが表示されなければインストール成功です(図3-28)。

```
C:¥Windows¥System32¥cmd.exe
C:¥nodeTest¥proj01>npm i jquery lite-server
npm        Beginning October 4, 2021, all connections to the npm registry - including for package installation - must use TLS
 1.2 or higher. You are currently using plaintext http to connect. Please visit the GitHub blog for more information: https:/
/github.blog/2021-08-23-npm-registry-deprecating-tls-1-0-tls-1-1/
npm WARN deprecated debug@4.1.1: Debug versions >=3.2.0 <3.2.7 || >=4 <4.3.1 have a low-severity ReDos regression when used i
n a Node.js environment. It is recommended you upgrade to 3.2.7 or 4.3.1. (https://github.com/visionmedia/debug/issues/797)
npm WARN deprecated debug@4.1.1: Debug versions >=3.2.0 <3.2.7 || >=4 <4.3.1 have a low-severity ReDos regression when used i
n a Node.js environment. It is recommended you upgrade to 3.2.7 or 4.3.1. (https://github.com/visionmedia/debug/issues/797)
npm WARN deprecated debug@4.1.1: Debug versions >=3.2.0 <3.2.7 || >=4 <4.3.1 have a low-severity ReDos regression when used i
n a Node.js environment. It is recommended you upgrade to 3.2.7 or 4.3.1. (https://github.com/visionmedia/debug/issues/797)

added 194 packages, and audited 195 packages in 13s

6 packages are looking for funding
  run `npm fund` for details

found 0 vulnerabilities

C:¥nodeTest¥proj01>
```

図3-28 **jQueryとlite-serverのインストール**

コマンドを1行入力して、後は待つだけ。あっけないほど簡単でした。

では、インストール後のproj01フォルダの変化を確認します(図3-29)。

名前	更新日時	種類	サイズ
node_modules	2021/09/10 20:28	ファイル フォルダー	
package.json	2021/09/10 20:28	JSON ファイル	1 KB
package-lock.json	2021/09/10 20:28	JSON ファイル	3 KB

図3-29 **インストール後のproj01フォルダ**

以下の3つの変化があります。

1. node_modulesフォルダが生成
2. package.jsonファイルの更新日時が変化
3. package-lock.jsonファイルが生成

順にチェックしましょう。

▶ node_modulesフォルダ

ここにnpmレポジトリからダウンロードしたパッケージが保存されます。このフォルダを開くと、パッケージ名ごとにフォルダに分けられています。100個以上のパッケージがインストールされています（図3-30）。

名前	更新日時	種類	サイズ
.bin	2021/09/10 21:14	ファイル フォルダー	
accepts	2021/09/10 21:14	ファイル フォルダー	
after	2021/09/10 21:14	ファイル フォルダー	
ansi-regex	2021/09/10 21:14	ファイル フォルダー	
ansi-styles	2021/09/10 21:14	ファイル フォルダー	
anymatch	2021/09/10 21:14	ファイル フォルダー	
arraybuffer.slice	2021/09/10 21:14	ファイル フォルダー	
async	2021/09/10 21:14	ファイル フォルダー	
async-each-series	2021/09/10 21:14	ファイル フォルダー	
axios	2021/09/10 21:14	ファイル フォルダー	
backo2	2021/09/10 21:14	ファイル フォルダー	
balanced-match	2021/09/10 21:14	ファイル フォルダー	
base64-arraybuffer	2021/09/10 21:14	ファイル フォルダー	
base64id	2021/09/10 21:14	ファイル フォルダー	
batch	2021/09/10 21:14	ファイル フォルダー	
binary-extensions	2021/09/10 21:14	ファイル フォルダー	
blob	2021/09/10 21:14	ファイル フォルダー	

図3-30 node_modulesフォルダの内容

以下の3つのフォルダ以外は、依存関係の解決のために自動でインストールされたパッケージですので、通常は無視できます。

- .binフォルダ
- lite-serverフォルダ
- jqueryフォルダ

依存関係の解決で100個以上のパッケージが使われているとは驚きです。手動で解決するなんて無理ですね。

それでは、3つのフォルダを順に確認してみましょう。

02

▶node_modules¥.binフォルダ

```
browser-sync
browser-sync.cmd
browser-sync.ps1
dev-ip
dev-ip.cmd
dev-ip.ps1
lite-server
lite-server.cmd
lite-server.ps1
lt
lt.cmd
lt.ps1
mime
mime.cmd
mime.ps1
throttleproxy
throttleproxy.cmd
throttleproxy.ps1
```

node_modules ¥.binフォルダには、インストールしたパッケージのスクリプトファイルが保存されます。パッケージ名ごとに3種類のファイルがあります。拡張子なしはLinuxなどのshell用、拡張子cmdはコマンドプロンプト用、拡張子ps1はPowerShell用です。たとえば、proj01ディレクトリからコマンドプロンプトで、以下を入力するとlite-serverが起動します（図3-31）。ただし、起動はしますが、まだindex.htmlファイルが存在しないので空白のページが表示されます。

```
"node_modules¥.bin¥lite-server"
```

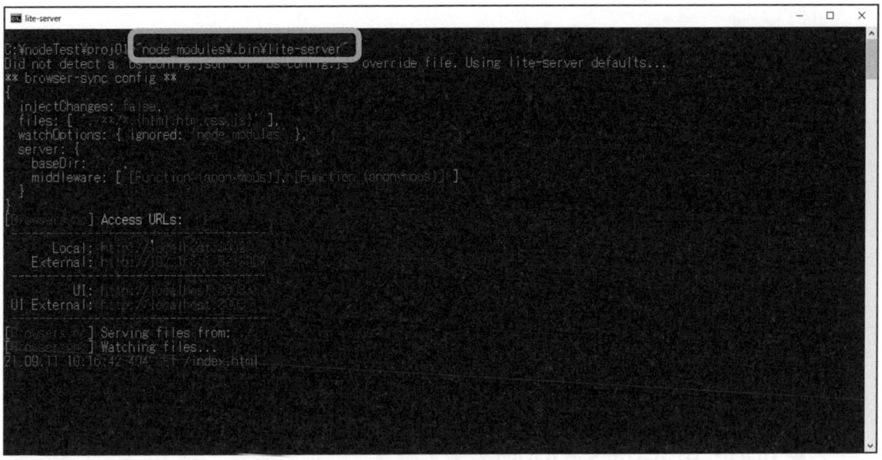

```
C:¥nodeTest¥proj01>"node_modules¥.bin¥lite-server"
Did not detect a bs-config.json or bs-config.js override file. Using lite-server defaults...
** browser-sync config **
{
  injectChanges: false,
  files: [ './**/*.{html,htm,css,js}' ],
  watchOptions: { ignored: 'node_modules' },
  server: {
    baseDir: './',
    middleware: [ [Function (anonymous)], [Function (anonymous)] ]
  }
}
[Browsersync] Access URLs:
 --------------------------------------
       Local: http://localhost:3002
    External: http://
 --------------------------------------
          UI: http://localhost:3003
 UI External: http://localhost:3003
 --------------------------------------
[Browsersync] Serving files from: ./
[Browsersync] Watching files...
21.09.11 10:16:42 404 GET /index.html
```

図3-31 "node_modules¥.bin¥lite-server"の実行

このようにインストールしたパッケージを起動できますが、パスを指定するのが面倒です。package.jsonのscriptプロパティからであれば、パス指定なしで呼び出せて便利です。たとえば、以下の記述（青文字部分）を行うと、「npm run lite」で簡単に同じことができます。

```
"scripts": {
    "lite": "lite-server"
}
```

▶node_modules ¥lite-server フォルダ

```
    │   .eslintrc
    │   .travis.yml
    │   azure-pipelines.yml
    │   CHANGELOG.md
    │   index.js
    │   ISSUE_TEMPLATE.md
    │   LICENSE
    │   package.json
    │   README.md
    │
    ├─bin
    │       lite-server
    │
    ├─lib
    │
```

```
│
│        config-defaults.js
│        lite-server.js
└─test
         config-defaults.spec.js
         lite-server.spec.js
```

node_modules￥lite-serverフォルダには、lite-serverパッケージの内容が含まれています。今回の体験では、このフォルダは直接利用せず、.binフォルダで解説したように「npm runコマンド」経由で利用します。

▶node_modules￥jqueryフォルダ

```
│
│   AUTHORS.txt
│   bower.json
│   LICENSE.txt
│   package.json
│   README.md
├─dist
│        jquery.js
│        jquery.min.js
│        jquery.min.map
│        jquery.slim.js
│        jquery.slim.min.js
│        jquery.slim.min.map
├─external
│              フォルダ内は省略
└─src
               フォルダ内は省略
```

node_modules￥jQueryフォルダにはjqueryパッケージの内容が含まれています。Webブラウザで利用するライブラリはdistフォルダに入っています。今回はjQueryの基本機能しか使いませんので、どのjsファイルでも構いませんが、最小サイズのjquery.slim.min.js（青文字箇所）を利用します。proj01フォルダにindex.htmlを作成する場合、以下のscriptタグでjQueryを利用できます。

```
<script src="node_modules/jquery/dist/jquery.slim.min.js"></
script>
```

▶package.jsonの変化

package.jsonをテキストエディタで開き、内容を確認します。

```
{
  "name": "proj01",
  "version": "1.0.0",
  "description": "",
  "main": "index.js",
  "scripts": {
    "test": "echo ¥"Error: no test specified¥" && exit 1"
  },
  "keywords": [],
  "author": "",
  "license": "ISC",
  "dependencies": {
    "jquery": "^3.6.0",
    "lite-server": "^2.6.1"
  }
}
```

青文字の部分が更新された箇所です。

jQueryとlite-serverのインストールが、反映されています。ただし、2つのパッケージのバージョンらしき数値の先頭にある「^」記号の意味がわかりません。

これは、許容するバージョンの記述です。「^」記号を先頭に付けると、そのバージョンと互換性があれば許容するという意味です（詳細はメモを参照）。インストールされたバージョンがそのまま記録されないのは、package.jsonファイルで一括インストールを可能にするためです（詳細はメモを参照）。

MEMO バージョンの許容ルール

以下のURLを参照してください。
https://github.com/npm/node-semver#versions

MEMO package.jsonファイルで一括インストール

「npm install　パッケージ名」を実行すると、package.jsonはインストールしたパッケージ名を記録します。パッケージ名の指定なしで「npm install」を実行すると、逆にpackage.jsonファイルからパッケージ名を読み取り、一括インストールを行います。このとき、package.jsonに記述された許容範囲で最新のパッケージをインストールします。

▶package-lock.jsonファイル

このファイルには、依存関係のパッケージを含めた全てのインストール履歴が保存されます。パッケージのバージョンを厳密に管理するために利用しますが、学習段階では無視して構いません。

3-4-4 npm runスクリプトで実行

ここまでで実行可能なパッケージの準備ができたので、実行テストしてみます。ここでは、以下のことを行います。

1. index.htmlをproj01フォルダに作ります。
2. lite-serverを起動するnpm runスクリプトをpackage.jsonに定義します。

▶index.htmlの作成

「ここをクリック」を初期表示し、その文字をクリックすると「jQuery動作中」に表示が変わるページを作成します。ファイルパスは「proj01¥ index.html」とします。

```
<!DOCTYPE html>
<html lang="en">
<head>
<script src="node_modules/jquery/dist/jquery.slim.min.js">
</script>
  <meta charset="UTF-8">
  <title>テスト</title>
</head>
<body>
<h1>ここをクリック</h1>
```

```
<script>
    $("h1").click(function(){
        $(this).text("jQuery動作中");
    });
</script>
</body>
</html>
```

MEMO コード解説

```
<script src="node_modules/jquery/dist/jquery.slim.min.js">
</script>
```

jQueryライブラリを読み込みます。

```
$("h1").click(function(){
    $(this).text("jQuery動作中");
});
```

h1タグ内でclickイベントが発生すると、h1ダグ内の文字を「jQuery動作中」に設定します。

▶ npm runスクリプトの定義

package.jsonのscriptsプロパティを以下のように書き替えます。

```
"scripts": {
    "test": "echo ¥"Error: no test specified¥" && exit 1"
    "lite": "lite-server"
}
```

▶ 動作確認

1. コマンドプロンプトを開き、カレントディレクトリをproj01にします。
2. 「npm run lite」を入力します。
3. lite-server起動の様子が、コマンドプロンプトに表示されます（図3-32）。

```
C:¥nodeTest¥proj01>npm run lite

> proj01@1.0.0 lite
> lite-server

Did not detect a `bs-config.json` or `bs-config.js` override file. Using lite-server defaults...
** browser-sync config **
{
  injectChanges: false,
  files: [ [illegible] ],
  watchOptions: { ignored: 'node_modules' },
  server: {
    baseDir: [illegible],
    middleware: [ [Function (anonymous)], [Function (anonymous)] ]
  }
}
[[illegible]] Access URLs:
 ------------------------------------
       Local: [illegible]
    External: [illegible]
 ------------------------------------
          UI: [illegible]
 UI External: [illegible]
 ------------------------------------
[[illegible]] Serving files from: ./
[[illegible]] Watching files...
21.09.11 11:57:07 200 GET /index.html
21.09.11 11:57:07 200 GET /node_modules/jquery/dist/jquery.slim.min.js
```

図3-32 lite-serverの起動

❹Webブラウザの新規タブが自動で開き、「ここをクリック」と表示します（図3-33）。

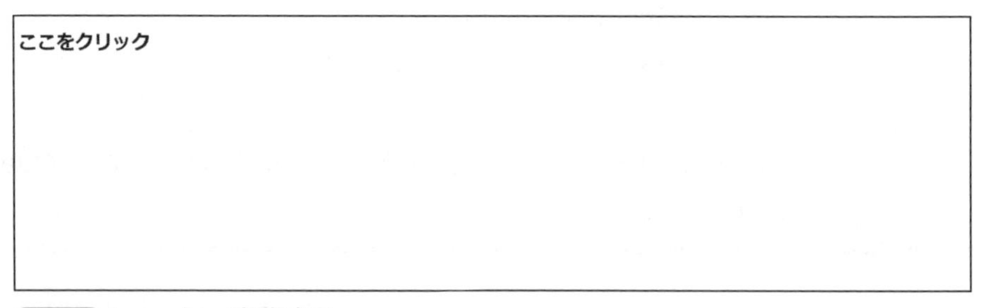

図3-33 index.html初期表示

❺「ここをクリック」をクリックすると「jQuery動作中」に表示が変わります（図3-34）。

図3-34 index.htmlクリック後の表示

これで、npm関連の操作を一通り経験しました。いかがでしたか。

確かに、内部の動作は複雑です。しかし、手作業が大幅に自動化され、操作がコマンド一発で済んでしまうのがスゴイです。新しいJavaScript開発環境を修得すれば、開発効率を一挙に改善できそうです。自動化の操作に早く慣れて、フロントエンド向けアプリケーションフレームワークを使いこなしたいです。

3-5 3章まとめ

▶ JavaScript

・JavaScriptは、言語仕様・コード作成手順・コード実行環境が大きく変化した。

・JavaScriptは、ECMAScript（エクマスクリプト）という言語仕様に準拠している。

・ECMAScript2015(ES2015)で、class構文などの大幅な拡張が行われた。

・最新のJavaScript仕様のコードは、コンパイルすることで普及しているWebブラウザで利用できる。

・TypeScriptは、静的型付けを追加したJavaScriptの機能拡張版。

▶ node.js

・node.jsは、JavaScript の実行環境をWebブラウザ以外にも広げる。

・node.jsは、バックエンドでのJavaScriptコード実行や、開発ツールの実行環境に利用される。

・「node <JavaScriptファイルへのパス>」コマンドで、JavaScriptコードを実行できる。

▶ npm

・npmは、npmレポジトリを中心としたパッケージ管理システム。

・「npm init」コマンドで、新規プロジェクトの作成を行う。

・package.jsonファイルで、パッケージの情報を集中管理する。

・「npm install <パッケージ名>」コマンドで、パッケージのインストールを行う。

・パッケージ指定なしの「npm install」コマンドは、package.jsonの情報をもとに一括インストールを行う。

- パッケージのインストール時、必要な依存パッケージは自動インストールされる。
- パッケージは、node_modulesフォルダ内に、パッケージ名のフォルダとして保存される。
- 「npm run <スクリプト名>」コマンドで、package.jsonのscriptsプロパティに登録したスクリプトを実行できる。

第 4 章

最新Webブラウザの機能

4-1 大幅に機能拡張したブラウザAPI

4-1-1 API全体像

3章では最新のJavaScript開発環境について解説しました。最新フロントエンドでは、JavaScriptで呼び出せる機能も大幅に拡張しています。Webブラウザに内蔵されている「ブラウザAPI」、「JavaScriptライブラリが提供するAPI」、「フロントエンド向けアプリケーションフレームワークが提供するAPI」、「ネットワーク経由で利用するWeb API」の合計4種類のAPIを使って、さまざまな機能を利用できます（図4-1）。

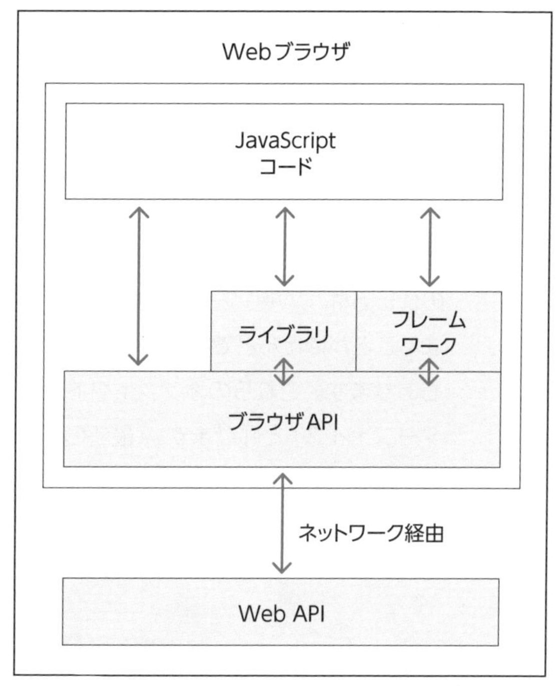

図4-1 APIの全体像

4種類のAPIのうち、4章では、「ブラウザAPI」と「JavaScriptライブラリが提供するAPI」を解説します。残りの「フロントエンド向けフレームワークが提供するAPI」は5章、「ネットワーク経由で利用するWeb API」は6章で扱います。

MEMO フレームワークとライブラリの違い

両者の違いは、厳密には定義されていません。開発の現場では、区別しないで使われることが多いです。「機能が豊富なものをフレームワーク、少ないものをライブラリ」と呼んだり、「フレームワーク側からユーザが作成したコードを利用するのがフレームワーク、ユーザが機能を自由に呼び出せるのがライブラリ」と使い分けたりしており、区別は曖昧です。本書ではフロントエンド向けアプリケーションフレームワーク（React・Angular・Vue）を「フレームワーク」と呼び、他は「ライブラリ」と呼びます。

最新のフロントエンド開発では、4種類もAPIを利用できるのですね。これまでは、JavaScriptでフォームの入力データをチェックする程度しか行っていなかったので、JavaScriptのコードでjQueryを呼び出している感覚でした。APIを意識してJavaScriptを利用するのは未経験です。

4-1-2 ブラウザAPIの概要

では「ブラウザAPI」から始めます。ブラウザAPIは、Webブラウザに内蔵されたAPIで、Webブラウザの種類やバージョンによってサポートするAPIが異なります。APIの使い方は、Webブラウザ側で生成済のオブジェクトのプロパティやメソッドを操作することがほとんどですが、コンストラクタを使って新規オブジェクトを生成することもあります。これらのオブジェクトの型定義（プロパティ、メソッドなど）を「インターフェイス」と呼びます。 最新のWebブラウザでは約1000種類のインターフェイスが準備されています（図4-2）。

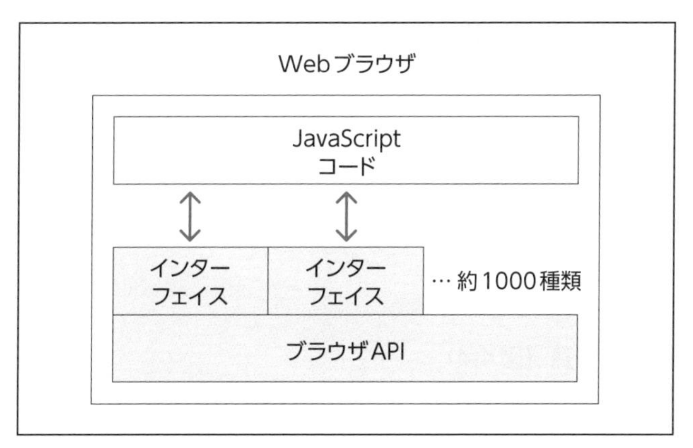

図4-2 ブラウザAPIのインターフェイスを利用

・ブラウザAPIのインターフェイス一覧（図4-3）
https://developer.mozilla.org/ja/docs/Web/API#interfaces

図4-3 ブラウザAPIのインターフェイス一覧

オブジェクト、コンストラクタ、インターフェイスという用語が出てきて、本格的なオブジェクト指向プログラミングですね。これまでスクリプト言語だと思っていたJavaScriptとは別の言語のようです。それに、1000種類のAPIインターフェイスですか。「3-3-1　node.js概要」で説明を受けたnode.jsのインターフェイスが約60種類でした。それと比べると圧倒的な数ですね。Webブラウザだけで何でもできそうです。ブラウザAPIには、どのようなものがありますか？

4-1-3 ブラウザAPIの仕様

ブラウザAPIの仕様は、多くの仕様の集合体です。2021年9月時点で、非推奨になったものを除いて、87件の仕様が策定されています。以下のページに仕様一覧があります。HTML要素の操作、通信などは当然として、非常に広範囲な機能の仕様が策定されています。

・ブラウザAPI仕様一覧（図4-4）
https://developer.mozilla.org/ja/docs/Web/API#specifications

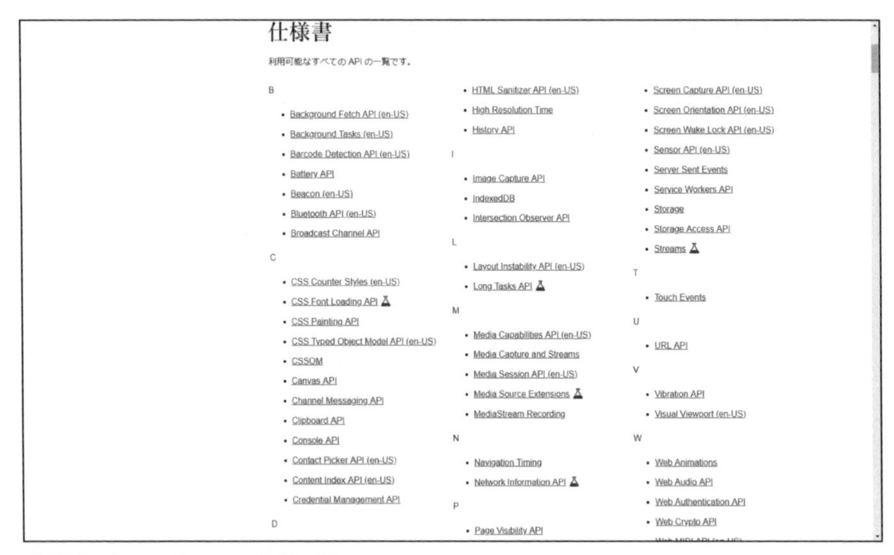

図4-4 ブラウザ APIの仕様一覧

それぞれのAPIの仕様で利用できる機能を教えてください。

「付録1　ブラウザAPI仕様一覧」に用途別に分類してまとめていますので、確認してください。付録1を読むと、HTMLでページを表示するというWebブラウザの役割を越えた機能が、多く追加されているのに気づくと思います。たとえば、以下のような機能です。ただし、すべての仕様がWebブラウザで実装されているとは限りません。「4-1-5　ブラウザAPIのサポート状況」で確認してください。

▶ **自由なグラフィック表示**

3D・2Dグラフィック、仮想現実（VR）・拡張現実（AR）

▶ **映像と音声の再生、保存、処理**

画像・ビデオのキャプチャ、ストリーミングメディア再生、メディアストリーム保存、フローティング・ビデオウィンドウ、音声加工、MIDIデバイス接続、音声合成・音声認識、ビデオ会議、字幕・キャプション表示

▶ **デバイスやセンサーの活用**

Bluetooth接続、ゲームコントローラー接続、位置情報取得、外部ディスプレイ接続、近接センサー利用、画面オフ・ロックの防止、センサー一括アクセス、バイブレーション制御、バーコード読み取り

▶ **ユーザーインターフェイスの制御**

マウスカーソル制御（特定要素にロック、視野から消すなど）、マルチタッチ・ジェスチャー対応、OSのシェア機能利用、ヒューマンインターフェイスデバイス（HID）接続

「Webブラウザで、こんなことまでできるんだ」と感心しました。ブラウザAPIも進化しているのですね。フロントエンド技術の未来は、凄いことになりそうですね。

4-1-4 ブラウザAPIのインターフェイス

ブラウザAPIで利用できる「インターフェイス」の詳細情報は、仕様名から辿って調べることができます。

❶ Web API仕様一覧を開きます。

- 仕様一覧　https://developer.mozilla.org/ja/docs/Web/API#specifications

❷ 調べたい仕様をクリックし、仕様の詳細ページを開きます。たとえばCanvas APIを選択すると、詳細情報が表示されます（図4-5）。

- Canvas APIの例　https://developer.mozilla.org/ja/docs/Web/API/Canvas_API

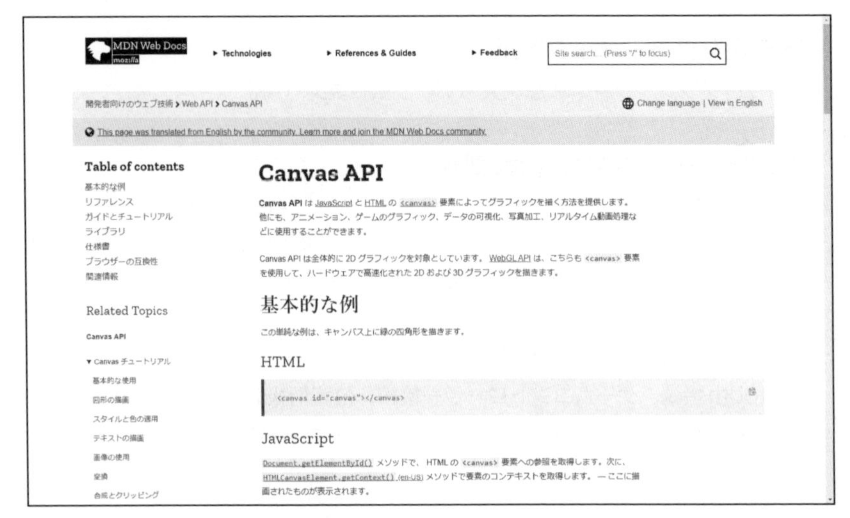

図4-5 Canvas API仕様の詳細情報

❸ 画面左側面のメニューから[リファレンス]を選択すると、利用できるインターフェイス一覧が表示されます。

- Canvas APIのインターフェイス（図4-6）
  https://developer.mozilla.org/ja/docs/Web/API/Canvas_API#reference

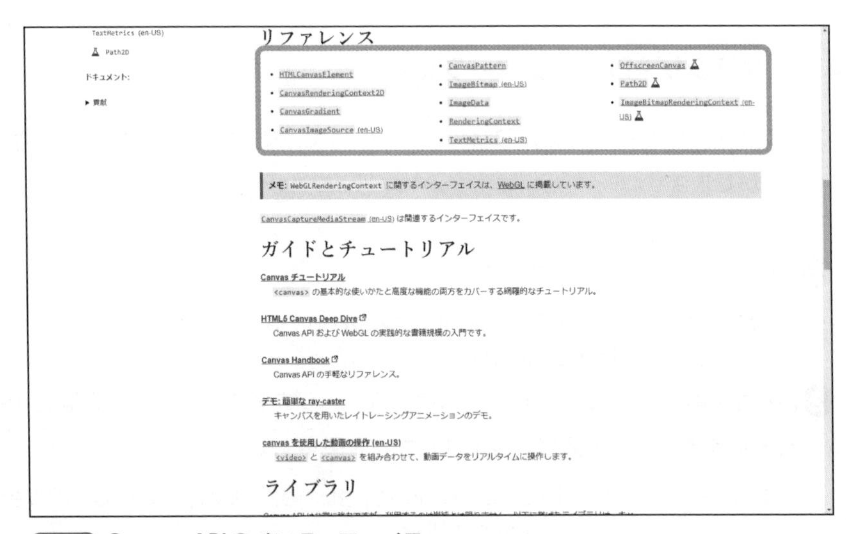

図4-6 Canvas APIのインターフェイス

❹ さらにインターフェイス名をクリックしてインターフェイスの詳細情報を確認できます。このページにはインターフェイスの基本的な使い方が記述されています。

● CanvasRenderingContext2Dインターフェイスの例（図4-7）
https://developer.mozilla.org/ja/docs/Web/API/CanvasRenderingContext2D

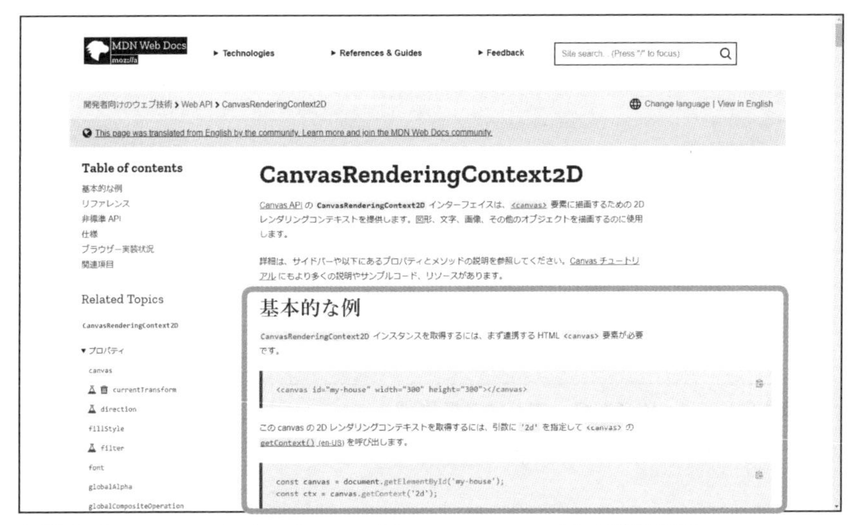

図4-7 CanvasRenderingContext2Dインターフェイスの詳細情報

ブラウザAPIは、Webブラウザごとにバラバラだと思っていましたが、ここまで標準化・文書化されていれば、安心して開発できます。

4-1-5 ブラウザAPIのサポート状況

Webブラウザの種類やバージョンによって、ブラウザAPIのサポートが異なります。Webブラウザごとの状況を知りたいときは以下の手順で行います。

❶ Web API仕様一覧を開きます。
　● Web API仕様一覧　https://developer.mozilla.org/ja/docs/Web/API
❷ 調べたい仕様をクリックし、仕様の詳細ページを開きます。
❸ 調べたいインターフェイスをクリックして、インターフェイスの詳細ページを開きます（図4-8）。画面左側面の目次から「ブラウザ互換性」をクリックすると、該当インターフェイスが持つ、メソッドやプロパティのWebブラウザごとのサポート状況を確認できます（図4-9）。

MDN Web Docs mozilla ▸ Technologies ▸ References & Guides ▸ Feedback Site search... (Press "/" to focus)

開発者向けのウェブ技術 › Web API › Document　Change language | View in English

This page was translated from English by the community. Learn more and join the MDN Web Docs community.

Table of contents
コンストラクター
プロパティ
メソッド
イベント
標準外の拡張
仕様書
ブラウザーの互換性

Related Topics
Document Object Model
Document
▾コンストラクター
Document()
▾プロパティ
activeElement
alinkColor
all
anchors

Document

Document インターフェイスはブラウザーに読み込まれたウェブページを表し、DOM ツリーであるウェブページのコンテンツへのエントリーポイントとして働きます。DOM ツリーは <body> や <table> など、多数の要素を持ちます。これはページの URL を取得したり文書で新たな要素を作成するなど、文書全体に関わる機能を提供します。

EventTarget ◁— Node ◁— Document

Document インターフェイスは、あらゆる種類の文書に対して共通のプロパティやメソッドを提供します。また、文書の種類 (例: HTML、XML (en-US)、SVG など) に応じて、より大規模な API を使用できます。コンテンツタイプ "text/html" で提供される HTML 文書では、HTMLDocument インターフェイスも実装します。一方 XML や SVG 文書では、XMLDocument インターフェイスを実装します。

コンストラクター

Document()
新しい Document オブジェクトを作成します。

プロパティ

このインターフェイスは、Node インターフェイスおよび EventTarget インターフェイスのプロパティ

図4-8 Documentインターフェイスの詳細

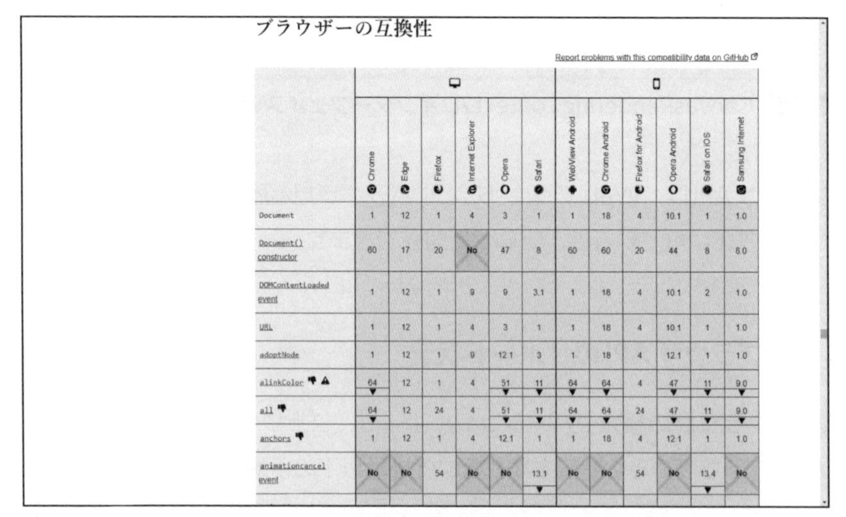

ブラウザーの互換性

Report problems with this compatibility data on GitHub

	Chrome	Edge	Firefox	Internet Explorer	Opera	Safari	WebView Android	Chrome Android	Firefox for Android	Opera Android	Safari on iOS	Samsung Internet
Document	1	12	1	4	3	1	1	18	4	10.1	1	1.0
Document() constructor	60	17	20	No	47	8	60	60	20	44	8	8.0
DOMContentLoaded event	1	12	1	9	9	3.1	1	18	4	10.1	2	1.0
URL	1	12	1	4	3	1	1	18	4	10.1	1	1.0
adoptNode	1	12	1	9	12.1	3	1	18	4	12.1	1	1.0
alinkColor	64 ▼	12	1	4	51 ▼	11 ▼	64 ▼	64 ▼	4	47 ▼	11 ▼	9.0 ▼
all	64 ▼	12	24	4	51 ▼	11 ▼	64 ▼	64 ▼	24	47 ▼	11 ▼	9.0 ▼
anchors	1	12	1	4	12.1	1	1	18	4	12.1	1	1.0
animationcancel event	No	No	54	No	No	13.1 ▼	No	No	54	No	13.4 ▼	No

図4-9 Documentインターフェイスのメソッドやプロパティの状況
https://developer.mozilla.org/ja/docs/Web/API/Document#browser_compatibility

開発予定のアプリで利用するブラウザAPIは、サポート状況の確認が必要です。ただし、実際のモダンWeb開発では、ライブラリやフレームワーク経由でブラウザAPIを呼び出すことが多く、直接呼び出すのは限定的です。したがって、ブラウザのサポート状況の確認が負担になることは少ないと思います。ライブラリやフレームワークは、サポートするWebブラウザを提示していますので、このような調査をする必要はありません。

ブラウザのサポート確認の作業が大変になることを心配していましたが、それを聞いて安心しました。

4-2 JavaScriptライブラリの利用

4-2-1 JavaScriptライブラリの概要

次は「ライブラリ」です。npmレポジトリからソフトウェアパッケージをダウンロードして利用します。

そもそもブラウザAPIが、1000種類ものインターフェイスを持っているのにライブラリが必要なのですか？

もっともな指摘です。JavaScriptのコード量を減らして開発効率を向上させるために必要です。極論を言えば、JavaScriptとブラウザAPIさえあれば、ライブラリやフレームワークなしでアプリを作れます。しかし、ブラウザAPIは、低レベルのAPIが多いので、コードが複雑・大量になり開発生産性が低下しがちです。たとえば、グラフ作成ライブラリを使って折れ線グラフを作成するには、グラフの種類（折れ線、棒、円等）を指定して、ラベルに使う名前とデータを渡すだけで済みます。一方、ブラウザAPIで同じことをするには、座標の計算・線の描画・ラベルの位置合わせなどのコードを独自に作成する必要があります。

ライブラリの存在意義はわかりました。しかし、ブラウザAPIを無駄にするのは惜しい気がします。

ブラウザAPIは無駄にしません。図4-10のようにライブラリもフレームワークも、内部でブラウザAPIを呼び出しています。つまり、ライブラリやフレームワークは、ブラウザAPIを基盤として動作しています。

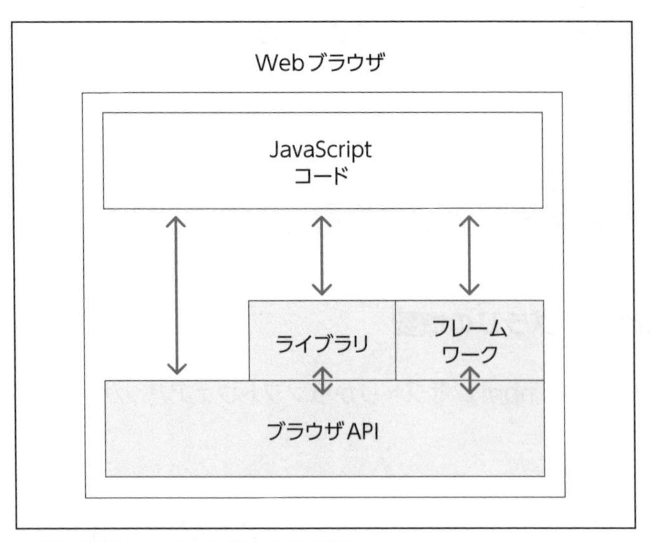

図4-10 WebブラウザのAPI構造

必要になりそうなライブラリについて教えてください。

よく利用されるライブラリは3種類です。

1) UIライブラリ
2) グラフィックライブラリ
3) データストアライブラリ

これらライブラリの種類ごとに説明を行います。

注意

フレームワークとライブラリの共存

フレームワークは、「仮想DOM」と呼ばれる仕組みを使って、ページ全体を抽象化して集中管理します。そのため、フレームワークを使用しているとき、そのフレームワークを経由せずに直接ページ内の要素を操作すると、表示に不具合が発生する恐れがあります。特に事情がなければ、表示を操作するUIライブラリやグラフィックライブラリなどは、利用するフレームワークに対応しているものを推奨します。たとえば、Bootstrapを直接利用せずに、Reactは「React Bootstrap」、Angularは「ng-bootstrap」、Vueは「Bootstrap Vue」を選択します（図4-11～4-13）。

・React Bootstrap公式サイト（React用）
https://react-bootstrap.github.io/

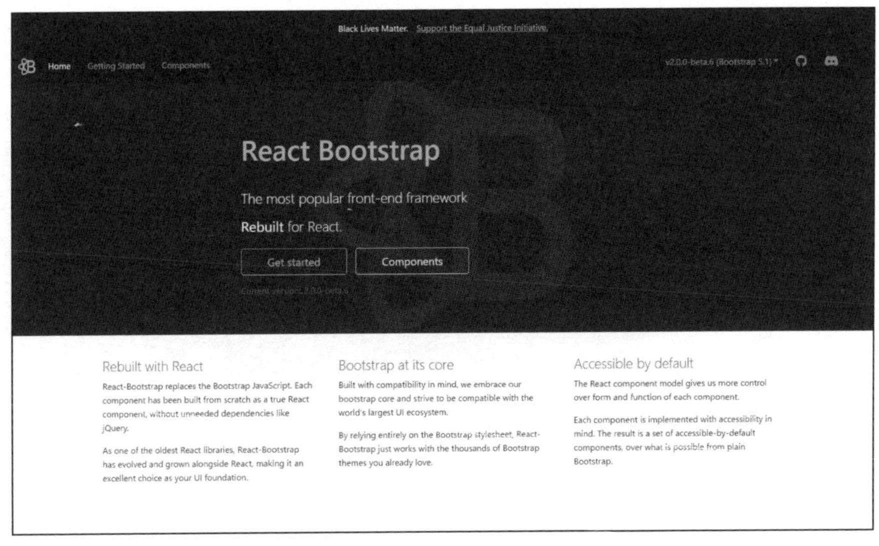

図4-11 React Bootstrap公式サイト

・ng-bootstrap公式サイト（Angular用）
https://ng-bootstrap.github.io/#/home

図4-12 ng-bootstrap公式サイト

・BootstrapVue公式サイト（Vue用）
https://bootstrap-vue.org/

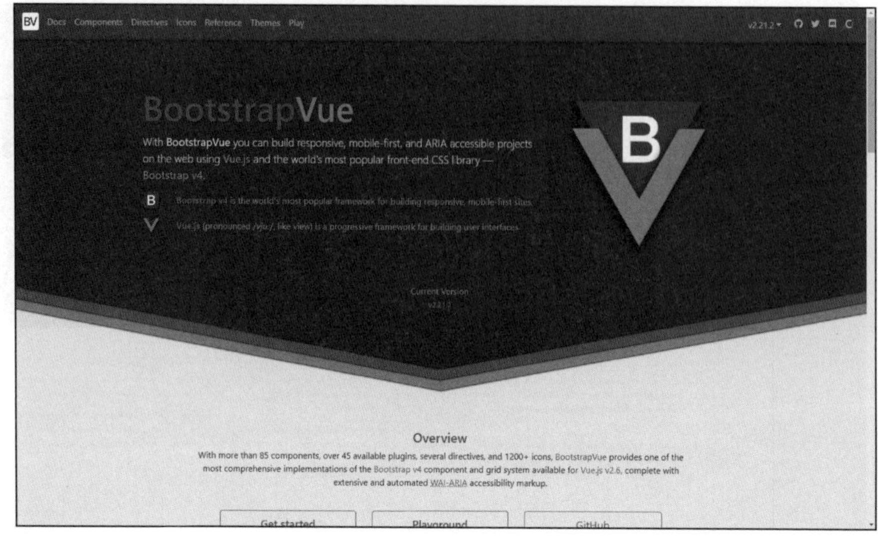

図4-13 Bootstrap Vue公式サイト

注意

フレームワークのバージョンアップとライブラリ

フレームワークは定期的にバージョンアップが行われています。そして、メジャーバージョンアップ（例：Vue2→Vue3）では前バージョンとの互換性がなく、JavaScriptコードの書き替えが必要となるのが一般的です。各フレームワーク対応版のライブラリも影響を受けますので、これらがメジャーバージョンアップに対応するまでフレームワーク本体もバージョンアップできません（図4-14）。

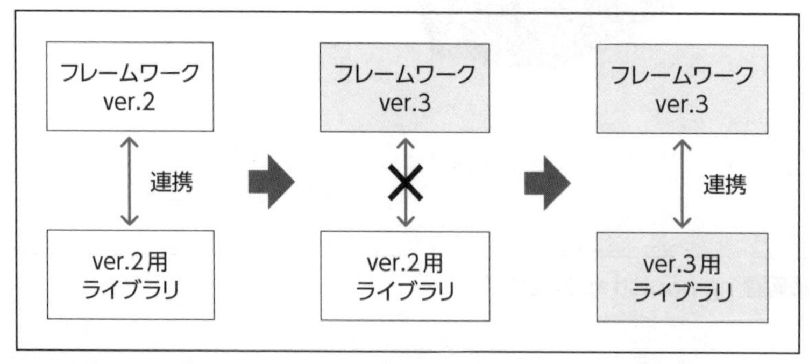

図4-14 ライブラリがフレームワークのバージョンアップの足かせ

ライブラリがフレームワーク本体のバージョンアップの足かせとなっては本末転倒です。そうならないために、フレームワークのバージョンとライブラリの整合性がとれていることを確認します。

4-2-2 UIライブラリ

まず「UIライブラリ」から始めます。青木さんが開発経験のあるBootstrapと同じカテゴリーのライブラリです。見栄えの良いボタンや入力ボックス、アコーディオン表示、レスポンシブデザインなどのユーザーインターフェイス関連の機能を提供します。基本的に利用するフレームワークごとに選択肢が変わります（4-2-1の注意「フレームワークとライブラリの共存」を参照）。

▶React用のUIライブラリの例

- Material UI　https://mui.com/
- React Bootstrap　https://react-bootstrap.github.io/
- Ant Design　https://ant.design/

▶Angular用のUIライブラリの例

公式サイトにui-component（UIライブラリ）一覧があります（図4-15）。
https://angular.io/resources?category=development#ui-components

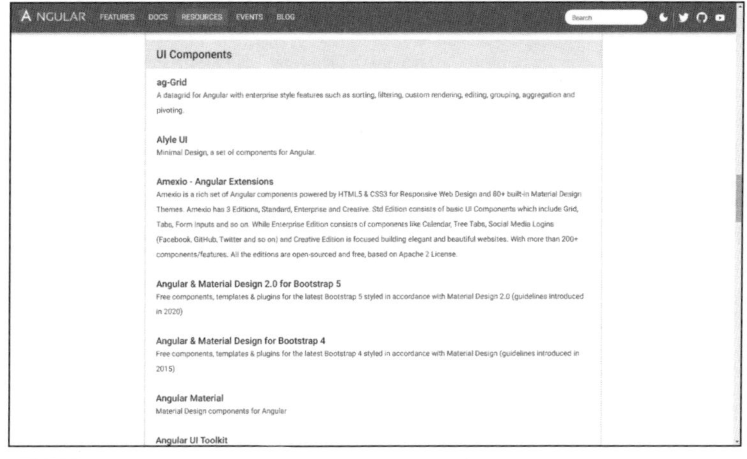

図4-15 Angular対応のUI Components一覧

▶Vue用のUIライブラリの例

- Vuetify　https://vuetifyjs.com/ja/
- Quasar　https://quasar.dev/
- BootstrapVue　https://bootstrap-vue.org/

最近ではMaterial Designで決められたガイドラインに基づいたUIライブラリが人気です。Material　Designのコンポーネントは、PC/タブレット/スマートフォンなどの異なるデバイス、Web/Android/iOSなどの異なるプラットフォームで、違和感のない操作性の統一を目指しています。以下がガイドラインのサイトと、それを元に作成されたコンポーネント一覧です。

- Material Designコンポーネントのガイドライン（図4-16）
  https://material.io/components

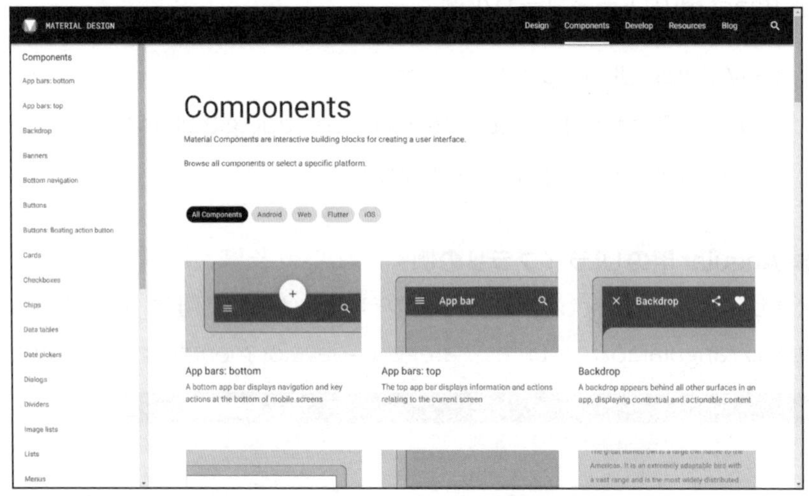

図4-16 Material Designコンポーネントのガイドライン

- Angular Materialのコンポーネント一覧（図4-17）
  https://material.angular.io/components/categories

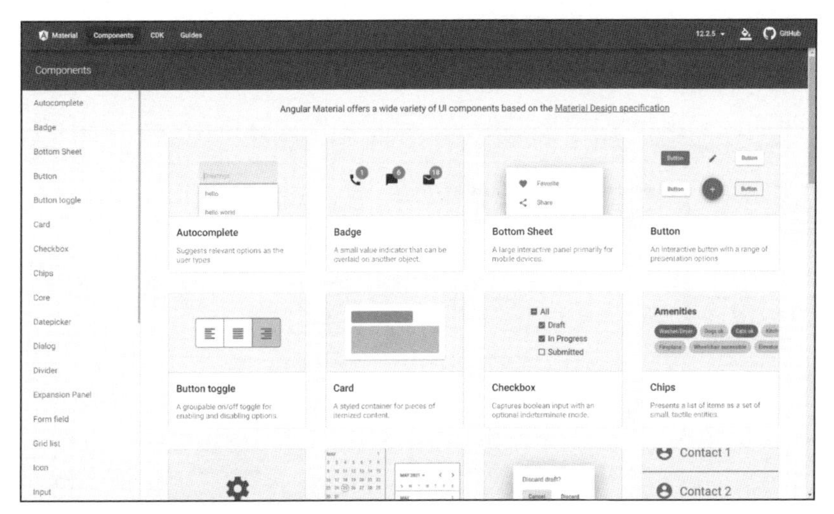

図4-17 Angular Materialのコンポーネント一覧

フレームワークごとの選択肢から、どうやって選択するのですか？

必要なコンポーネントが含まれるかで選択します。その際、フレームワークのバージョンとライブラリの整合性がとれていることを確認します（4-1-1の 注意「フレームワークのバージョンアップとライブラリ」を参照）。また、デザインの美しさや、カスタマイズ可能な範囲についても考慮します。

4-2-3 グラフィックライブラリ  体験

次はグラフィックライブラリです。ページ上の指定した範囲に自由にグラフィックを描画できます。「グラフ作成ライブラリ」と、大量のデータを可視化する「インフォグラフィックスライブラリ」の2種類がよく使われます。これらのライブラリで作成したグラフィックは、その場で表示を操作できるインタラクティブ機能も実現できます。基本的に利用するフレームワークごとに選択肢が変わります（4-2-1の注意「フレームワークとライブラリの共存」を参照）。

インタラクティブ機能とは何ですか？

簡単なサンプルで試してみましょう。グラフ作成ライブラリ（react用）「recharts」のデモページを利用します（図4-18～4-19）。

・拡大機能付き線グラフ
https://recharts.org/en-US/examples/HighlightAndZoomLineChart

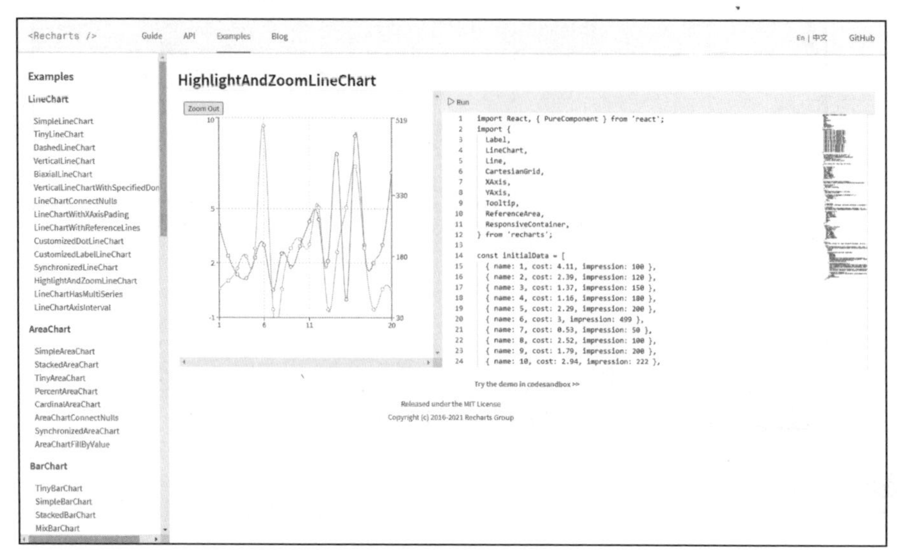

図4-18 拡大機能付き線グラフ

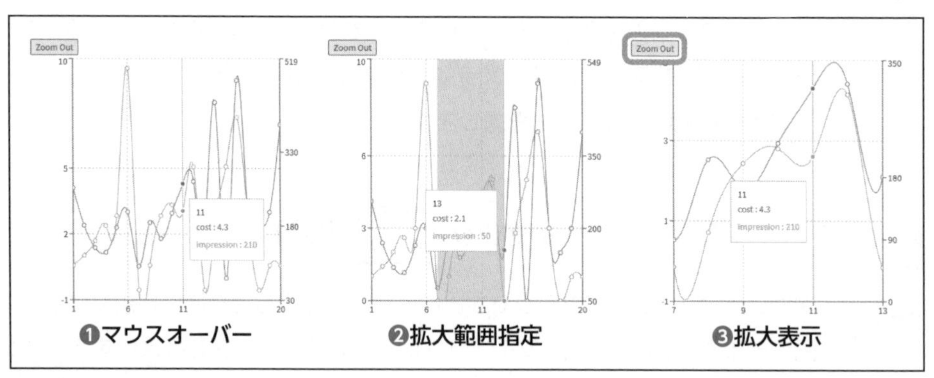

図4-19 拡大操作の手順

❶データポイントをマウスオーバーすると、値がポップアップで表示されます。
❷拡大したいデータの範囲をマウスでドラッグします。
❸グラフが拡大表示されます。[Zoom Out] ボタンをクリックして拡大をキャンセルします。この拡大は単なるズームではなく、横軸の範囲を変更してグラフを再描画しています。

これはいい！固定表示のグラフだと情報を一方的に押しつけられている感覚ですが、このグラフは自分の意思で操作できるので、データをより深く理解できますね。

グラフ作成ライブラリの選択肢は、「利用するフレームワーク名　チャートライブラリ」（例：「React チャートライブラリ」）でGoogle検索します。

そのキーワードで検索したらいろいろな候補が出てきました。ブックマークを登録しておきます。

グラフ作成より高機能なグラフィック描画機能として、インフォグラフィックライブラリがあります。さまざまな表現方法を駆使して、大量のデータを視覚化します。

どんなものか早く見たいです。

図4-20はD3というJavaScriptライブラリをReact用に最適化した「visx」というライブラリのサンプルページです。

- visixサンプルサイト
  https://airbnb.io/visx/gallery

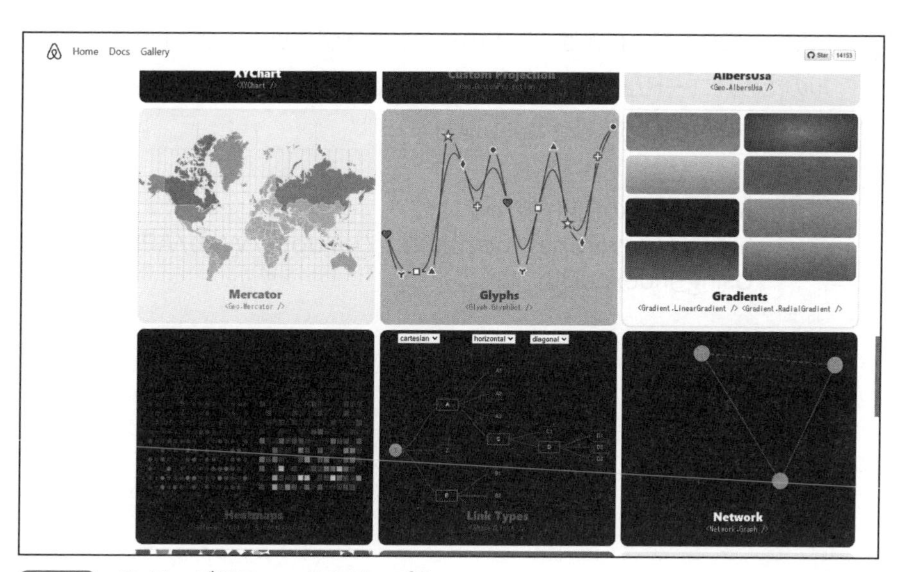

図4-20 インフォグラフィックのサンプル

国別の値で色分けした世界地図や、値の大きさを色の濃淡で表すヒートマップなど、さまざまな視覚化が可能になります。インフォグラフィックライブラリの選択肢は、「利用するフレームワーク名　D3 ライブラリ」（例：「React　D3 ライブラリ」）でGoogle検索します。

グラフ作成機能は、利用シーンが思いつきます。一方、インフォグラフィックの活用はすぐには思いつきません。しかし、ここまですごい機能を使わないのは惜しいので、データ分析の入門書を買って勉強してみます。

4-2-4　データストアライブラリ

最後は「データストアライブラリ」です。データストアに書き込んだデータは、ブラウザを閉じても、電源を切っても、保持されます。モダンWebの開発には欠かせない機能です。ブラウザAPIには、何種類もデータストアがありますが、最も高機能なのがindexedDBで、インデックスを使った検索やオブジェクトデータの保存ができます。データストアライブラリの多くは、このindexedDBを基盤として開発されています。

indexedDBを直接利用せず、ライブラリを使用するメリットは何ですか？

indexedDBの基本操作は、以下のサイトで確認できますが、利用できるAPIが低レベルのため、コードが煩雑になりがちです。この煩雑さを隠蔽して使いやすくするデータストアライブラリが準備されています。

- indexedDBの使用（図4-21）
  https://developer.mozilla.org/ja/docs/Web/API/IndexedDB_API/Using_IndexedDB

図4-21 IndexedDBの使用

indexedDBのサンプルコードを読んでみましたが、たしかに記述が面倒です。データストアライブラリが存在するのは、当然だと思いました。データストアライブラリには、どのようなものがあるのですか？

たとえば「Dexie.js」、「PouchDB」というライブラリがあります。これらのライブラリは、React・Angular・Vueのどれでも利用できます。まず、Dexie.jsから紹介します。Dexie.jsは、豊富なAPIを持つ使いやすいデータストアです。現在は単体での動作ですが、バックエンドとデータを同期するサービスを計画しています。使い方は、以下のサイトで確認できます。

- Dexie.js公式サイト（図4-22）
  https://dexie.org/

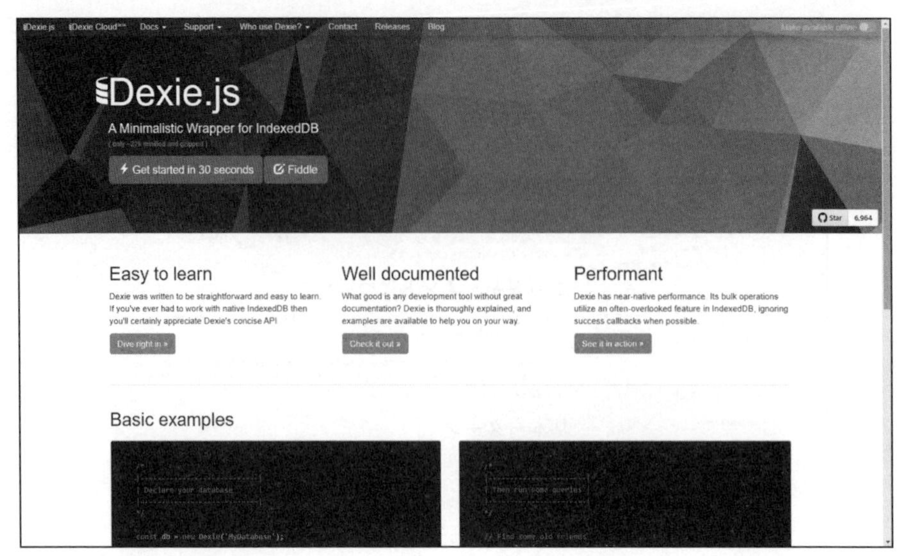

図4-22 Dexie.js公式サイト

次はPouchDB です。PouchDBは、分散データベースApache CouchDBのサブセットをWebブラウザに移植したデータストアライブラリです。バックエンドとフロントエンドのデータ同期（図4-23）、異なるデバイス間（たとえば自分のPCとスマートフォン）のデータ同期ができます。使い方は、以下のサイトで確認できます（図4-24）。

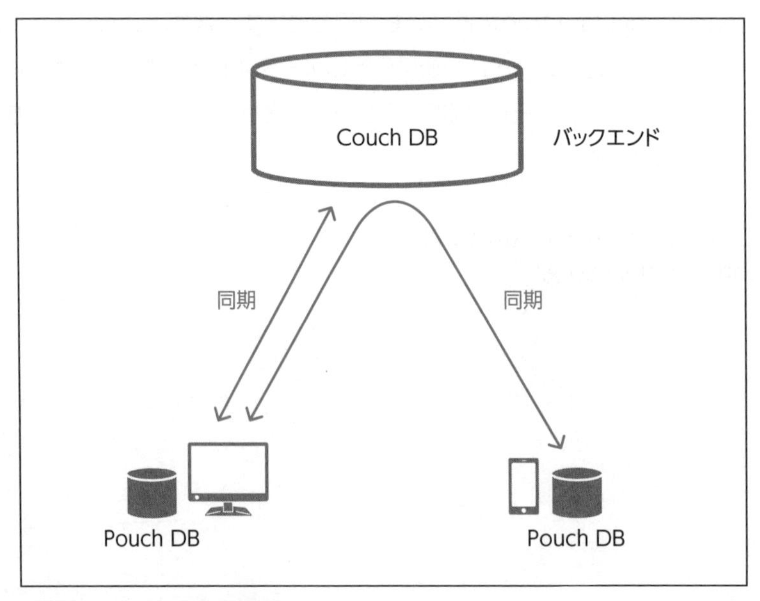

図4-23 データの自動同期

・PouchDB公式サイト（図4-24）
https://pouchdb.com/

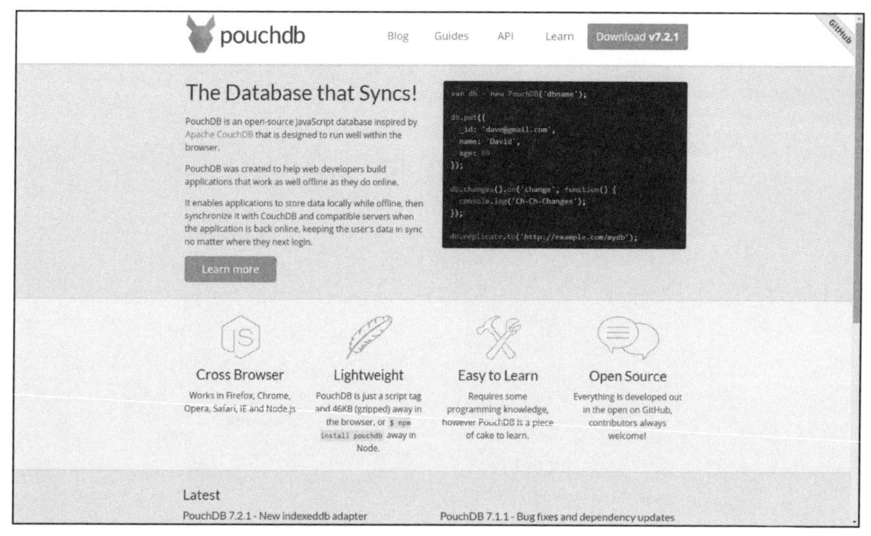

図4-24 PouchDB公式サイト

データ同期機能を自分で開発すると大変そうなので、助かります。データストアライブラリも進化していますね。

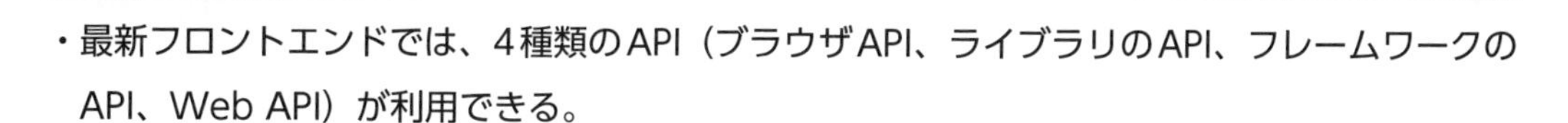

4-3 4章まとめ

・最新フロントエンドでは、4種類のAPI（ブラウザAPI、ライブラリのAPI、フレームワークのAPI、Web API）が利用できる。

・ブラウザAPIは標準化が進み、約1000種類のインターフェイスを提供している。

・ブラウザAPIは、ページの表示の役割を超え、ハードウェア制御やメディア・グラフィック処理など機能拡張が進んでいる。

・ライブラリやフレームワークはブラウザAPIを基盤として動作している。 表示を操作するライブラリは、フレームワーク対応版の利用が望ましい。

・フレームワーク対応版のライブラリは、フレームワーク本体のバージョンとの整合性が必要。

・グラフ作成ライブラリは、利用者が表示を操作できるインタラクティブ機能が可能。

・インフォグラフィックライブラリは、さまざまな表示方式で視覚化が可能。

・データストアライブラリは、indexedDB操作の煩雑さを隠蔽してくれる。

第5章 アプリケーションフレームワーク

5-1 フレームワーク概要

5-1-1 フレームワークの学習でつまずく要因

5章では、青木さんお待ちかねのフレームワーク（React・Angular・Vue）を扱います。

いよいよフレームワークの学習ですね。楽しみです。

フレームワークは、難しいテーマです。未知の概念に基づいて、未経験の記述方法でコードを作成する必要があるからです。つまり、2つの壁を順に越える必要があります（図5-1）。第1の壁である未知の概念を理解しないまま、第2の壁である未経験の記述方法の学習を始めると、多くの場合、理解が進まず挫折してしまいます。

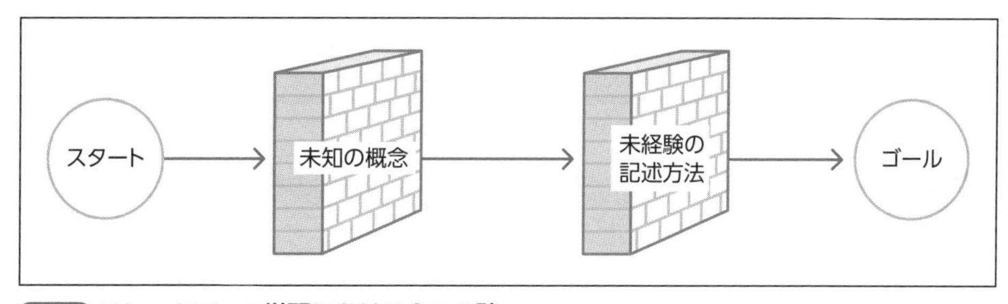

図5-1 フレームワーク学習における2つの壁

それが、フレームワークの学習でつまずく要因ですね。

本章では第1の壁であるフレームワーク共通の概念と、各フレームワークの特徴と選択を中心に解説します。フレームワーク独自のコード記述については、ほんのさわり程度しか説明しません。第2の壁を越えるためには、フレームワークごとの公式サイトを参照してください。

MEMO フレームワークの選択肢

現在、フロントエンド向けフレームワークにはさまざまなの選択肢がありますが、実際のモダンWeb開発に利用可能なものを、以下の要件で絞り込みました。

1. フロントエンドで画面の生成とイベント処理ができる（シングルページアプリケーション対応）。
2. 導入実績が多数ある。
3. 開発者向けの技術情報が充実している。
4. メンテナンスが継続して行われている。
5. 今後もバージョンアップが期待できる開発体制がある。

絞り込みの結果、本書が前提とするフレームワークは、React、Angular、Vueの3種類になりました（表5-1）。

表5-1 本書が前提とするフレームワーク

	React	Angular	Vue
初リリース	2013年	2016年	2014年
最新バージョン	17.0.2 (2021年5月)	12.2.7 (2021年9月)	3.2.19 (2021年9月)
開発元	Facebook ＋開発コミュニティ	Google ＋開発コミュニティ	Evan You（作者） ＋開発コミュニティ

「未知×未経験」ですか、それは難関ですね。未知の概念には、どのようなものがあるのですか？

主な概念を挙げると以下になります（表5-2）。

表5-2 フレームワーク共通の主な概念

概念	説明
仮想DOM	ページ単位で画面を一括操作する仕組み
データバインド	HTML要素に対する値の取得や設定を簡単に行う機能
コンポーネント	画面を分割して開発するための部品
状態管理ライブラリ	アプリ全体のコンポーネントを連携させるライブラリ
ルーター	仮想のURLで画面切り替えを行う仕組み
ビルド	Webサーバーで利用できるファイル群を出力する一連の処理

「えっ」こんなにもあるのですか？

でも、安心してください。未知の概念を、これまでのように具体例を交えながら解説しますので、直感的に理解できると思います。大まかに理解さえすれば、後はコードを書きながら理解を深めてゆけます。まずは、表5-2を覚えてください。

未経験の記述方法についても教えてください。4章のブラウザAPIのようにJavaScriptからオブジェクトを操作すればよいのでは？

HTML要素1つ1つをJavaScriptで生成していては、大量のコードが必要になり効率的ではありません。そこで各フレームワークでは、画面を一括で定義できるHTMLに似た構文とJavaScriptが混在した独自の記述形式を使います。それによって作成すべきコード量を大幅に削減できるので、そうした独自の構文が必要なのです。たとえば、単純な要素を1つ追加するだけでも、JavaScriptで記述すると以下のようなコードになり、HTMLで記述するのと比べ、複雑になります。実際の開発では、属性の設定も行うため、さらに複雑になります。

02

処理前のHTML

```
<!DOCTYPE html>
<html>
  <head>
    <meta charset="utf-8" />
  </head>
  <body>
    <div id="root"></div>
  </body>
</html>
```

JavaScriptコード（div要素を1つ追加）

```
let rootElement = document.getElementById("root");
let divElement = document.createElement("div");
divElement.textContent = "こんにちは";
rootElement.appendChild(divElement);
```

処理後のHTML

```
<!DOCTYPE html>
<html>
  <head>
    <meta charset="utf-8" />
  </head>
  <body>
    <div id="root">
        <div>
            こんにちは
        <div>
     </div>
  </body>
</html>
```

以下は、各フレームワークで一般的に利用される独自の記述方法です。記述例は、「5-2-3 フレームワーク独自の記述（React）」、「5-2-5 フレームワーク独自の記述(Angular)」、「5-2-7 フレームワーク独自の記述（Vue）」を参照してください。なお、これらの記述はJavaScriptのコードに変換後、実行されます。

- React
  JavaScriptの中にXMLを埋め込む「JSX（JavaScript XML）形式」
- Angular
  クラス定義、HTML（拡張構文）、CSSをファイルで分離し、クラスからHTMLとCSSをインポートして利用する「Componentクラス形式」
- Vue
  JavaScript、HTML（拡張構文）、CSSを1つのファイルにまとめた「SFC(Single File Component)形式」

実際のコードを見てみないと、何とも言えませんが、3種類のフレームワークで全然違いますね。ゼロから作るのは大変そうです。

そのような大変さを軽減するツールが、各フレームワークで提供されています。コマンド1行で、新規プロジェクトのひな型を生成してくれたり、ローカルのWebサーバーで作成したコードを実行したり、テストツールによる動作確認を行ってくれます。これらの自動化により、操作に慣れてくれば、それほど複雑さを感じずに開発できます。

ここまでの説明でフレームワーク学習の道筋が見えてきました。まず、未知の概念の理解ですね。

5-1-2 仮想DOM

未知の概念の初めは「仮想DOM」です。仮想DOMは、ページ単位で画面を一括操作する仕組みです。仮想DOMを説明する前に、その前提知識である「DOM」を説明します。Webブラウザは、HTMLをダウンロードする度に、HTMLのタグや属性1つ1つをオブジェクトに変換しています。それらオブジェクトの集合体が、DOM(Document Object Model) です（図5-2）。DOMの構造が、画面の表示にそのまま反映されます。

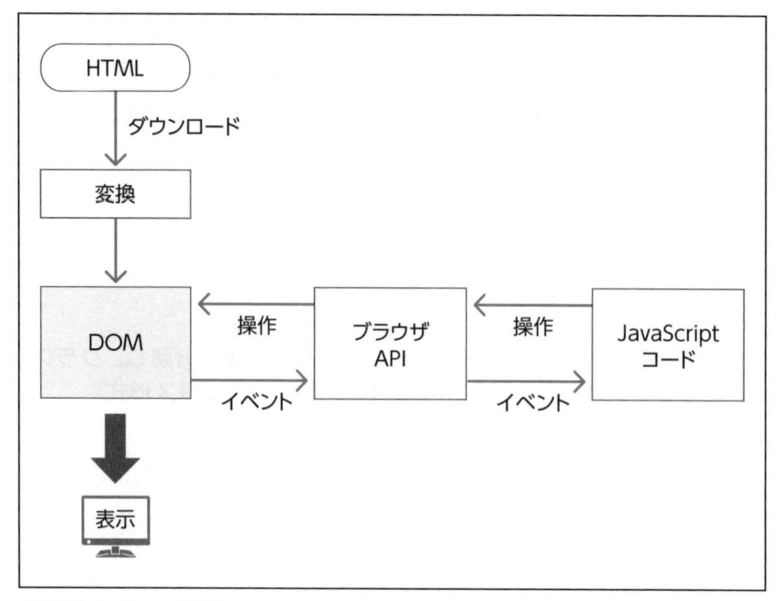

図5-2 **DOMの仕組み**

DOMは、ブラウザAPIのDocumentインターフェイスを使って操作が可能です。たとえば、以下のコードをWebブラウザで読み込むと、DOMに含まれるid="msg01"属性をもつdiv要素のオブジェクトを操作して「Hello」の文字を表示します。

```
<html>
  <body>
    <div id="msg01"></div>
    <script>
      document.getElementById("msg01").textContent = "Hello";
    </script>
  </body>
</html>
```

「DOM」という言葉は、ときどき見かけますが、意味がよくわからずに読み飛ばしていました。documentオブジェクトの操作対象と説明されて、身近に感じました。おまじないのようにJavaScriptのコードに記述していたdocument.○○○は、DOMに対する操作だったのですね。

では、本題の仮想DOMです。前項で紹介したReactのJSXなどのフレームワーク独自の記述は、JavaScriptのコードに変換されます。仮想DOMは、そのJavaScriptコードとブラウザAPIの間に入り、DOM操作の複雑さを軽減し、処理を高速化します（図5-3）。仮想DOM自身もオブジェクト構造を持ち、その状態はDOMと同期するので、開発者は仮想DOMを意識するだけで済みます。

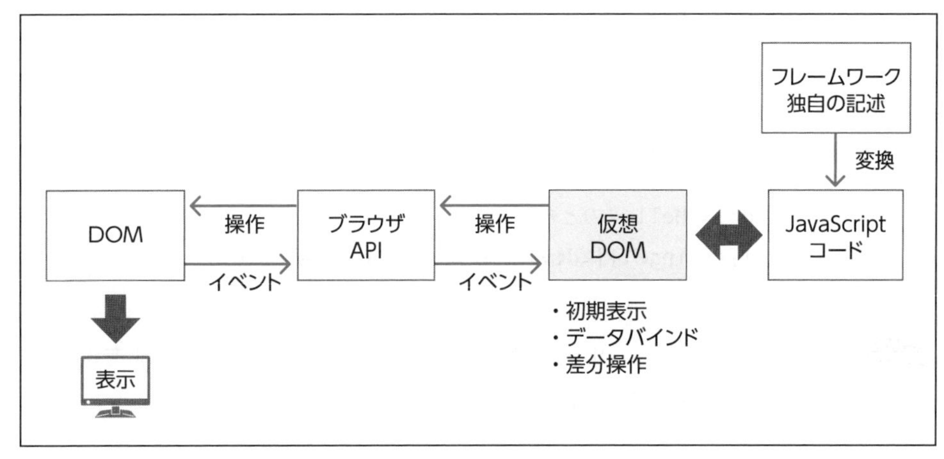

図5-3 仮想DOMの仕組み

Documentインターフェイスの操作と、仮想DOMの操作との差が実感としてわかないのですが、どんなメリットがあるのですか？

以下のようなメリットがあります。

- HTML構造やイベント処理を簡単に記述できる。
- HTML要素に対する値の取得や設定が簡単にできる（データバインド）。
- 仮想DOMで変更のあった差分のみをDOMに反映するので表示速度が向上する。

なお、データバインドについては、次の項目で説明します。

どの機能もモダンWeb開発に役立ちそうですね。

5-1-3 データバインド

「データバインド」は、これまでJavaScriptで記述してきたHTML要素に対する値の取得や設定を、フレームワーク独自の記述方法で驚くほど簡単にしてくれる機能です。

未知の概念には、難しく苦労させられるのかと思っていましたが、驚くほど簡単にしてくれるのですか。 楽しみです。

たとえば、Angularでデータバインドを利用する場合は、HTML(拡張構文)に2重の波括弧で括った変数名を記述すると、その場所に変数の値を出力してくれます*1。

```
string01="Hello"のとき
<div>{{string01}}<div>  →  出力  <div>Hello<div>
```

たったこれだけで、いいんですか？表示を変化させるのに、HTMLを書くのと同じような記述ができるんですね。

変数名をHTML(拡張構文)に直接記述するので、JavaScriptコードのような操作対象の指定が不要になります。以下のように、要素指定の記述が省略できるだけでは、jQueryを使うのと比べ、それほど違いはないと感じるかもしれません。

▶HTML

```
<div></div>
<div></div>
<div></div>
```

▶データバインド (2番目のdiv要素にstring01の値を出力)

```
<div></div>
<div>{{string01}}</div>
<div></div>
```

▶jQuery (2番目のdiv要素にstring01の値を出力)

```
//indexは0から始まるためeq(1)の指定で2番目の要素を取得
```

＊1　ReactとVueではAngularと記述方法が異なります。

```
$('div').eq(1).text(string01);
```

しかし、実際の開発では、大きな違いがあります。以下のようにHTMLが変更され1番目のdiv要素が削除された場合、jQueryコードでは修正が必要になります。一方、データバインドは修正不要です。開発時はHTMLが頻繁に変更されるのが一般的ですので、開発工数の削減と、修正漏れに伴うバグ発生のリスク軽減に効果があります。

▶HTML

```
<div></div>
<div></div>
<div></div>
```

▶データバインド（修正なしで1番目のdiv要素に出力）

```
<div></div>
<div>{{string01}}</div>
<div></div>
```

▶jQuery（1番目のdiv要素に出力するためコードを修正）

```
//indexは0から始まるためeq(0)の指定で1番目の要素を取得
$('div').eq(1).text(string01);
$('div').eq(0).text(string01);
```

「これはいい！」。HTMLの変更に影響されないDOM操作は、ものすごく助かります。これまで、HTMLの変更に伴うJavaScriptの修正に随分と時間を取られてきました。

さらに大きなメリットがあります。jQueryではコードを実行したときに操作が行われるだけです。変数の値が変化したときは、再度実行する必要があります。データバインドは、変数の値の変化を検出して自動更新を行ってくれます。たとえば、為替データのサービスサイトから、為替レートをバックグラウンドで定期的に受信して、常に更新しながら表示できます（図5-4）。

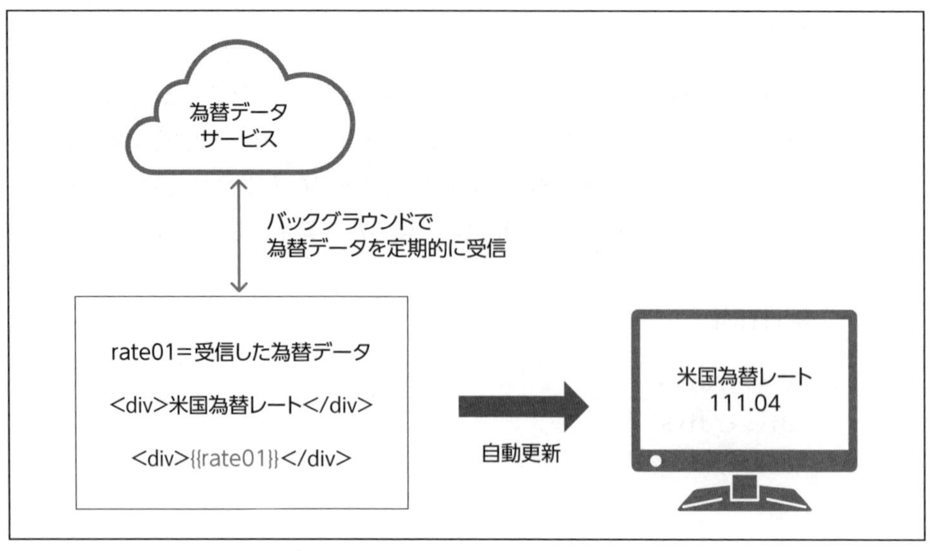

図5-4 データバインドによる自動更新

波括弧を書くだけで自動更新ですか。フレームワークの力は凄すぎます。HTML要素に対する値の取得や設定を、驚くほど簡単にしてくれるということを実感しました。

ここまでは、JavaScriptからDOMの操作ですが、Angularの場合は、逆方向のデータバインドも可能です。つまり、フォーム入力などのDOM操作を、変数に自動で代入可能です。図5-5のように[(ngModel)]=変数名を記述すると、入力データが自動で変数に代入されます[*2]。入力の値が変化するごとに変数の値は更新されます。

▶ HTML（拡張構文）

```
<input type="text" [(ngModel)]="value01" >
```

名前　田中　一郎　➡　value01="田中　一郎"

図5-5 入力した値を変数へ自動で代入

たくさん入力欄がある入力フォームでは、開発工数が大幅に 削減できそうです。でも、

＊2　フレームワークごとに記述方法は異なります。追加のイベント処理が必要なこともあります。

おまじないのような書き方ですね。データバインドの概念を知らずにこんな記述が出てきたら、理解に苦しんだはずです。やはり概念の理解は重要ですね。

ちなみに、JavaScriptからHTML要素の値の設定と取得の両方を行うデータバインドを「双方向データバインド」と呼びます。

5-1-4 コンポーネント

フレームワークを使った画面の作成では、画面を部品に分割して開発できます。この部品を「コンポーネント」と呼びます。

これまでも、CSSを使って画面分割のレイアウトは可能でした（図5-6)。何が違うのですか？

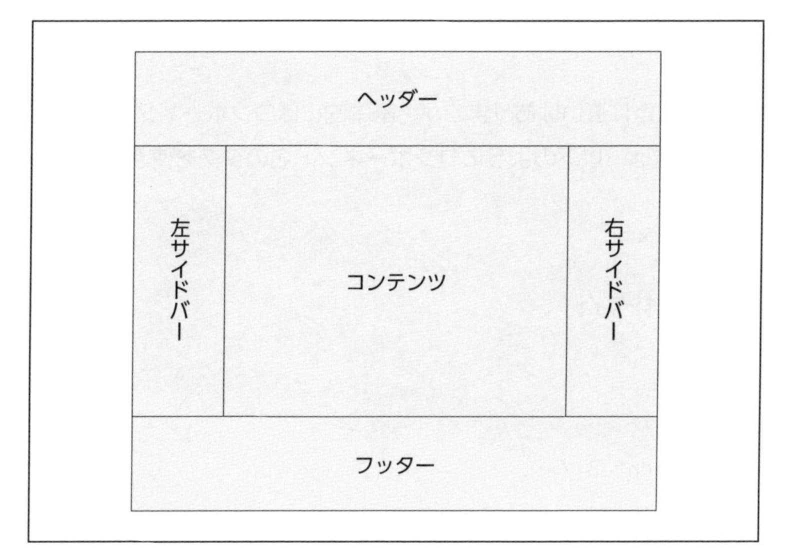

図5-6 **CSSを使ったレイアウト例**

見かけ上の表示を分割するのではありません。コンポーネントはJavaScriptコード、CSS、HTML（拡張構文）をセットにしたもので、部品として独立した動作が可能です（図5-7)。

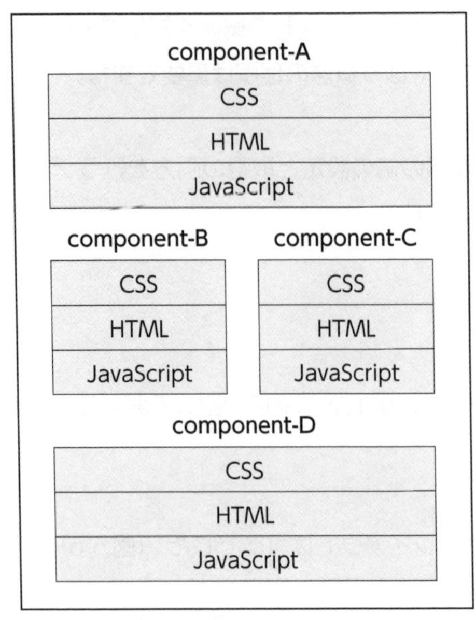

図5-7 1画面を複数のコンポーネントに分割

フレームワークごとに違いはありますが、基本的にはコンポーネントを呼び出してページを定義するときは、以下のようにコンポーネント名のタグを使うのが基本です。

```
<div>
  <div>
    <component-A />
  </div>
  <div>
    <div>
      <component-B />
    </div>
    <div>
      <component-C />
    </div>
  </div>
  <div>
    <component-D />
  </div>
</div>
```

また、コンポーネントは画面を分割できるだけでなく、コンポーネント内にコンポーネントを配置する入れ子構造（親子構造）が可能です（図5-8）。この機能を利用すれば、複雑な画面レイアウトを単純な機能のコンポーネントから組み上げることが可能になります。入れ子構造のコンポーネントでは、内包する側を「親コンポーネント」、内包される側を「子コンポーネント」と呼ぶことがあります。

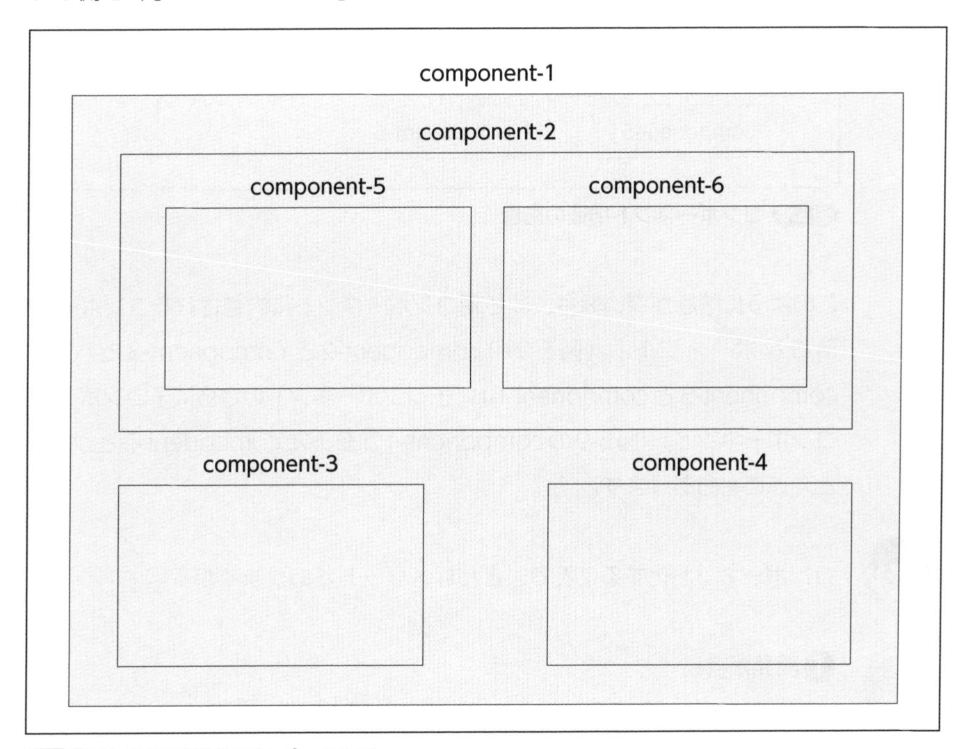

図5-8 **入れ子構造のコンポーネント**

フレームワークごとに違いがありますが、図5-8のコンポーネントをタグで記述すると以下になります。

```
<component-1>
    <component-2>
        <component-5 />
        <component-6 />
    </component-2>
    <component-3 />
    <component-4 />
</component-1>
```

また、このコンポーネントの構造を階層で表現すると図5-9になります。

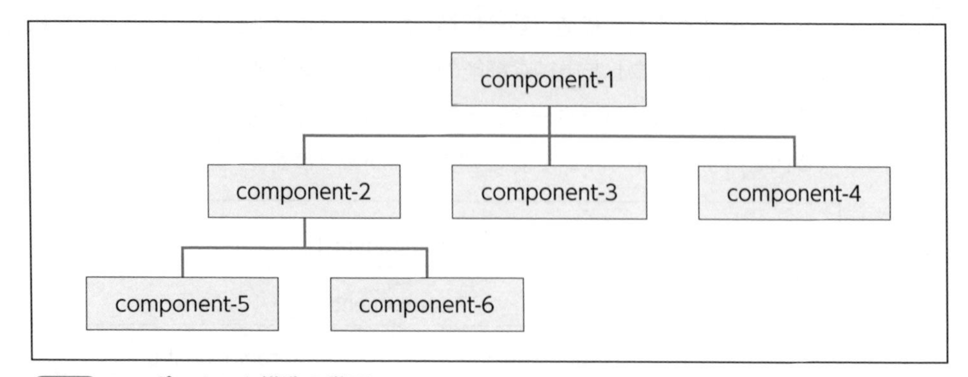

図5-9 **コンポーネント構造の階層**

このように階層が深い場合、同じ親コンポーネントに内包されるコンポーネントを「兄弟コンポーネント」（図5-9のcomponent-2とcomponent-3とcomponent-4、component-5とcomponent-6）、子コンポーネントのさらに子コンポーネントを「孫コンポーネント」（図5-9のcomponent-1からみたcomponent-5とcomponent-6）と呼ぶこともあります。

コンポーネント化することで、どんなメリットがありますか？

❶開発が容易

分割により対象範囲が狭くなり、コード量の減少・複雑さの低減ができます。

❷開発期間の短縮

1つの画面作成を複数人で分担可能で、かつ各人の作業は独立しているので、完成までの時間を短縮できます（図5-10）。

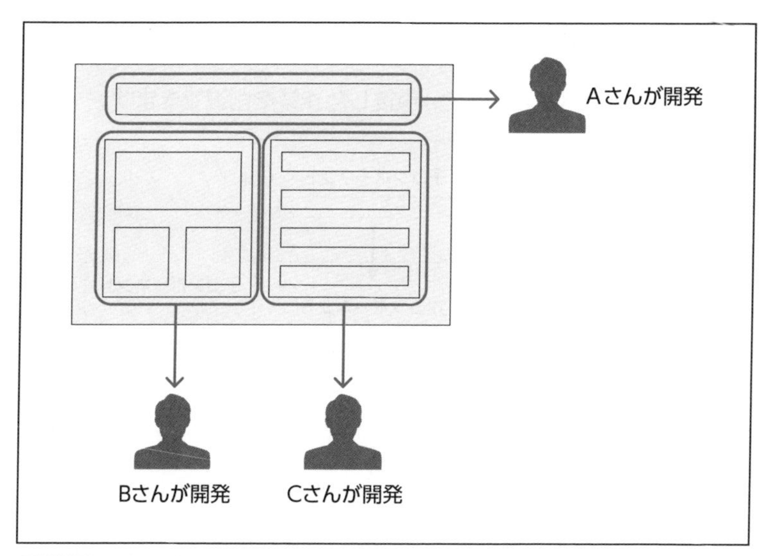

図5-10 **開発作業を分担**

❸ 複雑なレイアウト・機能の実現

1つのコンポーネントが、画面全体を実装するのと同等の機能を持ちますので、たとえばリスト表示の1行にページ全体と同等程度複雑なレイアウト・機能の実装が容易になります（図5-11）。

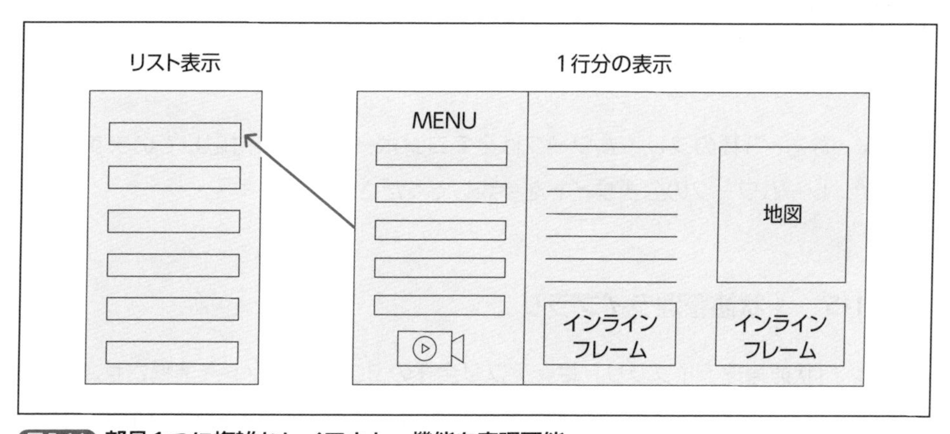

図5-11 **部品1つに複雑なレイアウト・機能を実現可能**

❹開発効率の向上

蓄積した部品を再利用することで、重複した作業を削減できます。

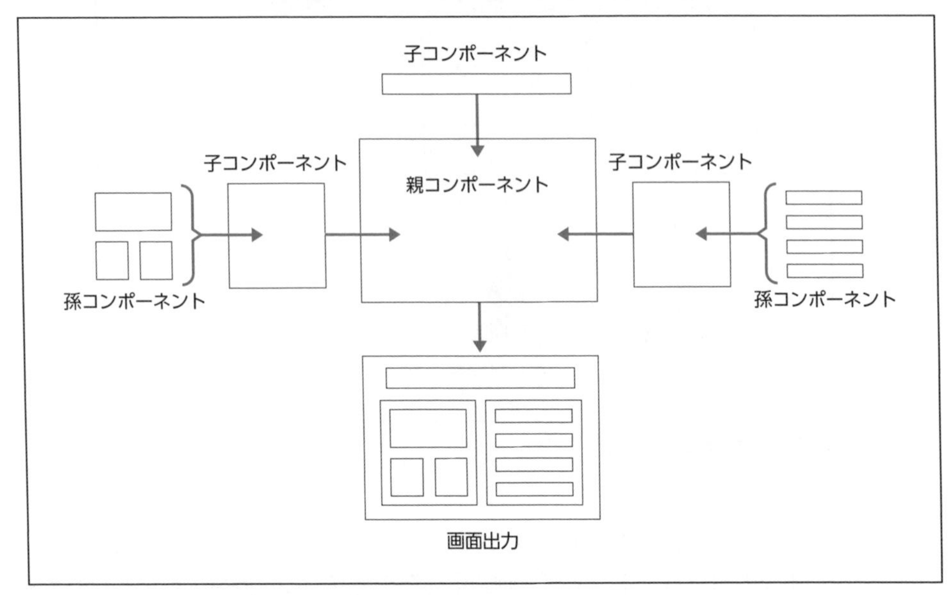

図5-12 **部品から画面を作るアプローチ**

Webページで独立した部品が、できるとは思ってもいませんでした。これを使えば 開発効率が上がるのは確実ですね。

なお、3種のフレームワークは全てコンポーネントに対応しています。詳細は、各フレームワークの公式サイトを参照してください。

5-1-5 状態管理ライブラリ

「状態管理ライブラリ」は、アプリ全体のコンポーネントを連携させ、コンポーネントごとの状態データの整合性を取ります。状態データは、コンポーネントの表示に必要なパラメータであり、表示の変化に応じて値が変わります。

ちょっと抽象的過ぎます。状態管理ライブラリは、どのようなときに必要なのですか？

たとえば以下のような、ショッピングサイトがあるとします（図5-13）。

図5-13 **コンポーネントの表示に不具合が発生した例**

この画面で、画面左側の商品選択ブロックと画面右側のカートブロックをコンポーネントで分割した場合、各コンポーネントは独立して通信や入力、クリック操作を受け付け、表示を変更できます。そのため、商品をクリックすると、商品選択コンポーネントでは注文済のラベルを表示しますが、カートコンポーネントはそれを知りません。注文する商品を選択しているのに、カートの表示は「注文なし」のまま、というという不具合が発生します。

コンポーネントのメリットである独立性が、裏目にでたケースですね。

これを解決するには、コンポーネント間で連携する必要があります。このケースでは、商品選択のコンポーネントとカートのコンポーネントが1：1で連携すれば済みますが、画面を構成するコンポーネントが増えてくると、複数：複数の連携が必要になり処理が複雑になってしまいます。

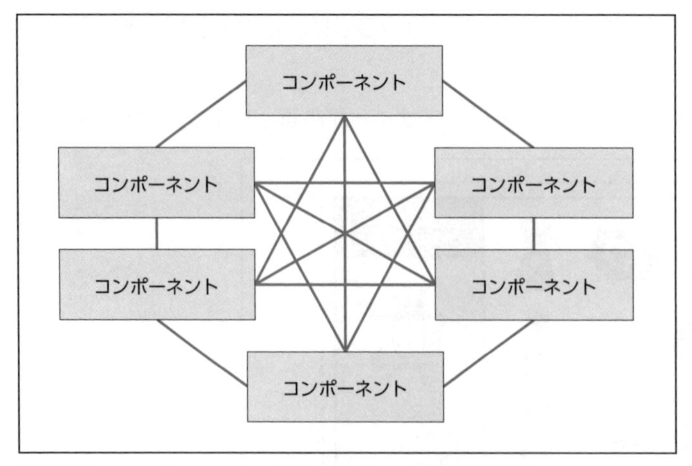

図5-14 コンポーネントの増加でデータ連携が複雑化

親子関係にあるコンポーネントの状態データを、親コンポーネントがまとめて管理すれば連携の複雑さは軽減されますが、限界があります。そこで利用するのが、「状態管理ライブラリ」です。アプリ全体のコンポーネントの状態データを1箇所で管理することでコンポーネント間のスムーズな連携を実現します（図5-15）。システムが複雑になったら、状態管理ライブラリが必要になると紹介されることが多いのは、こういう理由からです。

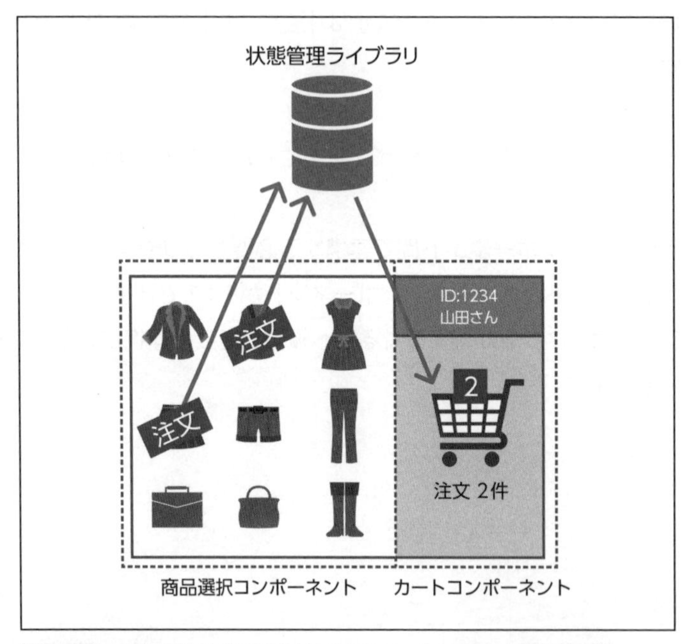

図5-15 状態管理ライブラリによるコンポーネント間の連携

今回のショッピングサイトに状態管理ライブラリを利用すると、以下になります。

1. 商品が選択される
2. 商品選択コンポーネントは、選択商品のデータを状態管理ライブラリへ通知
3. 状態管理ライブラリは、カートコンポーネントへ選択商品のデータを通知
4. カートコンポーネントは、選択商品のデータを受領し、表示を更新

なお、通知を受ける側のコンポーネントは、状態管理ライブラリに対し必要なデータのみ通知してもらう登録を行い、無駄な通知を回避します。また、状態管理ライブラリは、同一ページ内のコンポーネント間の連携以外にも、ページ間のデータ共有、サーバーからのデータ変更通知などのデータも扱います。以下は、フレームワークごとの状態管理ライブラリの例です。

・Redux公式サイト（React用）
https://redux.js.org/

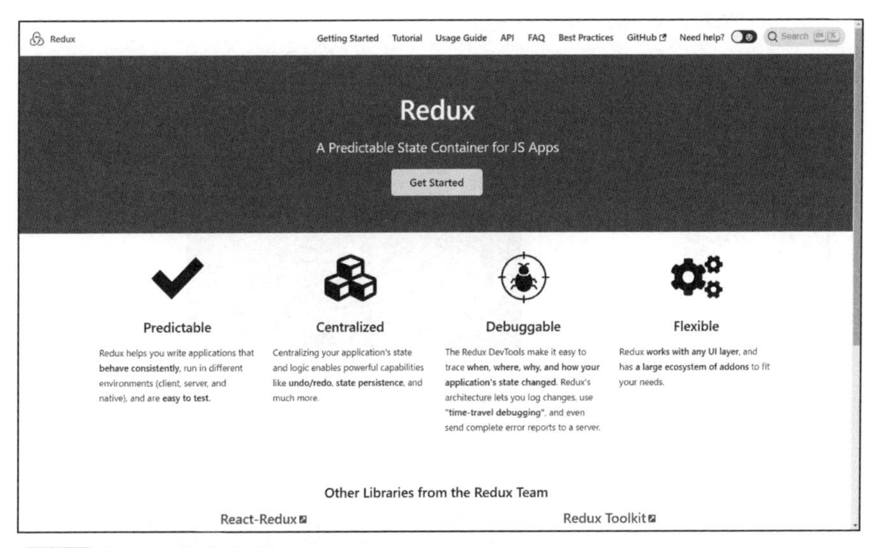

図5-16 Redux公式サイト

・NgRx公式サイト（Angular用）
https://ngrx.io/

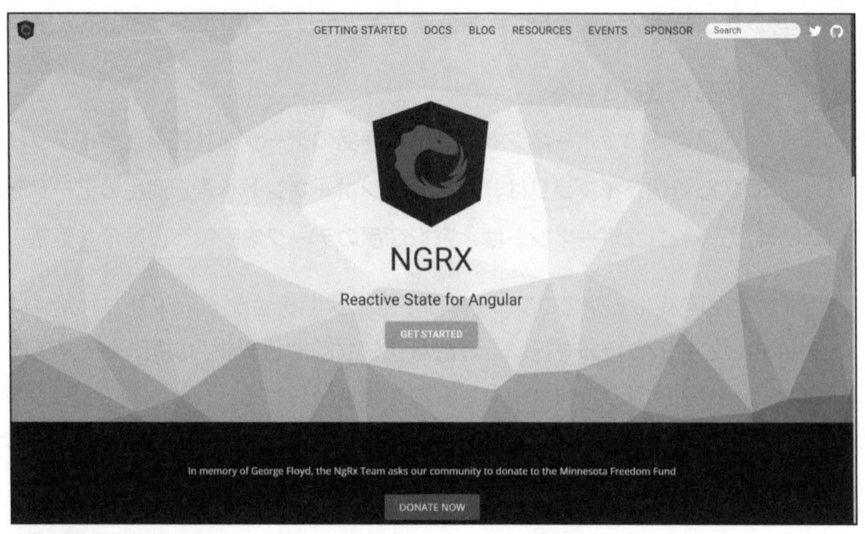

図5-17 NgRx公式サイト

・Vuex公式サイト（Vue用）
https://vuex.vuejs.org/ja/

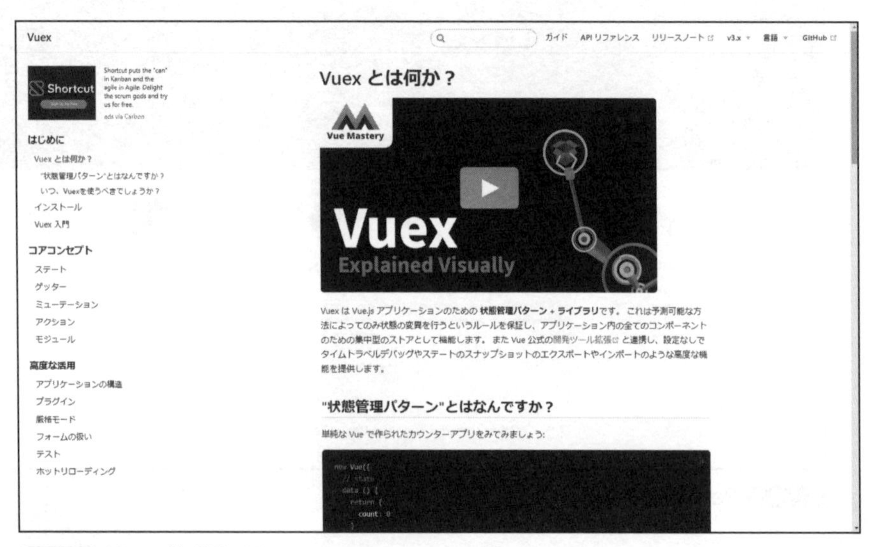

図5-18 Vuex公式サイト

「開発作業は分割して効率良く」、「データ管理は集中して確実に」、アプリ全体が、うまく回るバランス感覚が重要ですね。

5-1-6 ルーター

まず、ルーターが必要になる背景から説明します。モダンWebではページ切り替えのとき、JavaScriptのコードがページごと仮想DOMを書き替えて再描画します（図5-19）。従来型Webのように、ページ切り替えのたびにURLにアクセスする訳ではありません。そのため、モダンWebではWebブラウザのURL表示が変化しません。

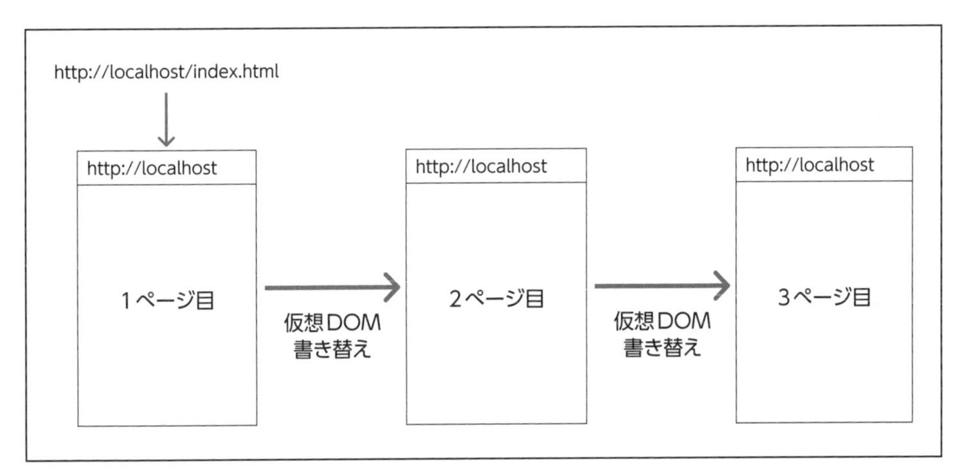

図5-19 仮想DOMの書き換えではURLが変化しない

従来型Webのようにページごとに固有のURLがないと、いろいろと問題が起きそうですね。

どのページも同じURLだと、以下のような不便に悩まされます。

1. ブックマークが利用できない。
2. SNSでリンクのシェアができない。
3. ページ間をURLリンクで移動できない。
4. どのページを表示していても、リロードを行うと1ページ目に戻る。

このままだと、クレームになりそうですね。

これを解決するのが「ルーター」です。ルーターは、URLにページごとの仮想のパスを定義し、それに基づくページの切り替えを可能にする機能です（図5-20）。

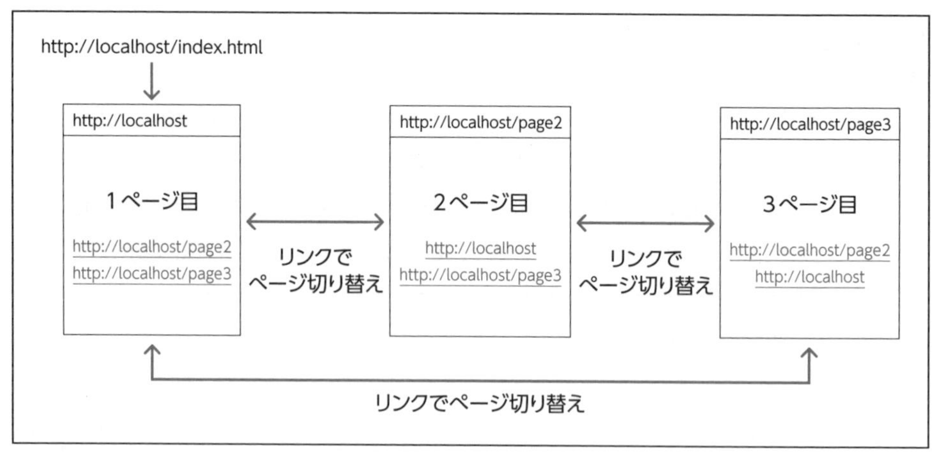

図5-20 仮想パスによるURLリンク

ルーターの使い方を教えてください。

たとえばReactの場合、選択できるライブラリの1つとして「React Router」があります。以下のページを参照してください（図5-21、5-22）。Angularでは内蔵機能、Reactでは標準ライブラリとしてルーターが準備されています。

- React Router公式サイト
  https://reactrouter.com/

図5-21 React Router公式サイト

・React Routerのクイックスタートページ
https://reactrouter.com/web/guides/quick-start

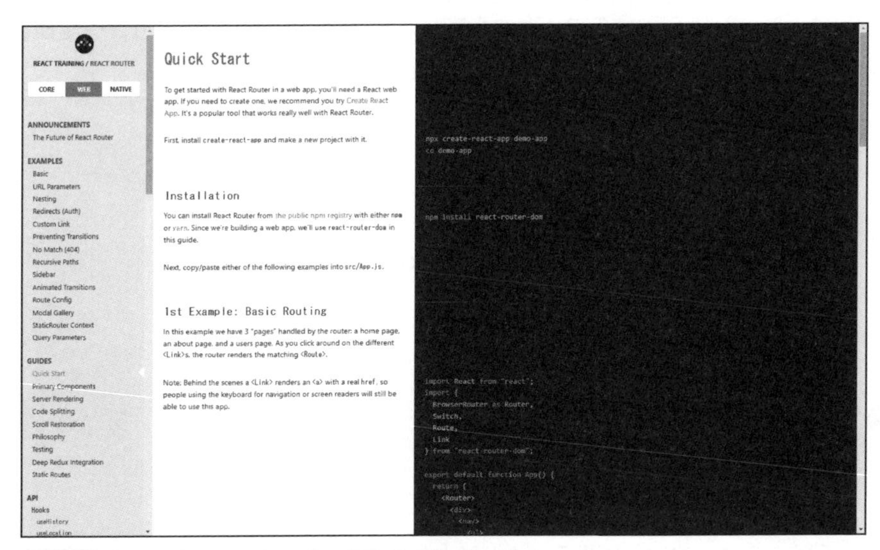

図5-22 React Routerのクイックスタートページ

ルーターを使えば、従来型Webと同じ様にURLを使えるということですね。忘れずに利用します。

5-1-7 ビルド

「ビルド」は、フレームワークを使った開発において、ソースコードと関連ファイルを加工して、Webサーバーで利用できるファイル群を出力する一連の処理です。フレームワークでは1つの画面をコンポーネントに分割したり、独自の構文を利用したりするため、従来型Webでは必要なかったファイルの結合や変換が必要になります。ビルドでは以下のような処理を行います。

1. 対象ファイルの読み込み
   JavaScript・TypeScriptソースコード
   フレームワーク独自の仮想DOM向け記述コード
   依存ファイルの読み込み

2. 加工
   フレームワーク独自の仮想DOM向け記述コードをJavaScriptコードへ変換
   TypeScriptのコードをJavaScriptコードへコンパイル
   JavaScriptのコードを指定したECMAScriptのバージョンへ変換

3. 最適化（Productionビルドのみ）
   不要コードの削除
   コードのサイズ縮小と難読化

4. 出力
   実行用ファイル生成
   公開用の静的ファイル（favicon.icoなど）のコピー
   テンプレートからindex.htmlを生成
   デバッグ用のmapファイル生成

従来型Webでは必要なかった作業が、こんなにもあるんですね。気が遠くなりそうです。

安心してください。実際のビルドは、各フレームワーク用の開発ツールを使い、コマンド1行で完了します。ビルドには、最適化を行う「Productionビルド」と、最適化を行わない「Developmentビルド」の2種類があります。運用時はファイルサイズの小さい「Productionビルド」、開発時は短時間でビルドが完了する「Developmentビルド」を利用するのが一般的です。

mapファイルとは何ですか？

mapファイルは、変換前のコードと変換後のコードの関連付け情報を記録しています。このファイルを使うと、ビルドで加工済のファイルであっても、オリジナルのコードを参照しながらブレークポイントを指定したデバッグができます。

mapファイルの役割、覚えておきます。

以下はReactでビルドを行った例です。Create React App開発ツールを使って新規プロジェクトを作成後、「npm run build」コマンドでビルドを行いました。Create React Appの使い方は、「5-2-3　新規プロジェクトの作成（React）」を参照してください。

▶プロジェクトフォルダ（ビルド前）

```
│
│   package.json
│   README.md
│   yarn.lock
│
├──node_modules
│
├──public
│       favicon.ico
│       index.html  //テンプレート
│       logo192.png
│       logo512.png
│       manifest.json
│       robots.txt
│
└──src  //ソースコード
        App.css
        App.js
        App.test.js
        index.css
        index.js
        logo.svg
        reportWebVitals.js
        setupTests.js
```

▶プロジェクトフォルダ（ビルド後）

ビルドの出力フォルダ「build」が生成されています。

```
│
│   package.json
│   README.md
│   yarn.lock
│
├──build   //ビルド出力フォルダ
│   │   asset-manifest.json
│   │   favicon.ico
│   │   index.html
│   │   logo192.png
│   │   logo512.png
│   │
```

```
│   │       manifest.json
│   │       robots.txt
│   │
│   └─static
│       ├─css
│       │     main.8c8b27cf.chunk.css
│       │     main.8c8b27cf.chunk.css.map
│       │
│       ├─js
│       │     2.9334929a.chunk.js
│       │     2.9334929a.chunk.js.LICENSE.txt
│       │     2.9334929a.chunk.js.map
│       │     3.22dc8b00.chunk.js
│       │     3.22dc8b00.chunk.js.map
│       │     main.16b305cd.chunk.js
│       │     main.16b305cd.chunk.js.map
│       │     runtime-main.863ed5b8.js
│       │     runtime-main.863ed5b8.js.map
│       │
│       └─media
│             logo.6ce24c58.svg
│
├─public
│     favicon.ico
│     index.html //テンプレート
│     logo192.png
│     logo512.png
│     manifest.json
│     robots.txt
│
└─src  //ソースコード
      App.css
      App.js
      App.test.js
      index.css
      index.js
      logo.svg
      reportWebVitals.js
      setupTests.js
```

▶ index.html(変換前のテンプレート)

"%○○○%○○○"の部分は、ビルド時に文字列に置換されます。

```
<!DOCTYPE html>
<html lang="en">
  <head>
    <meta charset="utf-8" />
    <link rel="icon" href="%PUBLIC_URL%/favicon.ico" />
    <meta name="viewport" content="width=device-width, initial-
scale=1" />
    <meta name="theme-color" content="#000000" />
    <meta
      name="description"
      content="Web site created using create-react-app"
    />
    <link rel="apple-touch-icon" href="%PUBLIC_URL%/logo192.png" />
    <link rel="manifest" href="%PUBLIC_URL%/manifest.json" />
    <title>React App</title>
  </head>
  <body>
    <noscript>You need to enable JavaScript to run this app.</
noscript>
    <div id="root"></div>
  </body>
</html>
```

▶ index.html(ビルド出力)

- "%○○○%○○○"の部分が、Webサーバー上で有効なパスに置換されています。
- ビルドで生成された以下の実行用ファイルの読み込みが追加されています。
  /static/css/main.8c8b27cf.chunk.css
  /static/js/2.9334929a.chunk.js
  /static/js/main.16b305cd.chunk.js
- index.htmlロード時の処理コードが追加されています。

02

```
<!doctype html>
<html lang="en">
<head>
  <meta charset="utf-8"/>
  <link rel="icon" href="/favicon.ico"/>
  <meta name="viewport" content="width=device-width,initial-scale=
1"/>
  <meta name="theme-color" content="#000000"/>
  <meta name="description" content="Web site created using create-
react-app"/>
  <link rel="apple-touch-icon" href="/logo192.png"/>
  <link rel="manifest" href="/manifest.json"/>
  <title>React App</title>
  <link href="/static/css/main.8c8b27cf.chunk.css" rel="stylesheet">
</head>
<body>
<noscript>You need to enable JavaScript to run this app.</noscript>
<div id="root"></div>
<script>
// ロード時の処理コード（省略）
</script>
<script src="/static/js/2.9334929a.chunk.js"></script>
<script src="/static/js/main.16b305cd.chunk.js"></script>
</body>
</html>
```

出力フォルダの内容も複雑ですね。開発ツールで自動化されていて助かります。実際に行うのはコマンド１行でいいんですよね。

そうです。コマンド１行なので悩むことはないです。

第１の壁である、未知の概念の解説はここまでです。いかがでしたか？

4章までは進化した別世界でしたが、従来型Webと少しは関連性がありました。しかし、ここで説明を受けた概念は、従来型Webでは存在しなかった本当に未知のものばかりでした。ご指摘の通り、概念を理解せずにフレームワークの学習を始めると、つまずくと実感しました。

次は未経験の記述方法についてです。記述方法は、フレームワークごとに異なるので、それぞれを分けて説明します。

5-2 個性をもつフレームワーク

5-2-1 フレームワークごとの特徴

3種類のフレームワークの生い立ち、設計方針などを解説します。フレームワークは互いに機能や性能を競っており、バージョンアップするごとに、他の良いところは取り入れ、劣るところは改良しています。したがって、現時点の機能比較はすぐに古くなってしまいます。ぶれることが少ない、生い立ちとそれに由来する設計方針の理解が重要です。まずはReactです。

▶React

・React公式サイト　https://ja.reactjs.org/

図5-23 React公式サイト

1) 生い立ち

Facebookサイトにおいて、フロントエンド開発の複雑さを軽減するために2013年にリリースされました。

2) 設計方針

複雑さの回避が優先されています。最小限のコア機能のみパッケージ化することで、フレームワーク本体のメンテナンス作業の軽減し、バージョンアップの容易さを実現しています（3種類のフレームワークの中で現時点のバージョン数が最も高いver17）。

3) 機能

仮想DOMとコンポーネント機能のみ提供しています。これらコア機能のみの提供のため、公式サイトでは自分自身をフレームワークではなく、ライブラリと呼んでいます。不足する機能は、開発者が自由に選択します。

4) 補足

コア機能のみですので、従来型Webの一部に組みこむこともできます。モダンWeb開発には、ルーターや状態管理、通信機能などのライブラリの追加が必要です。

Reactの特徴は「シンプル＆自由」ですね。機能が少ない分、とっつきやすそうです。しかし、自由だと、私みたいな初心者は、調査することが増えて大変そうな気もします。

次にAngularを説明します。

▶ Angular

・Angular公式サイト　https://angular.io/

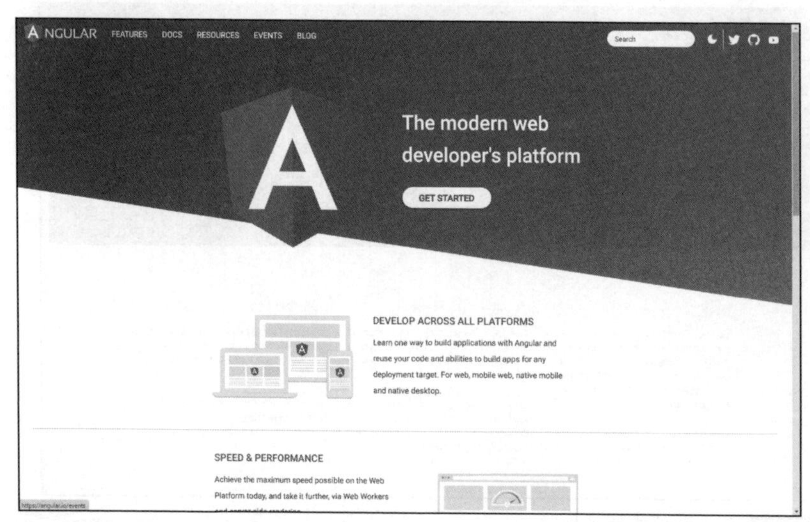

図5-24 Angular公式サイト

1) 生い立ち

Googleが主導するシングルページアプリケーション向けフレームワーク「AngularJS」を再設計して、2016年にリリースされました。AngularJSが2009年リリースですので、それを加えると10年間以上の実績があります。

2) 設計方針

シングルページアプリケーションに必要な機能を、一括して提供することを目指しています。Reactとは全く逆の方針です。

3) 機能

シングルページアプリケーションに必要な機能に加え、オフライン対応のための機能やMaterial UIライブラリの組み込みまで提供されています。開発ツールも統合されています。

4) 補足

フレームワークを直訳すると「枠組み」です。その名の通り、Angular開発チームが考えるベストプラクティスに準拠して、コードを作成するようになっています。これは自由なコード作成とは対極にありますので、開発エンジニアによって好みが分かれます。

Angularの特徴は「フル装備」。こちらもわかりやすいですね。Reactと対極にあるのが興味深いです。私みたいな初心者には、必要なものが初めから用意されているので向いている気がします。

最後にVueです。

▶ Vue

・Vue公式サイト　https://v3.ja.vuejs.org/

図5-25 Vue公式サイト

1) 生い立ち

Evan You（個人）が開発を始め、現在は多くのスポンサー企業が参加しています。開発の動機は、「Angularの本当に好きだった部分を抽出して、余分な概念なしに本当に軽いものを作る」（Wikipediaより引用）。

・スポンサー企業一覧
https://github.com/vuejs/vue#user-content-special-sponsors

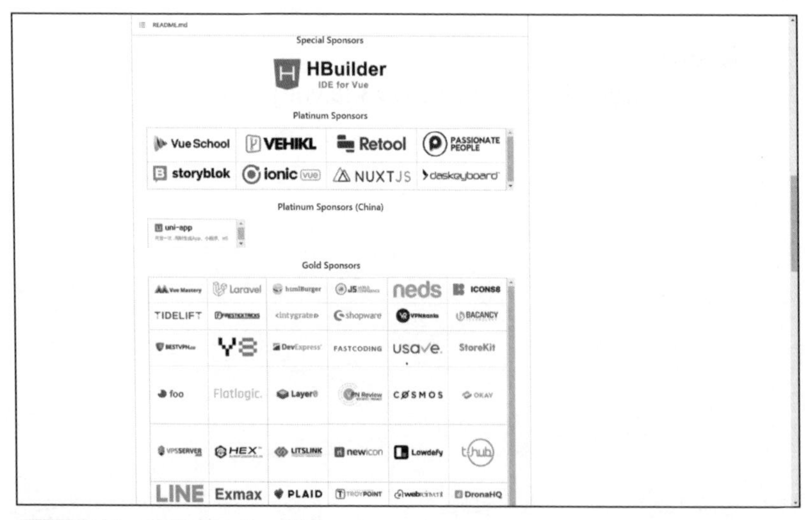

図5-26 Vueのスポンサー企業

2) 設計方針

Reactのように最小限のコア機能のみパッケージ化していますが、追加可能な専用ライブラリも準備されています。そのため、公式サイトでは「段階的な機能拡張」を謳っています。

3) 機能

仮想DOMとコンポーネント機能のみ提供しています。ただし、追加可能なルーターや状態管理ライブラリなども準備されています。

・追加可能ライブラリ一覧
https://github.com/vuejs/vue#user-content-ecosystem

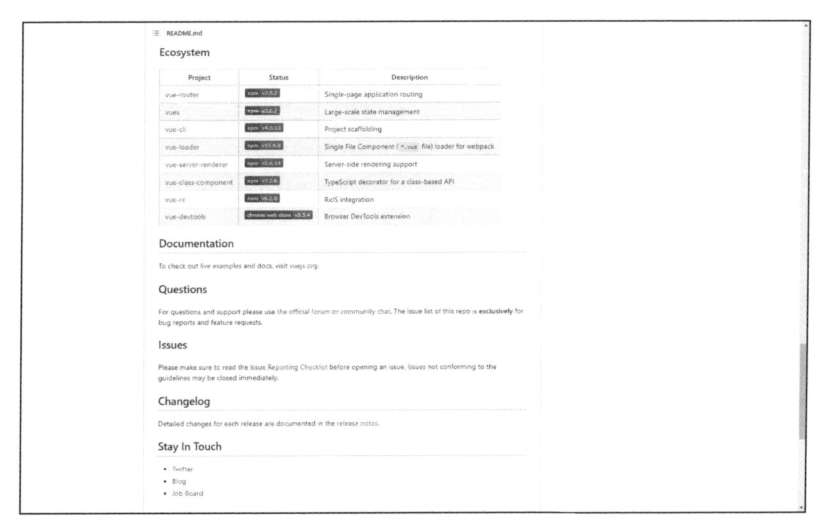

README.md

Ecosystem

Project	Status	Description
vue-router	npm v3.5.2	Single-page application routing
vuex	npm v3.6.2	Large-scale state management
vue-cli	npm v4.5.13	Project scaffolding
vue-loader	npm v15.9.8	Single File Component (*.vue file) loader for webpack
vue-server-renderer	npm v2.6.14	Server-side rendering support
vue-class-component	npm v7.2.6	TypeScript decorator for a class-based API
vue-rx	npm v6.2.0	RxJS integration
vue-devtools	chrome web store v3.3.4	Browser DevTools extension

Documentation

To check out live examples and docs, visit vuejs.org.

Questions

For questions and support please use the official forum or community chat. The issue list of this repo is **exclusively** for bug reports and feature requests.

Issues

Please make sure to read the Issue Reporting Checklist before opening an issue. Issues not conforming to the guidelines may be closed immediately.

Changelog

Detailed changes for each release are documented in the release notes.

Stay In Touch

- Twitter
- Blog
- Job Board

図5-27 Vueの追加可能ライブラリ一覧

4) 補足

モダンWeb開発用には、通信機能などのライブラリ追加が必要です。

Vueは、Reactのような「シンプル&自由」を選択できるし、専用ライブラリで幾つかの機能拡張もできる。ReactとAngularの両方の特徴を取り入れていますね。3種類のフレームワークの特徴が、ハッキリとわかりました。

MEMO フレームワークの比較記事

Vueの公式サイトに、ほかのフレームワークとの比較記事があります。Vue開発チームがまとめた、貴重な情報です（図5-28）。

https://jp.vuejs.org/v2/guide/comparison.html

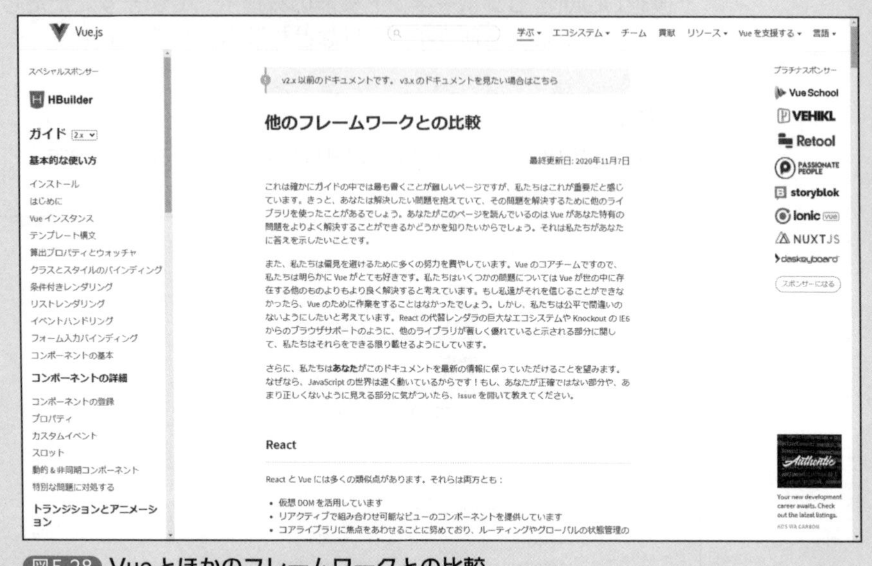

図5-28 Vueとほかのフレームワークとの比較

5-2-2 フレームワーク選択の考え方

各フレームワークの特徴を知ったところで、次は選択の考え方です。

インターネット検索すると、この3種類のフレームワークの比較記事がたくさん見つかりました。しかし、結論がバラバラで混乱しました。結局、どれがお奨めですか？

どのフレームワークも十分な導入実績があります。どれを選んでも構いません。というより、実際のシステム開発で、開発者がフレームワークを選択できるケースは稀です。システム開発の企画段階で決定されています。したがって、選択ができるのは以下のような場合に限られます。

1. モダンWeb開発の企画・提案を任された場合

2. デモプログラムなどを開発する場合

3. 学習が目的の場合

そう言われれば、そうですね。それぞれのケースで選択の考え方は異なるのですか？

異なります。順に説明します。

▶モダンWeb開発の企画・提案を任された場合

企画・提案を行うということは、社内にモダンWeb（シングルページアプリケーションを含む）開発経験者がいるということです。3種類のフレームワークいずれかの経験者がいれば、それを選択すべきでしょう。それ以外のフレームワーク経験者しかいない場合は、その開発者に3種類の中から選択してもらうのがよいでしょう。3種類以外から選択するのは、お奨めしません。理由は、「5-1-1.[メモ] フレームワークの選択肢」を参照してください。

▶デモプログラムなどを開発する場合

作業量を減らすため、開発するデモプログラムの機能に近いサンプルコードを探し、そこで使われているフレームワークを選択するのがよいでしょう。この場合も3種類以外から選択するのは、お奨めしません。

▶学習が目的の場合

周囲に3種類のフレームワークいずれかの経験者がいれば、それを選択して教えてもらうのがよいでしょう。経験者が見つからない場合は、本章で紹介したフレームワークの特徴を読んだり、フレームワーク独自の記述形式を試したりして、自分にとって抵抗が少ないものを選択するのがよいでしょう。現在の人気度合いや機能は変化しますので、それらを基準にするのはお奨めしません。それでも、決まらない場合はフル機能をもつAngularがよいと思います。

経験や目的を基準に選択するのですね。自分にあてはめて考えてみます。

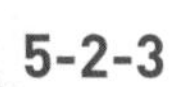

5-2-3 新規プロジェクトの作成（React）

各フレームワークの基礎知識を説明しましたので、ここからは新規プロジェクト作成を体験してみましょう。Reactには、新規プロジェクト作成、ビルド、実行などの一連の開発作業を自動化する専用の開発ツール「Create React App」が準備されています（図5-29）。操作はコマンドプロンプトから行います。新規プロジェクトの作成を行ってみます。なお、操作の前にnode.jsがインストールされていることを確認してください。

・Create React App　https://create-react-app.dev/

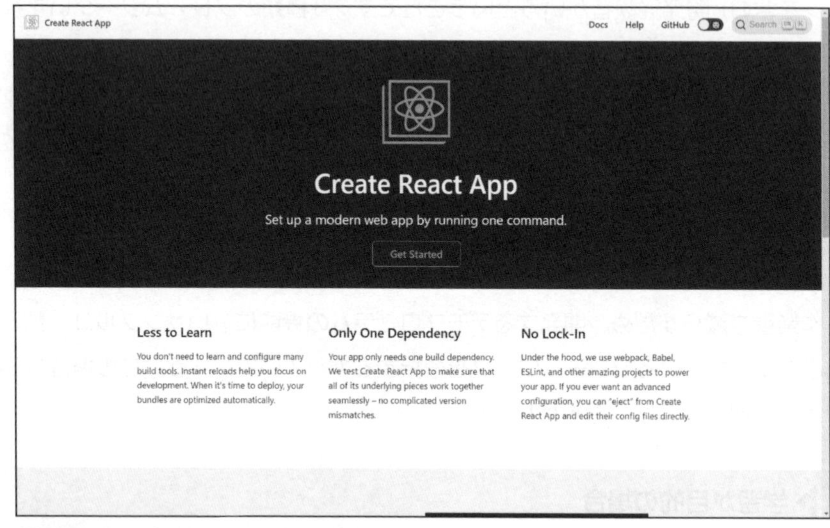

図5-29 Create React Appの公式サイト

❶ 以下のコマンドを入力し、古いバージョンを削除します。古いバージョンが存在しなくても正常終了しますので、古いバージョン存在の有無を気にする必要はありません。

```
npm uninstall -g create-react-app
```

❷ 以下のコマンドを入力し[*3]、新規プロジェクトを作成します。ここではプロジェクトのフォルダ名をreact-01とします。

```
npx create-react-app react-01
```

＊3　npxコマンド
https://docs.npmjs.com/cli/v7/commands/npx

❸新規プロジェクト作成中のメッセージが出力されます。処理が完了するまで待ちます（図5-30）。

図5-30 **新規プロジェクト作成中の出力**

❹以下のコマンドを入力し、プロジェクトフォルダをカレントディレクトリにします。

```
cd react-01
```

❺以下のコマンドを入力し、npm runスクリプトで「start」を実行します。「npm run start」は、「npm start」と短縮できます。

```
npm start
```

❻しばらくするとテスト用Webサーバー起動のメッセージが表示されます（図5-31）。

図5-31 **テスト用Webサーバー起動中の出力**

❼Webブラウザが自動的に起動し、テストページが表示されます（図5-32）。

図5-32 Create React Appのテストページ

❽コマンドプロンプト画面を閉じて、テスト用Webサーバーを停止します。

あっという間に新規プロジェクトが 生成され、ページの確認表示まで自動で確認できました。これが開発作業の自動化ですか。便利ですね。

5-2-4 フレームワーク独自の記述（React）

React独自の記述であるJSXは、JavaScriptの中に 拡張されたHTML構文が組み込まれる形式になっており、慣れるまで抵抗があるかもしれません。 先ほど作成した サンプルプロジェクトを元に JSX形式を使った画面表示処理の流れを説明します （図5-33）。まず、react-01フォルダを開き、プロジェクトの内容を確認します。コメントを付けているファイルが重要なファイルです。

```
│   package.json
│   README.md
│   yarn.lock
│
├──node_modules
│
```

```
│
├──public
│      favicon.ico
│      index.html    //ページテンプレート
│      logo192.png
│      logo512.png
│      manifest.json
│      robots.txt
│
└──src
       App.css
       App.js      //JSX記述
       App.test.js
       index.css
       index.js    //JavaScriptエントリーポイント
       logo.svg
       reportWebVitals.js
       setupTests.js
```

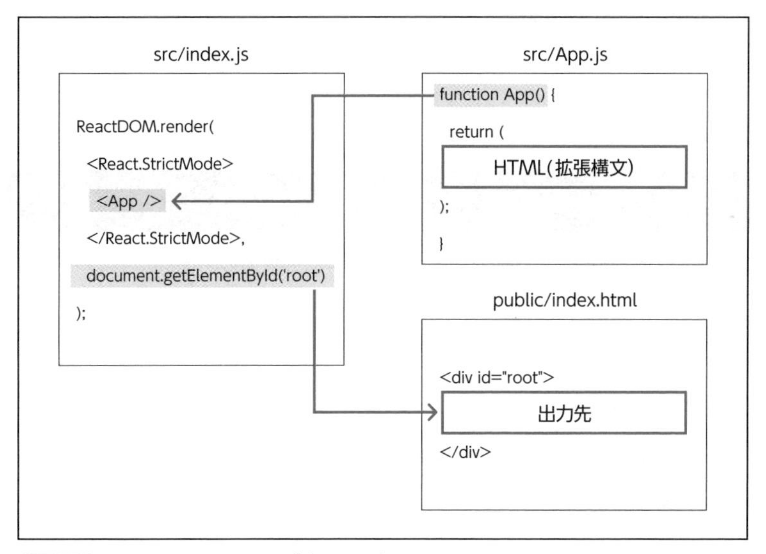

図5-33 Reactテストページ表示の流れ

❶ JavaScriptのコードがロードされるとエントリーポイントであるsrc/index.jsが呼び出されます。

❷ src/index.jsのReactDOM.render()メソッドが呼ばれます。このメソッドは名前

のとおりReactの仮想DOMへ表示内容を書き出します。第1引数が出力するデータ、第2引数が出力先です。ここでは、src/App.jsファイルの関数Appで定義した構造を、public/index.htmlのid="root"属性をもつdiv要素に出力しています。なお、CSSや画像などの関連ファイルの読み込みの説明は省略しています。

確かにsrc/App.jsファイルのJavaScriptの中にHTMLが埋め込まれています。未経験の記述方法なので慣れが必要ですね。

5-2-5 新規プロジェクトの作成(Angular)  体験

次はAngularです。Angularには、新規プロジェクト作成、ビルド、実行などの一連の開発作業を自動化する専用の開発ツール「Angular CLI」が準備されています(図5-34)。操作はコマンドプロンプトから行います。node.jsのインストールが前提です。

・Angular CLI公式ページ　https://angular.io/cli

Installing Angular CLI

Major versions of Angular CLI follow the supported major version of Angular, but minor versions can be released separately.

Install the CLI using the npm package manager:

```
npm install -g @angular/cli
```

For details about changes between versions, and information about updating from previous releases, see the Releases tab on GitHub: https://github.com/angular/angular-cli/releases

Basic workflow

Invoke the tool on the command line through the ng executable. Online help is available on the command line.

図5-34 Angular CLIの公式ページ

❶ 以下のコマンドを入力し、古いバージョンを削除します。古いバージョンが存在しなくても正常終了しますので、古いバージョン存在の有無を気にする必要はありません。

```
npm uninstall -g @angular/cli
```

❷以下のコマンドを入力し、Angular CLIをインストールします。

```
npm install -g @angular/cli
```

❸インストール中のメッセージが出力されます。処理が完了するまで待ちます（図5-35）。

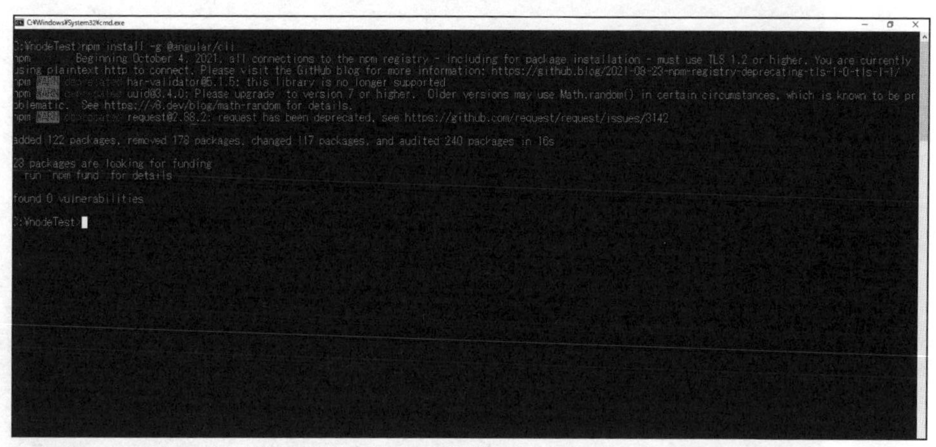

図5-35 **Angular CLIインストール中の出力**

❹新規プロジェクトを作成します。ここではプロジェクトのフォルダ名をangular01とします。

```
ng new angular01
```

❺2つの質問メッセージが表示されるので、以下の入力を行います。

```
?Would you like to add Angular routing?(y/N)
 →「N」を入力

? Which stylesheet format would you like to use? (Use arrow keys)
> CSS
  SCSS   [ https://sass-lang.com/documentation/syntax#scss
]
  Sass   [ https://sass-lang.com/documentation/syntax#the-
indented-syntax ]
  Less   [ http://lesscss.org
]
→そのままEnterキーを押下
```

❻新規プロジェクト作成中のメッセージが出力されます。処理が完了するまで待ちます（図5-36）。

図5-36 **新規プロジェクト作成中の出力**

❼以下のコマンドを入力し、プロジェクトフォルダをカレントディレクトリにします。

```
cd angular01
```

❽以下のコマンドを入力します。

```
ng serve
```

❾使用状況通知の確認メッセージが表示されるので、yまたはNの入力を行います。

```
? Would you like to share anonymous usage data about this project with the Angular Team at
Google under Google's Privacy Policy at https://policies.google.com/privacy? For more
details and how to change this setting, see https://angular.io/analytics. (y/N)  →「y」または「N」を入力
```

❿しばらくすると、テスト用Webサーバー起動中のメッセージが表示されます（図5-37）。

```
ngcc (worker)
C:¥nodeTest¥angular01>ng serve
? Would you like to share anonymous usage data about this project with the Angular Team at
Google under Google's Privacy Policy at https://policies.google.com/privacy? For more
details and how to change this setting, see https://angular.io/analytics. No
- Generating browser application bundles (phase: setup)...Compiling @angular/core : es2015 as esm2015
Compiling @angular/common : es2015 as esm2015
Compiling @angular/platform-browser : es2015 as esm2015
Compiling @angular/platform-browser-dynamic : es2015 as esm2015
√ Browser application bundle generation complete.

Initial Chunk Files    | Names         |      Size
vendor.js              | vendor        |   2.09 MB
polyfills.js           | polyfills     | 510.54 kB
styles.css, styles.js  | styles        | 383.33 kB
main.js                | main          |  55.03 kB
runtime.js             | runtime       |   6.62 kB

                       | Initial Total |   3.02 MB

Build at: 2021-10-03T05:57:25.846Z - Hash: c72da16355fedd100338 - Time: 14851ms

** Angular Live Development Server is listening on localhost:4200, open your browser on http://localhost:4200/ **


√ Compiled successfully.
√ Browser application bundle generation complete.

5 unchanged chunks

Build at: 2021-10-03T05:57:26.993Z - Hash: 88062e29bc7ef07b442f - Time: 592ms

√ Compiled successfully.
```

図5-37 テスト用Webサーバー起動中の出力

⑪ Webブラウザを起動し、以下のURLでテストページを表示します（図5-38）。
http://localhost:4200/

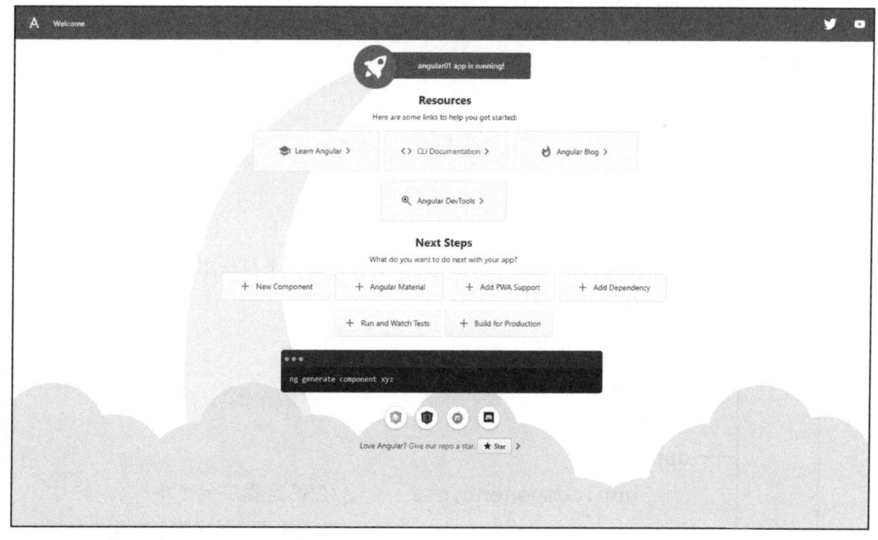

図5-38 Angular CLIテストページ

⑫ コマンドプロンプト画面を閉じて、テスト用Webサーバーを停止します。

コマンド名は異なりますが、Reactのときと基本的な手順は同じですね。

5-2-6 フレームワーク独自の記述（Angular）

Angular独自の記述である「Componentクラス形式」は、クラス定義のTypeScript、HTML（拡張構文）、CSSを3つのファイルに分離します。ComponentクラスがHTMLとCSSをインポートして利用します。従来型Webと似たファイル構造なので馴染みやすいと思います。先ほど作成した サンプルプロジェクトを元に「Componentクラス形式」を使った画面表示処理の流れを説明します（図5-39）。まず、angular01フォルダを開き、プロジェクトの内容を確認します。コメントを付けているファイルが重要なファイルです。

```
│
│   angular.json
│   karma.conf.js
│   package-lock.json
│   package.json
│   README.md
│   tsconfig.app.json
│   tsconfig.json
│   tsconfig.spec.json
│
├─node_modules
│
└─src
    │   favicon.ico
    │   index.html      //ページテンプレート
    │   main.ts         //TypeScriptエントリーポイント
    │   polyfills.ts
    │   styles.css
    │   test.ts
    │
    ├─app
    │       app.component.css       //CSS定義ファイル
    │       app.component.html      //HTML(拡張構文)定義ファイル
    │       app.component.spec.ts
    │       app.component.ts        //コンポーネントクラス定義ファイル
    │       app.module.ts           //アプリケーションモジュール
    │
```

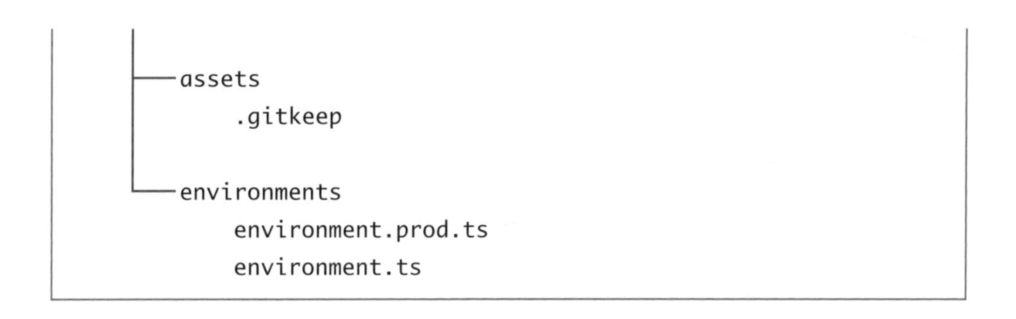

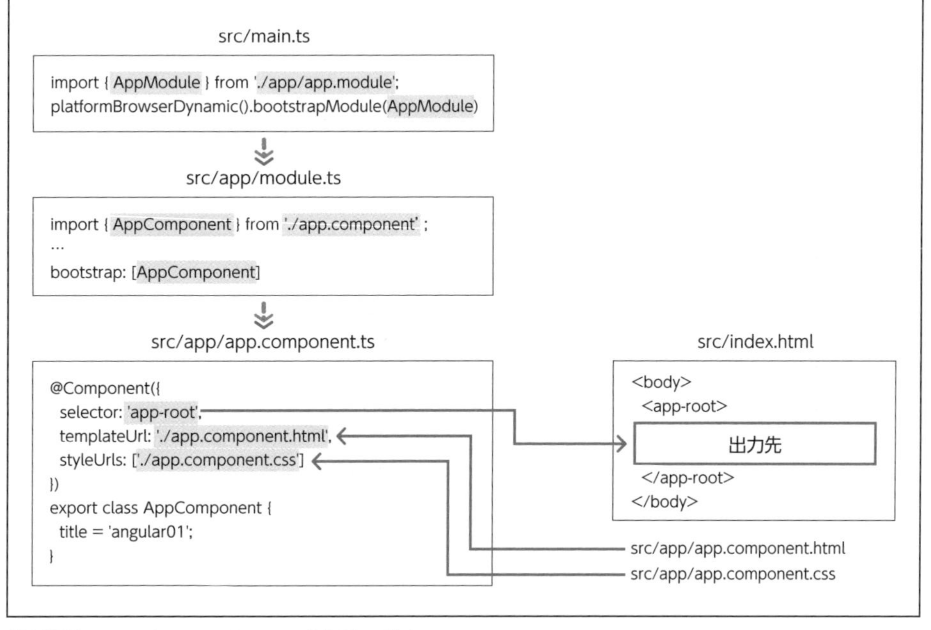

図5-39 Angularテストページ表示の流れ

❶ TypeScriptから変換されたJavaScriptのコードがロードされると、エントリーポイントであるsrc/main.tsが呼び出されます。

❷ main.tsでAppModule(.app/app.module)が呼び出されます。

❸ AppModuleで、AppComponent(./app.component)が呼び出されます。

❹ AppComponentクラスは、HTMLテンプレートとしてapp.component.html、CSSとしてapp.component.cssを読み込みます。なお、テストページではHTMLテンプレートにCSSを記述しているため、CSSファイルは空白になっていますが、CSSファイルにCSSを記述するのが通常です。

❺ AppComponentクラスは、src/index.htmlファイルのselectorで指定された名前（ここではapp-root）の要素にデータを出力します。

Anmgularは、従来型Webと同じようにJavaScript（TypeScript）のコード、HTML、CSSが分離していて馴染みやすいですね。従来型Webでは、HTMLがJavaScriptコードを読み込んでいましたが、ここではTypeScriptのコードがHTMLファイルを読み込んでいて、逆の動作をしているのが面白いですね。

5-2-7 新規プロジェクトの作成（Vue）  

最後はVueです。Vueには、新規プロジェクト作成、ビルド、実行などの一連の開発作業を自動化する専用の開発ツール「Vue CLI」が準備されています（図5-40）。操作はコマンドプロンプトから行います。node.jsのインストールが前提です。

・Vue CLI公式サイト　https://cli.vuejs.org/

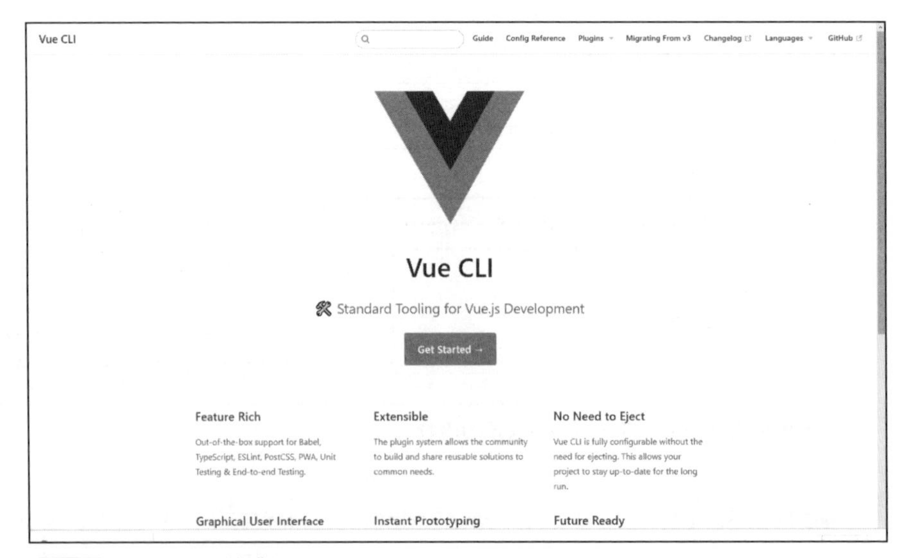

図5-40 Vue CLIの公式サイト

❶ 以下のコマンドを入力し、古いバージョンを削除します。古いバージョンが存在しなくても正常終了しますので、古いバージョン存在の有無を気にする必要はありません。

```
npm uninstall -g @vue/cli
```

❷ 以下のコマンドを入力し、Vue CLIをインストールします。

```
npm install -g @vue/cli
```

❸インストール中のメッセージが出力されます。処理が完了するまで待ちます。

❹以下のコマンドを入力し、新規プロジェクトを作成します。ここではプロジェクトのフォルダ名をvue01とします。

```
vue create vue01
```

❺質問メッセージが表示されるので、Vue3を選択してEnterキーを押下します。

```
? Please pick a preset: (Use arrow keys)
  Default ([Vue 2] babel, eslint)
> Default (Vue 3) ([Vue 3] babel, eslint)
  Manually select features
```

❻新規プロジェクト作成中のメッセージが出力されます。処理が完了するまで待ちます（図5-41）。

図5-41 **新規プロジェクト作成中の出力**

❼以下のコマンドを入力し、プロジェクトフォルダをカレントディレクトリにします。

```
cd vue01
```

❽以下のコマンドを入力します。

```
npm run serve
```

❾しばらくすると、テスト用Webサーバー起動中のメッセージが表示されます（図5-42）。

図5-42 テスト用Webサーバー起動中の出力

❿Webブラウザを起動し、以下のURLを入力してテストページを表示します（図5-43）。

```
http://localhost:8080/
```

図5-43 Vue CLIテストページ

⓫コマンドプロンプト画面を閉じて、テスト用Webサーバーを停止します。

⓬vue01フォルダを開き、プロジェクトの内容を確認します。

5-2-8 フレームワーク独自の記述（Vue）

Vue独自の記述である「SFC(Single File Component)形式」は、名前のとおりJavaScriptコード、HTML（拡張構文）、CSSを1つのファイルにまとめています。それぞれを別のファイルに記述するAngularとは、全く逆です。サンプルプロジェクトを元に「SFC形式」を使った画面表示処理の流れを説明します（図5-44）。まず、vue01フォルダを開き、プロジェクトの内容を確認します。コメントを付けているファイルが重要なファイルです。

```
│
│   babel.config.js
│   package-lock.json
│   package.json
│   README.md
│
├─node_modules
│
├─public
│       favicon.ico
│       index.html          //ページテンプレート
│
└─src
    │   App.vue             //SFC形式のコード
    │   main.js             //JavaScriptエントリーポイント
    │
    ├─assets
    │       logo.png
    │
    └─components
            HelloWorld.vue  //SFC形式のコード
```

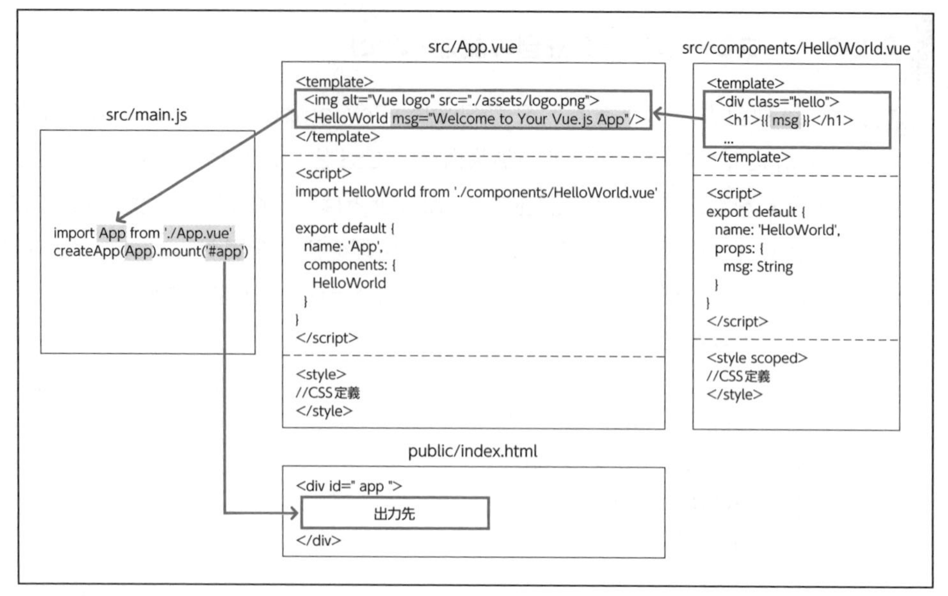

図5-44 Vueテストページ表示の流れ

❶ JavaScriptのコードがロードされると、エントリーポイントであるsrc/main.jsが呼び出されます。

❷ src/main.jsに記述されたcreateApp(App).mount("#app")メソッドが呼ばれます。createApp(App)でAppオブジェクトが生成され、mount("#app")で、public/index.htmlのid="app"の要素にデータが出力されます。

出力の内容はApp.vueとHelloWorld.vueにSFC形式で記述されています。App.vueのテンプレート部分を見ると以下のようになっています。

```
//logo.pngファイルを画像として出力
<img alt="Vue logo" src="./assets/logo.png">

//HelloWorldコンポーネントのmsgプロパティに「Welcome～」を渡して出力
<HelloWorld msg="Welcome to Your Vue.js App"/>
```

確かにJavaScript、HTML、CSSが1つのファイルにまとめられています。これで、3種類のフレームワークの独自の記述方法の違いがよくわかりました。それぞれ、ハッキリとした個性を持っていますね。

5-3 5章まとめ

フレームワークの学習

・「未知の概念」と「未経験の記述方法」という2つの壁がある。

未知の概念

・「仮想DOM」は、ページ単位で画面を一括操作する仕組み。

・「データバインド」は、HTML要素に対する値の取得や設定を簡単に行う機能。

・「コンポーネント」は、画面の分割開発のための部品。

・「状態管理ライブラリ」は、アプリ全体のコンポーネントを連携させるライブラリ。

・「ルーター」は、仮想のURLで画面切り替えを行う仕組み。

・「ビルド」は、Webサーバーで利用できるファイル群を出力する一連の処理。

フレームワークの特徴

・Reactは、コア機能のみの提供し、不足する機能は開発者が自由に選択する。

・Angularは、シングルページアプリケーションに必要な機能を一括して提供する。

・Vueは、コア機能のみパッケージ化しているが、追加可能な専用ライブラリもある。

フレームワークの選択

・開発開始時にフレームワークが決定済みのことが多い。

・選択可能な場合は、経験や目的を基準に選択する。

開発作業の自動化ツール

・Reactでは「Create React App」、Angularでは「Angular CLI」、Vueでは「Vue CLI」が利用できる。

第6章 ネットワーク経由のAPI (Web API)

6-1 Web API概要

6-1-1 Web APIの位置づけ

4章と5章で、Webブラウザ内のJavaScriptのコードから直接呼び出せるAPIとして、ブラウザAPI、ライブラリ、フレームワークを解説しました。6章では、ネットワーク経由で利用する「Web API」を扱います（図6-1）。

ネットワーク経由のAPIは未経験です。どんなときにWeb APIを利用するのですか？

主に2種類の用途があります。1つ目は同じシステム内のバックエンドとのデータ交換です。たとえば、社内システムでユーザが入力

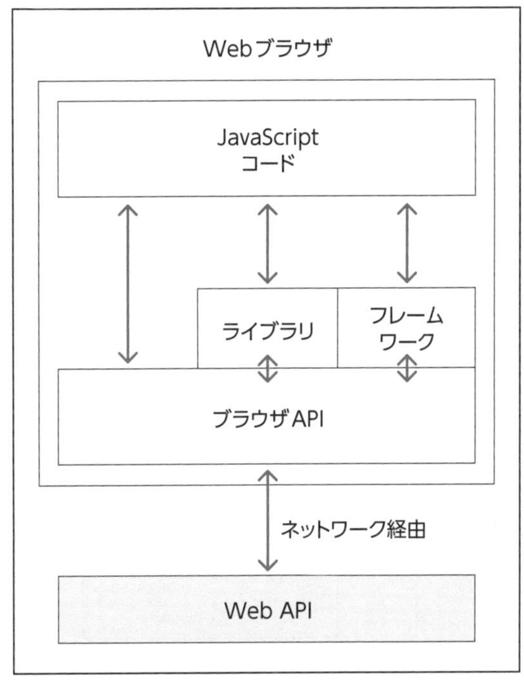

図6-1 Web APIの位置づけ

したキーワードをもとにバックエンドのデータベースを検索する場合です（図6-2）。同じシステム内なので、どのような方法でデータ交換しても構わないのですが、Web技術をベースにしたWeb APIが使い勝手がよいという理由から採用されることがあります。

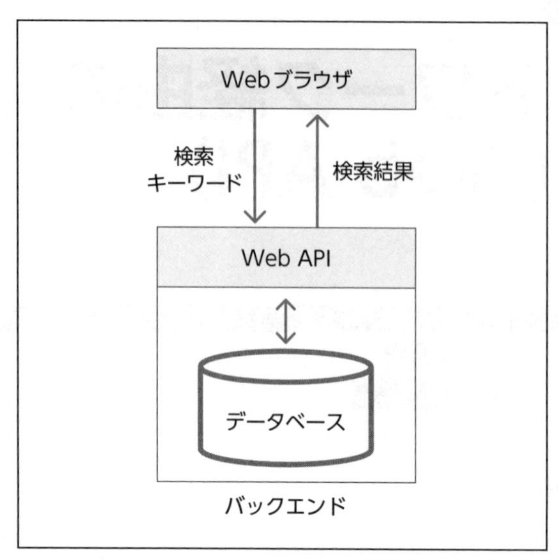

図6-2 同じシステム内でWeb API利用

2つ目は、外部のサービスを利用する場合です。たとえばGoogleマップのような自分で用意するのが難しいデータサービスをWeb APIを使って、簡単に利用できます（図6-3）。

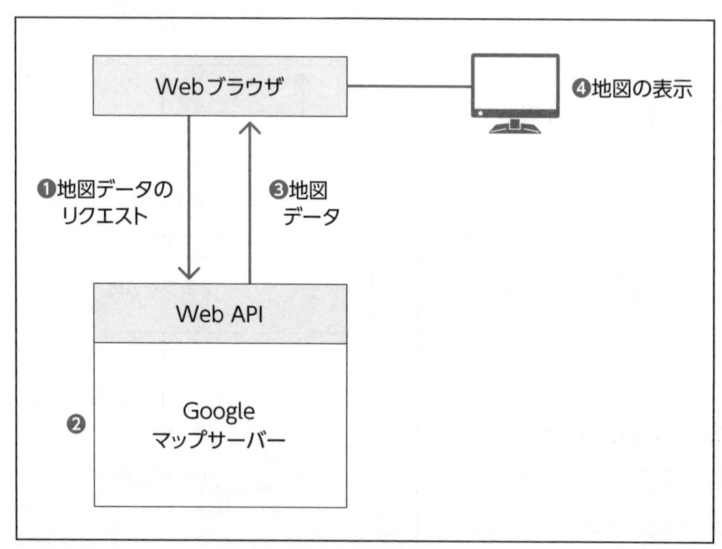

図6-3 GoogleマップをWeb APIで利用

MEMO 公開されたWeb APIの検索

世界中でさまざまなサービスがWeb APIで公開されています。以下のサイトで検索可能です（図6-4）。

・Webサービスの検索ページ
https://www.programmableweb.com/category/all/apis

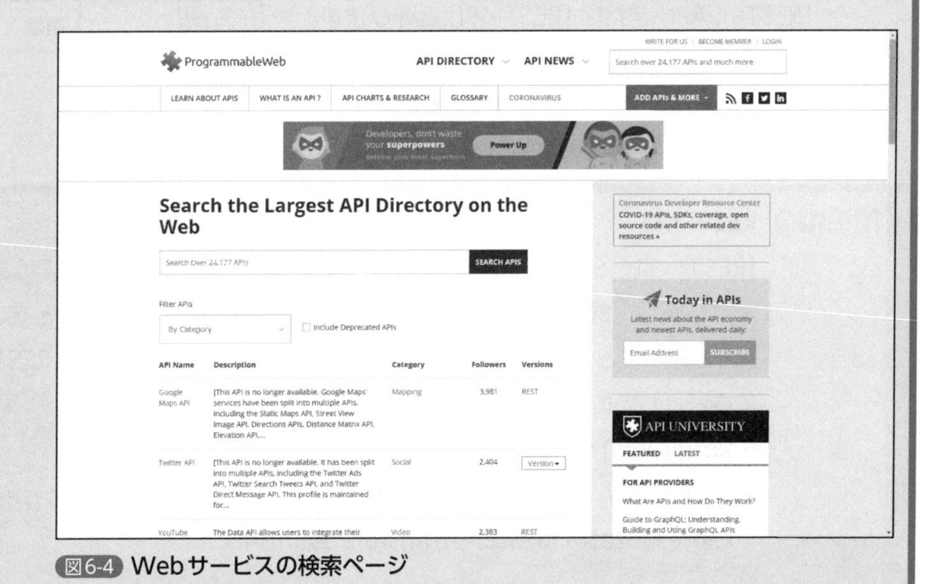

図6-4 Webサービスの検索ページ

6-1-2 Web APIの仕組み

図6-2と図6-3を見てわかるように、フロントエンド側からみて通信の相手先がWeb APIを準備します。したがって、その仕様は リクエストを受け取る側で自由に決めることができますが、基本的なルールがあるとAPIを作る側も使う側も便利です。かつては、Web APIの基本ルールとしてXML形式でデータ交換を行う「SOAP (Simple Object Access Protocol)」が主流でした。しかし、最近ではJSON形式でデータ交換を行う「REST（REpresentational State Transfer)」がよく利用されます。

RESTについて具体的に教えてください。

RESTの基本ルールは以下になります。

1. HTTPSまたはHTTPを使用
2. データをJSON形式で交換
3. URLでリクエストの対象データを指定
4. HTTPのメソッドで処理の種類を指定

HTTPメソッド	処理の種類
GET	取得
POST	新規登録
PUT	更新
PATCH	部分更新
DELITE	削除

これらのルールに従って作成されたWeb APIを「RESTful API」または「REST-API」と呼びます。GoogleやAWS(Amazon Web Service)など多くの企業が、REST-APIを提供しています。

MEMO RESTとは

「REST」は、システム間でデータ交換を行う際の原則論で、仕様ではありません。しかし、最近ではその考え方に影響を受けたWeb APIのことを、REST-APIと呼ぶことが多くなっています。本書でもRESTという用語をREST-APIと同義語として使っています。

・RESTの紹介ページ
https://www.service-architecture.com/articles/web-services/representational-state-transfer-rest.html

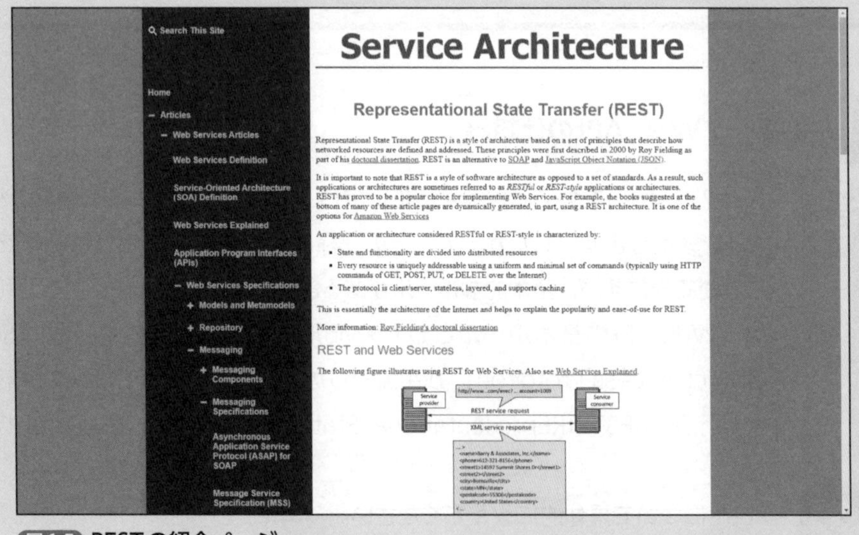

図6-5 RESTの紹介ページ

従来型Webとデータ交換のやり方が随分変わりますね。

そうです。大きく変わります。図6-6に従来型Webとの違いをまとめました。

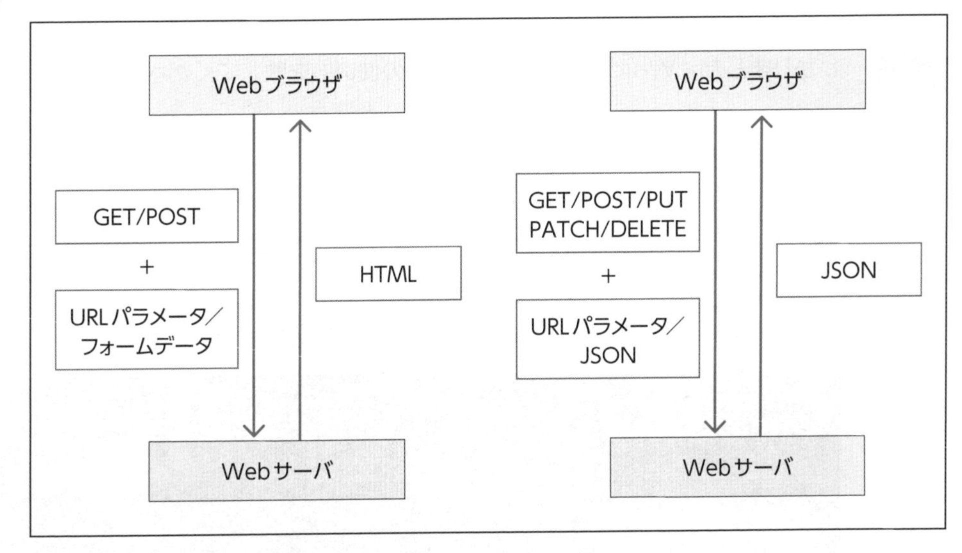

図6-6 データ交換の仕組み（左：従来型、右：REST-API）

REST-APIの場合、フロントエンドのJavaScriptコードは、通信相手先の仕様に基づいてURLを指定してリクエストを適切なHTTPメソッドで送信し、返信されたJSON形式のデータを利用することになります。

Web APIを、おおまかに把握できましたが、具体的なイメージはまだ湧いてきません。特にURLでリクエストの対象を指定するのを、体験することはできますか？

それでは、デモサイトを使ってWeb APIを体験してみましょう。

6-2 Web APIを体験

6-2-1 WordPressのWeb API

体験

ここでは、Web APIを体験するのにWordPressを使用します。WordPressはCMS（Contents Management System）として、さまざまなWebサイトで利用されてい

る、典型的な従来型Webのシステムです。しかし、最近のバージョンでは、デフォルトでWeb APIも同時に利用できるようになっており、REST-APIで投稿やページの内容にアクセス可能になっています。

わかりました。WordPressのWeb APIの使い方を教えてください。

ここでは、例としてWordPressの投稿一覧を取得する方法を調べてみましょう。

❶ WordPressのWeb APIレファレンスのトップページを開きます（図6-7）。

- WordPressのWeb API（REST形式）のレファレンス
  https://developer.wordpress.org/rest-api/reference/

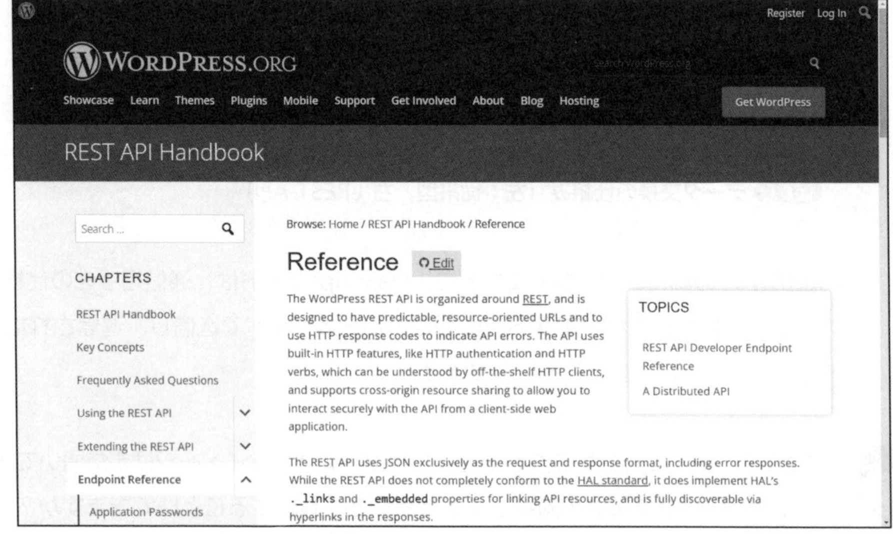

図6-7 WordPressのWeb API（REST形式）のレファレンス

❷ リクエスト対象データの確認

このページを下方向にスクロールすると、以下のようなリクエスト対象データとURLの対応表があります。

表6-1 リクエスト対象データとURLの対応表

Resource	Base Route
Posts	/wp/v2/posts
Post Revisions	/wp/v2/posts/<id>/revisions
Categories	/wp/v2/categories
Tags	/wp/v2/tags
Pages	/wp/v2/pages
Page Revisions	/wp/v2/pages/<id>/revisions
（以降省略）	

Posts(投稿)、Categories（分類名)、Tags（タグ名)、Pages（固定ページ）など、WordPressが含むさまざまなデータの処理がREST-APIで可能なことがわかります。たとえば、Posts（投稿データ）にアクセスするには、/wp/v2/postsというパスを使えばよいことがわかります。

❸表6-1が表示されたページのPostsリンクをクリックすると、Postsに対して行うREST-APIの情報が表示されます（図6-8）。

図6-8 Postsに対して行う処理ごとの情報

❹「List Posts」（投稿一覧） のリンクをクリックすると、リクエストの例として、以下のURLが表示されます（図6-9）。

https://example.com/wp-json/wp/v2/posts

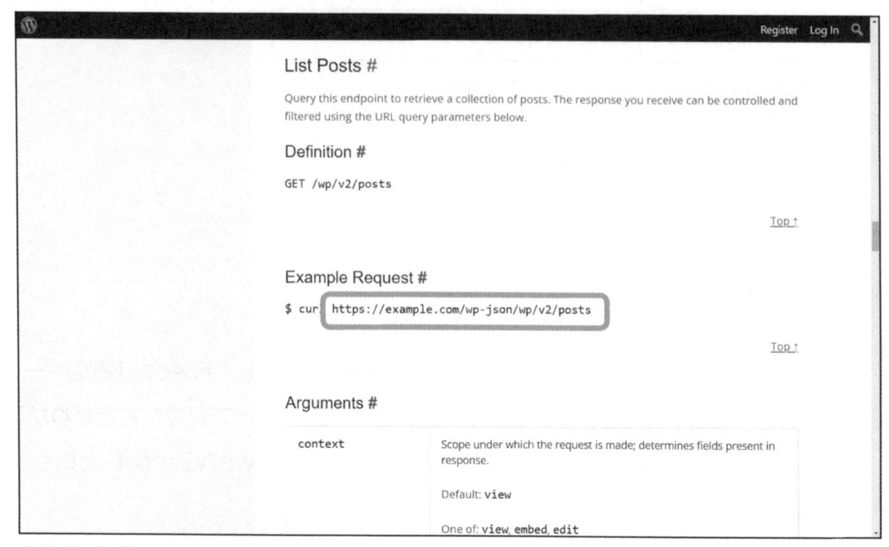

図6-9 **投稿一覧のリクエスト例**

❺投稿一覧を取得するには以下のURLに対し、GETメソッドで以下のURLへリクエストを送信すればよいことがわかりました。

https://<対象サイトのルートURL> /wp-json/wp/v2/posts

URLでリクエストの対象を指定して、どんな処理を行うのかをHTTPのメソッドで決めるのですね。流れはつかめましたが、未経験ですので使いながら慣れてゆくしかなさそうです。

6-2-2 デモサイトで動作確認  体験

先ほど調べた投稿一覧を取得するURLを使って動作確認してみましょう。2章のデモで利用した「かがやきトラベル」の企業サイトはWordPressで作られていますので、これを使います。

▶ サイトに登録されている投稿の確認

❶ かがやきトラベルのトップページを表示します（図6-10）。

- かがやきトラベル　https://www.staffnet.co.jp/kt-home

図6-10 かがやきトラベルのトップページ

❷ トップページを下方向にスクロールします。以下の２件の投稿の登録を確認できました。

- 人気エリアのランキング（6月）
- 人気エリアのランキング（5月）

▶ Web APIによる投稿一覧の取得

❶ WebブラウザのURL入力欄を以下のように変更します。

変更前　https://www.staffnet.co.jp/kt-home
変更後　https://www.staffnet.co.jp/kt-home/wp-json/wp/v2/posts

変更後のURLは、投稿一覧を取得するためのリクエストURL「https://<対象サイトのルートURL> /wp-json/wp/v2/posts」に、このサイトを当てはめたものです。

❷ Web APIのレスポンス（JSON形式）が表示されます（図6-11）。

図6-11 **Web APIのレスポンス**

③ このままでは内容が読み取れないので、F12キーを押下してChrome Developer Toolsを起動し、[Network] メニューを選択します。次にF5キーを押下して、リロードを行います。 Chrome Developer Toolsにいくつかの通信履歴が表示されます（図6-12)。

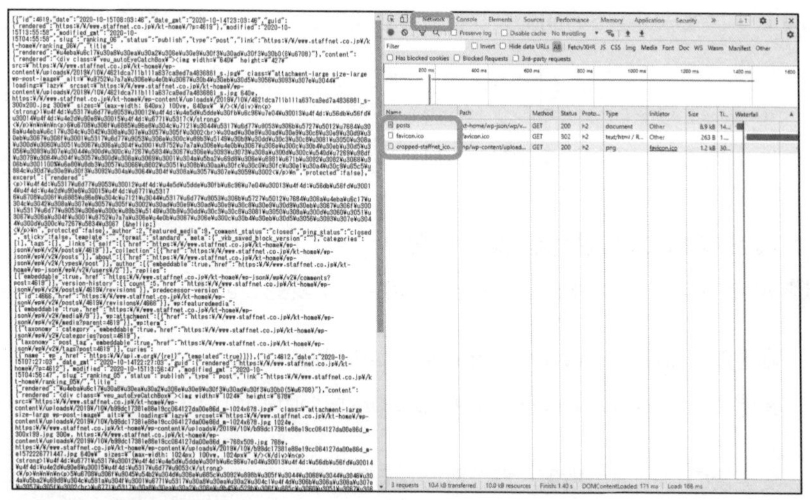

図6-12 **通信履歴の表示**

④ 通信履歴の項目から [posts] を選択後、[Preview] 表示します。ここでpostsは、WordPressのWeb APIからのレスポンスオブジェクト（JSON形式）です。2件のオブジェクトを含んでいます（図6-13)。

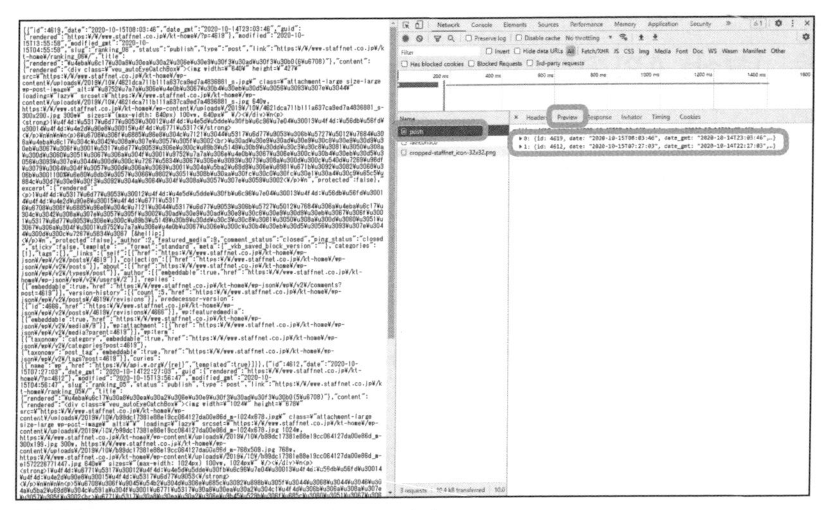

図6-13 Web APIからのレスポンスの内容

❺ 2件のオブジェクトの内容を展開します。展開するには▶マークをクリックします。以下の2件の投稿タイトルが確認できます（図6-14）。

- 人気エリアのランキング（6月）
- 人気エリアのランキング（5月）

これらは、サイトに表示されている投稿タイトルと一致していますので、正常動作が確認できました。

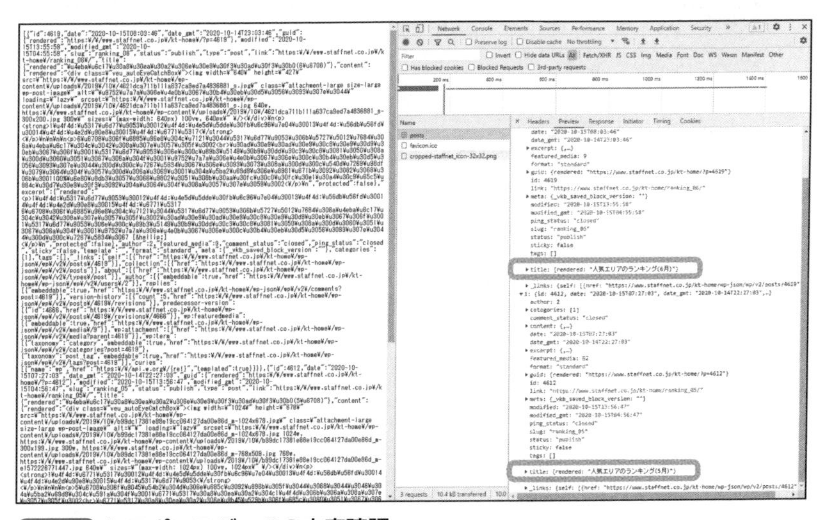

図6-14 レスポンスデータの内容確認

実際にレスポンスされたJSONを見て、Web APIのイメージが少し掴めてきました、

6-3 Web APIのプログラミング

6-3-1 Web APIの呼び出し

Web APIの体験ではWebブラウザを利用しましたが、実際の開発ではJavaScriptのコードからWeb APIを呼び出します。以下の3種類の方法があります。

1. 通信機能をもつブラウザAPIを利用
2. 通信ライブラリを利用
3. フレームワーク内蔵の通信機能を利用

ReactとVueは、通信機能を含まないので、ブラウザAPIの「Fetch」または通信ライブラリの「Axios」、Angularでは、内蔵した通信機能「HttpClientモジュール」を利用することが多いです。どの方法でも、ユーザの操作を妨げないバックグラウンド通信が可能です。

・Fetch API解説ページ
https://developer.mozilla.org/ja/docs/Web/API/Fetch_API

図6-15 Fetch　API解説ページ

・Axios公式サイト　https://axios-http.com/

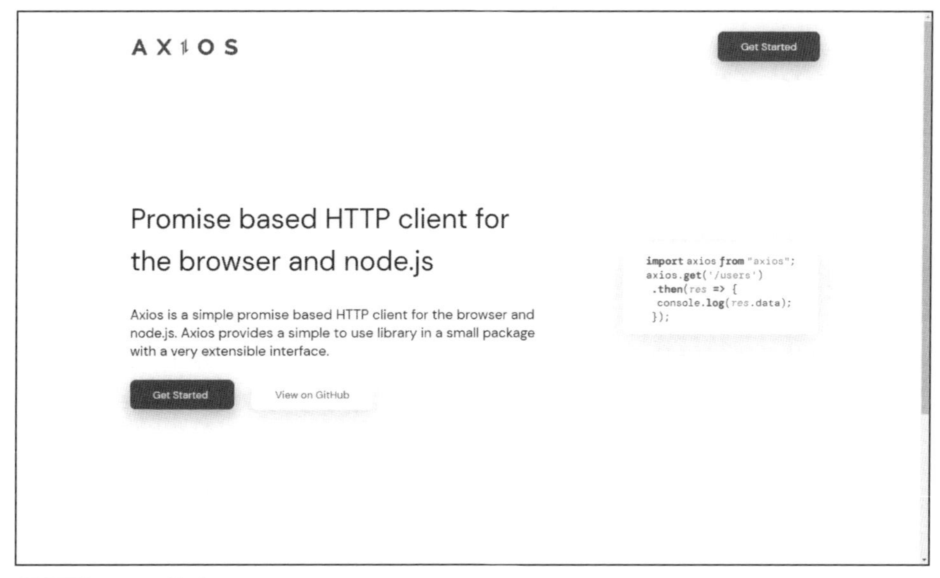

図6-16 Axios公式サイト

・HttpClientモジュールの利用方法（Angular公式サイト内）
https://angular.io/guide/http

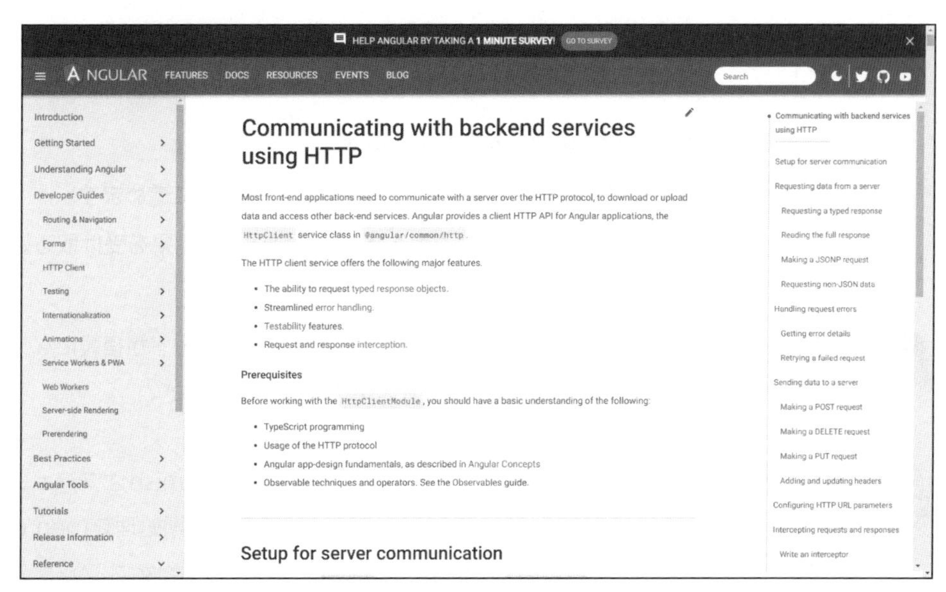

図6-17 HttpClientモジュールの利用方法（Angular公式サイト内）

Angularで内蔵機能を使うのは択一なので悩みませんが、ReactやVueの場合はFetchとAxiosどちらを選択しますか？

FetchとAxiosでは設定するパラメータやエラーハンドリングの挙動が異なります。したがって、Axiosに慣れている場合はAxios、それ以外ではWebブラウザに内蔵されたFetchを選択するのがよいでしょう。

6-3-2 非同期処理

初めてWeb APIのJavaScriptコードを作成するときは、非同期処理に戸惑うかもしれません。JavaScriptのコードは、基本的にシングルタスクで動作します。そのため、Web APIを呼び出した後、レスポンスの受信完了を待つと、その間はアプリ全体が停止してしまいユーザ操作ができなくなります。これでは、折角のバックグラウンド通信が台無しです。その解決法として非同期処理があります。

私がバックエンドでJavaのコードを書いていたときは、1つのタスクで待ちが発生しても、別のタスクには影響しないマルチタスクが当然と思っていましたので、非同期処理のプログラミングは経験ありません。

非同期処理は以下のような動作をプログラミングします。こうすれば、ユーザ操作を妨げません。

1. 「待ちが発生する処理」を呼び出します。
2. 「待ちが発生する処理」の結果を待たずに、処理を次に進めます。
3. 「待ちが発生する処理」が完了すると、その結果を「結果を受け取る処理」が受け取ります。

確かに、このような動作をすれば待ちが発生しませんね。コードが複雑になりそうですが、非同期処理を簡単に記述できるライブラリはあるのですか？

Web APIの呼び出しで利用するFetch APIとAxiosは、Promiseオブジェクトを返します。このPromiseオブジェクトを利用すれば、一連の非同期処理をthenで連結できます。以下の例では、fetch()とresponse.json()が返すPromiseオブジェクトを使って連続した非同期処理のコードを作成しています。

```
fetch("https:/xxxx.xxxx.xxx/xxx/xxx")
  .then(response => response.json())
  .then(data => console.log(data));
//次の処理
```

▶Fetchによる非同期処理の流れ

❶ fetch(" https:/xxxx.xxxx.xxx/xxx/xxx")を呼び出し
❷ 次の処理へ進む
❸ fetchの結果(response)を受け取ると、
then以下の処理を行う（response => response.json()）
❹ 次の処理へ進む
❺ response.json()の結果(data)を受け取ると、
then以下の処理を行う（data => console.log(data)）

Promiseについての詳細は以下のURLで参照できます（図6-18）。

https://developer.mozilla.org/ja/docs/Web/JavaScript/Reference/Global_Objects/Promise

図6-18 **Promiseオブジェクトの詳細**

非同期処理をthenで結ぶというのは、よいですね。直感的に理解できます。

ES2017以降ではthenと同じ処理を、以下のようにasync/awaitを使って記述できるようになりました。

```
async function func01(){
    let response = await fetch("https:/xxxx.xxxx.xxx/xxx/xxx");
    let data = await response.json();
    console.log(data);
}
//次の処理
```

async/awaitについての詳細は以下のURLで参照できます（図6-19）。

・async/awaitの詳細
https://developer.mozilla.org/ja/docs/Web/JavaScript/Reference/Operators/await

図6-19 async/awaitの詳細

asyncとawaitを使うと、＝（イコール）で変数へ代入するような記述になって、馴染みやすいです。非同期処理のコード作成には慣れが必要そうなので、参考サイトを読んで復習しておきます。

なおAngularのHttpClientモジュールは、Promiseとは別の仕組みであるRxJSを使って非同期処理を行います。詳細は以下のURLを参照してください（図6-20）。

・RxJS公式サイト　https://rxjs.dev/

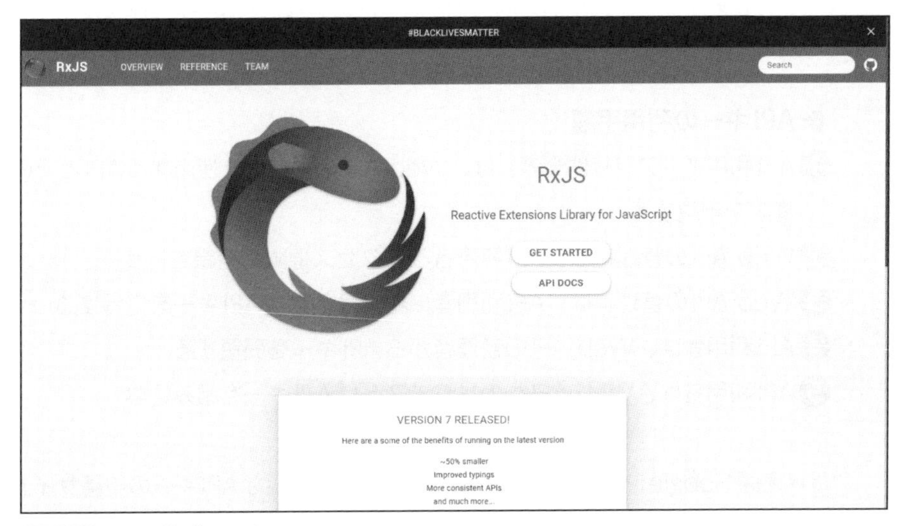

図6-20 RxJS公式サイト

> **MEMO　Service WorkerとWeb Worker**
>
> JavaScriptにもService WorkerとWeb Workerというマルチタスクの動作が可能な実行環境があります。しかし、DOMへのアクセスができないなどの制約があり、メインのJavaScriptコードの非同期処理のために利用することは、基本的にありません。

6-3-3　認証

Web APIでもアクセスを制限するための認証が必要なことがあります。Web APIはプログラム同士がデータを交換しますので、手入力で行われてきたIDとパスワードに代わり、「APIキー」による認証が採用されることが多いです。

どんな認証方法ですか？

APIキーによる認証は以下の特徴を持っています。

- APIキーは、容易に推測できない数十文字以上の長さを持つ文字列です。
- Web APIへリクエストする度にAPIキーを組み込みます。
- APIキーは、外部に漏洩しないよう秘密にしておく必要があります。
- セキュリティ強化のため、APIキーと署名などを組み合わせることがあります。

▶APIキーの利用手順

❶API利用者（アプリ開発者）は、Web APIの管理者に使用するAPIとそのアクセス権限を申請する
❷Web APIの管理者は、API利用者とアクセス権限の登録を行う
❸Web APIの管理者は、API利用者に紐付けられたAPIキーを発行する
❹API利用者は、Web APIの管理者からAPIキーを受領する
❺API利用者は、Web APIへのリクエストにAPIキーを組み込む

たとえばGoogleマップを使った商用サービスに必要なAPIキーの申請サイトは以下になります（図6-21）。

https://www.zenrin-datacom.net/business/gmapsapi/api_key/

図6-21 Googleマップを使った商用サービスに必要なAPIキーの申請サイト

Web APIではAPIキーで認証ですね。覚えておきます。

注意

APIキーの組み込み方法

Web APIのリクエストにAPIキーを組みこむ方法として、以下のようにURLパラメータとして組み込むことがあります。

https:/xxxx.xxxx.xxx/xxx/xxx? key=akfofikfjslslsflsuewoiewoio

しかし、この方法ではWeb APIのアクセスログにAPIキーがそのまま記録されます。たとえば、Webサーバーの運用を外部に委託している場合、セキュリティ上の問題となることがあります。対策として別の認証方式と組み合わせる多要素認証などを利用します。

6-3-4 クロスドメインの制約

ユーザがWebページを直接操作（リンクやボタンのクリックなど）する場合、世界中のサイトに自由に接続することができます。一方、Web APIの利用は、プログラム同士がバックグラウンド通信で行い、ユーザが意識することがありません。そのため、セキュリティ上の観点から、Fetch API、Axios、AngularのHttpClientモジュールなどは、デフォルトでは他ドメインと通信ができない仕様になっています。これを「クロスドメインの制約」と呼びます。しかし、セキュリティを確保しつつ異なるドメイン間の通信が必要になることがあります。このような場合、CORS（コルス：Cross-Origin Resource Sharing）という仕組みを理解しておく必要があります。

・CORS詳細
https://developer.mozilla.org/ja/docs/Web/HTTP/CORS

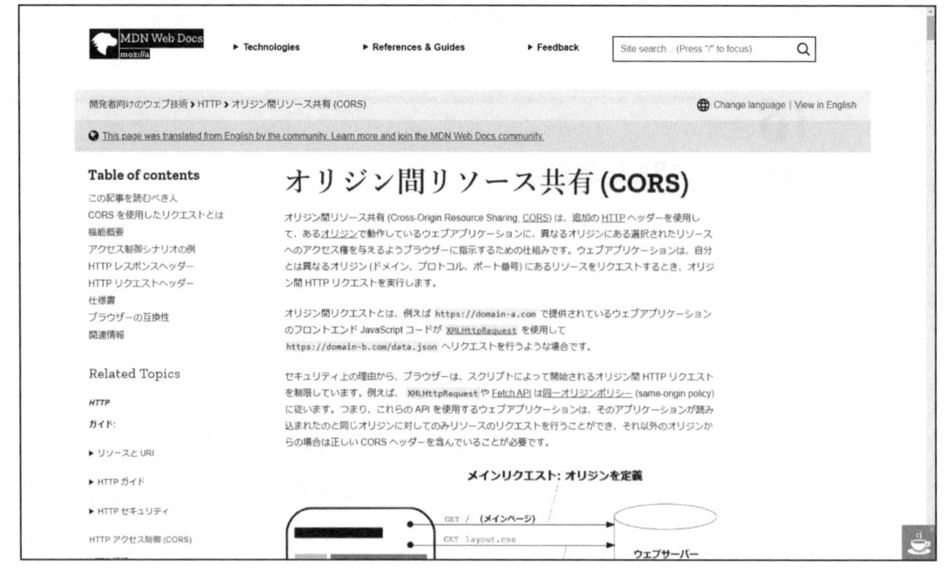

図6-22 CORS詳細

「おっと」思わぬ落とし穴ですね。バックグラウンド通信に通信先の制約があるとは知りませんでした。知らないまま開発したら、大変になるところでした。CORSの説明を、しっかり読んでおきます。

> **MEMO クロスドメインの制約の対象**
>
> 実行中のプログラムをロードしたURLと通信先のURLを比較して制約の有無が決定されます。ドメインだけでなく、スキーム（httpまたはhttps）、ホスト名、ポート番号も比較対象です。

6-4 6章まとめ

▶概要

- 最新のフロントエンド技術ではネットワーク経由でWeb APIを利用できる。
- Web APIはシステム内のデータ交換または外部のデータサービス利用に使われる。
- Web APIの基本ルールとしてREST-APIが普及している。

・REST-APIはURLでリクエストの対象を指定し、処理の種類をHTTPメソッドで表す。

▶ プログラミング

・Web API呼び出しに、ReactとVueではFechまたはAxios、Angularでは内蔵の通信機能がよく利用される。

・Web APIをバックグラウンドで利用するときは、非同期処理のコード作成が必要になる。

・Web APIの認証はAPIキーで行われることが多い。

・バックグラウンド通信にはクロスドメインの制約がある。

Part

03

フロントエンド
技術の導入

第7章 導入のポイント

7章では、ここまで学習してきた知識を、開発の現場に導入する際のポイントを紹介します。せっかくの最新技術も開発チームへ展開できなければ「絵に描いた餅」です。技術導入の初期段階で悩まされることが多い2つのテーマを解説します。

1. 実践的開発スキルの導入
2. 安定した開発環境の導入

7-1 実践的開発スキルの導入

7-1-1 スキル導入時の課題

青木さんは今回学習した知識を、社内の開発チームへ展開する予定だと言っていましたが、どのような方法を考えていますか？

この個別オンライン研修の資料を、開発メンバーに読んでもらい、その質問に対するサポートを私が担当する予定です。

残念ながら、青木さんが計画している「各人が資料で学習」は、自分が興味を持ったテーマを独学するのに向いていますが、会社として開発チームに効率良く実践的スキルを導入するには、お奨めできない方法です。同じように「各人が資料で学習」する方法

を行った結果、技術の導入が止まった事例をたくさん見てきました。原因は以下のようなものです（図7-1）。

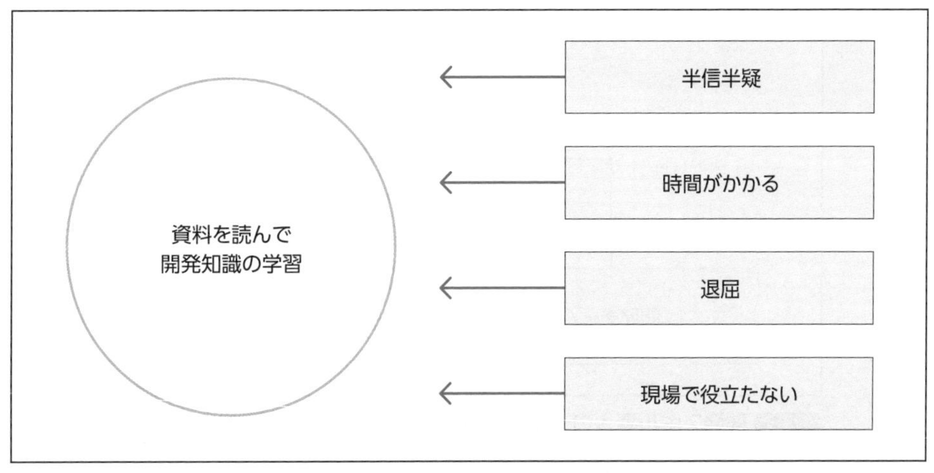

図7-1 資料で学習する方法の課題

- この技術に対して半信半疑で関心が低く、学習する動機付けがない
- 学習範囲が広くて時間がかかるので、抱えている仕事の合間で独学するのが困難
- 知識だけでは、学習しても興味が湧かず退屈してしまう
- 現場で役立つ実践スキルを習得できない

青木さんがこのオンライン研修を始めた頃を思い出してください。この技術に対して、今のような前向きな気持ちではなかったはずです。

言いにくいことですが、前向きではありませんでした。正直なところ、課長の丸山に押し切られ、仕方なくこのオンライン研修に参加しました。そのときは、半信半疑で関心も低かったと思います。確かに、そんな状態で仕事の合間に資料を読んで学習してもらうのは難しいですね。

7-1-2　効果的なスキル導入

開発スキルの導入例について解説します。あくまでも例ですので、青木さんの開発チームの環境に合わせてカスタマイズしてください。また、この例は部署をまたがる体制を必要としますので、関連する部署やマネージメント層に説明を行い、事前承認を受ける

必要があります。まず、社内を3つのグループに分けて考えます（図7-2）。

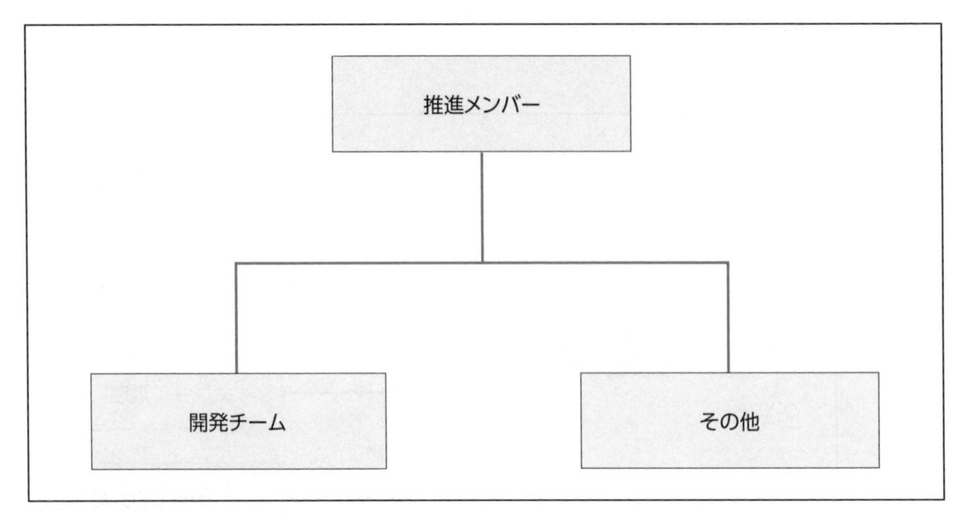

図7-2 開発スキル導入のグループ分け

1.推進メンバー
モダンWebの開発スキルを社内に展開するメンバー

2.開発チーム
これからモダンWeb開発スキルを修得するエンジニア

3.その他
モダンWebの開発を直接行わない管理職、営業職、企画職など

推進メンバーはどうやって選出するのですか？

まず、推進リーダーを選出します。モダンWeb開発経験者がいればその開発者を、いない場合はモダンWebの基礎知識を学習済の開発者をリーダーとします。ほかの推進メンバーは、従来型Webの開発経験者であれば、基礎知識を学習することを前提として参加可能です。推進メンバーの人数は1名～数名程度になることが多いです。推進メンバーだけでは社内を牽引する力に不安があるときは権限のある管理職、技術力に不安があるときは外部のモダンWeb開発経験者に参加してもらいます。

開発チームの学習方法は変わるのですか？

大きく変わります。資料を読んで学習する方法は以下の順番でした。

1. 資料を読んで基礎知識を習得
2. サンプルコードを作成
3. 実践的なコードを作成

この順序を逆転して学習します。

1. モダンWeb開発者向け説明会で実践的コードを学習
2. 各人で検証アプリのコード確認
3. 資料を読んで基礎知識を再確認
4. 検証アプリをカスタマイズして独自のデモアプリ作成

「モダンWeb開発者向け説明会」について教えてください。

以下の2つを行います。

1. モダンWeb技術の解説
   (内部の仕組み、未知の概念、フレームワーク独自の記述方法など)
2. 検証アプリの仕様とコード説明

「検証アプリ」とは何ですか？

推進メンバーのスキル蓄積、開発チームの学習教材を目的としたサンプルアプリです。開発チームの学習開始前に、推進メンバーが作成します。自社で開発済のシステムの一部機能を抜き出したサブセット版をモダンWeb化することが多いです。検証アプリ作成を通じて、基礎知識だけだった推進メンバーは、実践的開発スキルを習得します。

確かに実際に稼働しているシステムのサブセットをベースにした教材であれば、従来型Webと比較してモダンWebの価値もわかりやすいし、「半信半疑」「退屈」「現場で役立たない」という課題は解決します。また、「時間がかかる」も、動作する完成版から学習を開始するので、あまり感じないと思います。「その他」グループの役割は何ですか？

「その他」グループは、市場や顧客からモダンWebに対する具体的なニーズ（こんな機能が欲しい、こんな用途に使いたいなど）を集めます。これらのニーズを、開発チー

ムが行う「独自のデモアプリ作成」に反映することで、ビジネスと学習が連動します。

良く練られた仕組みですね。推進メンバーの頑張りが重要そうですね。

ここまでの内容を図にまとめると以下のようになります（図7-3）。点線で囲まれた部分は、各グループが連携する箇所です。

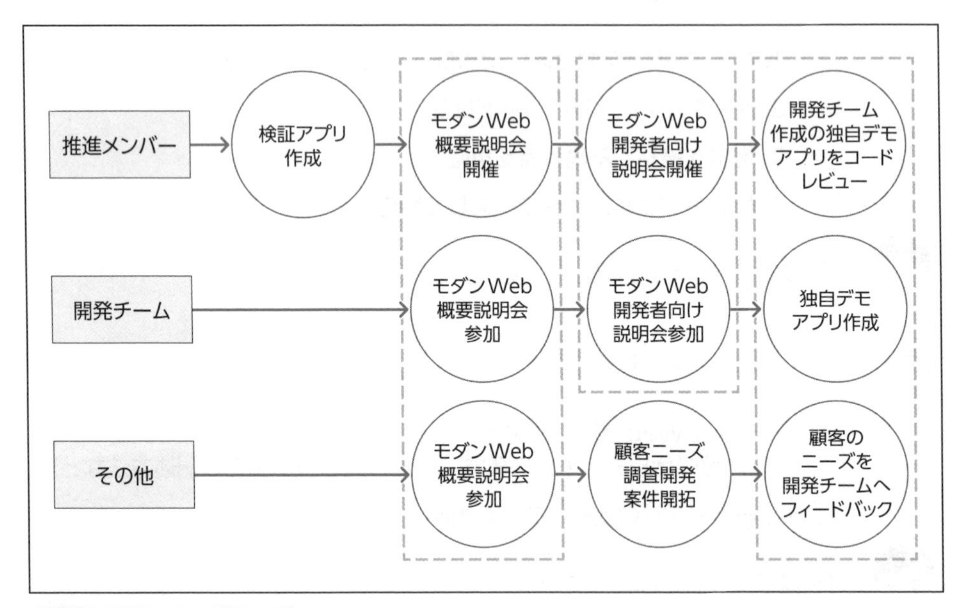

図7-3 開発スキル導入の流れ

中央にある「モダンWeb概要説明会」とは何ですか？

推進メンバーが、モダンWebの概要説明と検証アプリのデモを、社内の関係者全員に対して行います。社内でモダンWebの価値を共有することが目的です。また、「その他」グループは、この説明会の情報を元に、顧客へモダンWebの説明とニーズの調査を行います。

私のスキル導入計画よりも、こちらの方法が圧倒的に良いです。これを参考に、計画を再検討します。

繰り返しになりますが、事前承認を忘れずに受けてください。

7-2 安定した開発環境の導入

7-2-1 バージョン管理の必要性

スキル導入の次は、開発環境の導入について解説します。npmやnode.jsでは、セマンティックなバージョン表記が使用されています（図7-4）。この表記では、バージョン番号は単にリリースした順番に通し番号をつけるのではなく、互換性の観点から意味を持たせています。

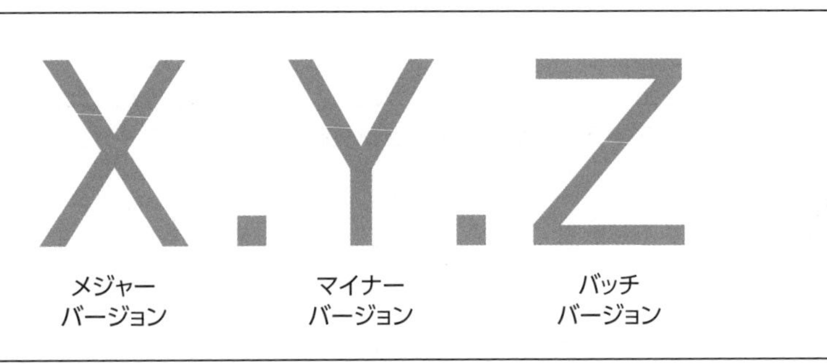

図7-4 セマンティックなバージョン表記

3つの数字がピリオドで区切られ、左から順に「メジャーバージョン」、「マイナーバージョン」、「パッチバージョン」と呼びます。それぞれのバージョンは、以下の意味を持ちます。

- メジャーバージョン
  互換性がない、機能の追加・変更を行ったときに変更します
- マイナーバージョン
  互換性を保った、機能の追加・変更を行ったときに変更します
- パッチバージョン
  互換性を保ち、かつ機能の追加・変更がない、バグ修正やリファクタリングを行ったときに変更します

詳細は以下のURLを参照してください（図7-5）。

- セマンティックなバージョン表記　https://semver.org/lang/ja/

العربية (ar) Български (bg) català (ca) čeština (cs) Deutsch (de) English (en) español (es) فارسی (fa) français (fr) עברית (he) हिन्दी (hin) hrvatski (hr) magyar (hu) Հայերեն (hy) bahasa Indonesia (id) italiano (it) 日本語 (ja) ქართული (ka) taqbaylit (kab) 한국어 (ko) Nederlands (nl) polski (pl) português brasileiro (pt-BR) Română (ro) русский (ru) slovensky (sk) slovenščina (sl) svenska (sv) Türkçe (tr) українська (uk) vietnamese (vi) 簡体中文 (zh-CN) 繁體中文 (zh-TW)

2.0.0

セマンティック バージョニング 2.0.0

概要

バージョンナンバーは、メジャー.マイナー.パッチ とし、バージョンを上げるには、

1. APIの変更に互換性のない場合はメジャーバージョンを、
2. 後方互換性があり機能性を追加した場合はマイナーバージョンを、
3. 後方互換性を伴うバグ修正をした場合はパッチバージョンを上げます。

プレリリースやビルドナンバーなどのラベルに関しては、メジャー.マイナー.パッチ の形式を拡張する形で利用することができます。

導入

ソフトウェア・マネージメントの世界には、「依存性地獄」と呼ばれる恐ろしいものがあります。あなたのシステムが大きく成長すればするほど、さまざまなパッケージを組み込めば組み込むほど、自分が地獄の底にいることにいつか気づくでしょう。

多くの依存性を有しているシステムにとって、新しいバージョンがリリースされることは悪夢でしかありません。厳密に依存関係を指定してしまうと、システムはバージョン・ロック（すべての依存パッケージを新しくしない限り、アップグレードできないこと）の危機にさらされてしまいます。反対に、依存指定を緩く管理しすぎると、バージョンが複雑に絡まり合い、痛い目にあうことは避けられないでしょう（合理性よりも将来のバージョンとの互換性を気にすることになる）。依存性地獄とは、あなたのプロジェクトでバージョン・ロックまたはバージョン混乱に陥ることで、プロジェクトに支障をきたすことを指します。

この問題の解決策として、私はシンプルなルールセットとバージョン・ナンバーをどのように割り当て、バ

図7-5 セマンティックなバージョン表記

セマンティックなバージョン表記、わかりやすいですね。

しかし、このバージョン表記には、理想と現実のギャップがあります。本来であれば、パッチバージョンとマイナーバージョンは変更されても互換性が保持されているはずです。一方で、現実では異なるケースに遭遇することがあります。たとえば、定数値のスペルミス、仕様に準拠していない機能などの修正はバグとして扱われ、パッチバージョンが上がるだけです。しかし、動作が変化して互換性が保持されず、アプリが動作しなかったり、開発ツールが不具合を起こしたりすることがあります。

パッチバージョンのレベルまで注意しないと、開発環境の安定性が維持できないということですね。

その通りです。しかし、node.jsやnpmパッケージのインストールはデフォルトで最新バージョンを利用します。そのままでは、パッチバージョンのレベルで管理できません。対策としてnode.jsやnpmのパッケージは、正常動作が確認されたバージョンを指定してインストールして、開発チーム内で1つのバージョンに揃えます。バージョンを指定したインストール方法は次に説明します。

7-2-2 node.jsインストールのバージョン指定  体験

node.jsは以下のように、頻繁に更新が行われています（表7-1）。

表7-1 node.jsのバージョン履歴

Node.js 16.9.0	2021/09/07
Node.js 16.8.0	2021/08/25
Node.js 16.7.0	2021/08/18
Node.js 16.6.2	2021/08/11
Node.js 16.6.1	2021/08/03
Node.js 16.6.0	2021/07/29
Node.js 16.5.0	2021/07/14
Node.js 16.4.2	2021/07/05
Node.js 16.4.1	2021/07/01
Node.js 16.4.0	2021/06/23

そして、公式サイトのトップページからは最新バージョンのインストーラーがダウンロードされるようになっています。そのため、インストールする時期により異なるバージョンがインストールされてしまいます。バージョンを厳密に管理するには、２つの方法があります。

1. バージョンを指定したインストーラーのダウンロード
2. nvm（node version manager）の使用

▶バージョン指定したインストーラーの取得方法

❶node.js公式サイトのダウンロードページを開きます（図7-6）。
https://nodejs.org/ja/download/

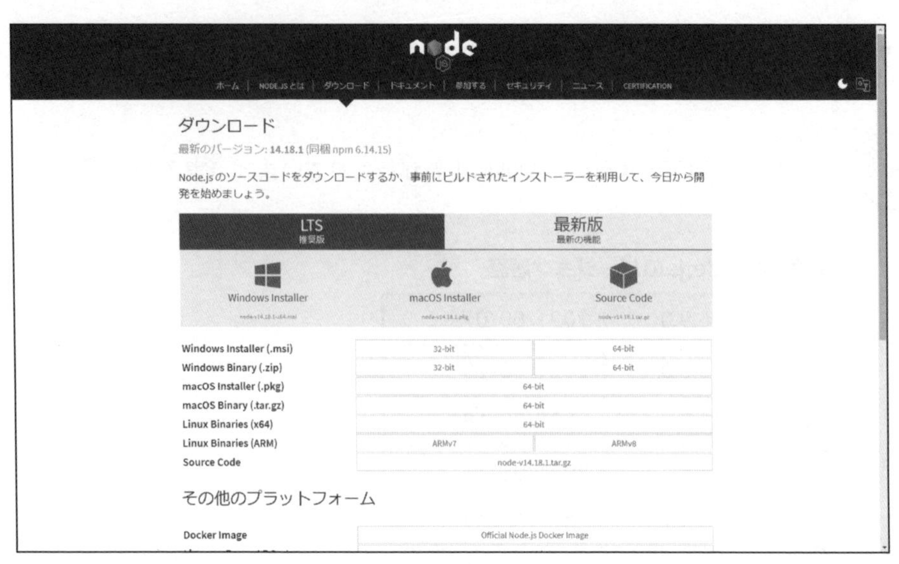

図7-6 node.jsダウンロードページ

❷ページを下方向にスクロールして「バージョンの一覧」のリンクをクリックします(図7-7)。

図7-7「バージョンの一覧」リンクをクリック

❸これまでリリースされたバージョンの一覧が表示されます(図7-8)。一覧より古いバージョンを入手したいときは、一覧下部のページ送りのリンクをクリックします。入手したいバージョンの「ダウンロード」リンクをクリックします。

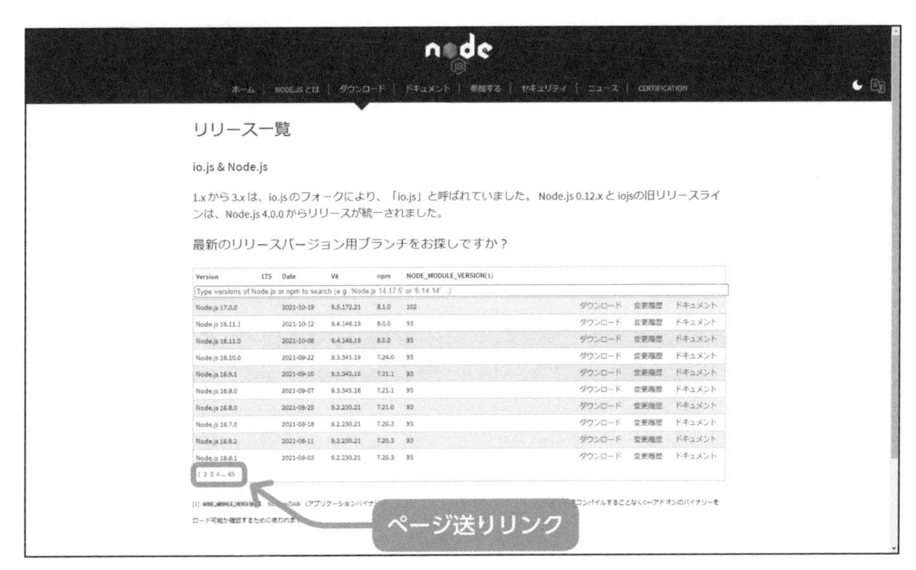

図7-8 **バージョンの一覧**

❹指定したバージョンのインストーラーファイル一覧が表示されます（図7-9）。必要なファイルのリンクをクリックすると、該当バージョンのインストーラーを入手できます。たとえば、Windows 64ビット版用のインストーラーは「node-v16.6.1-x64.msi」です。

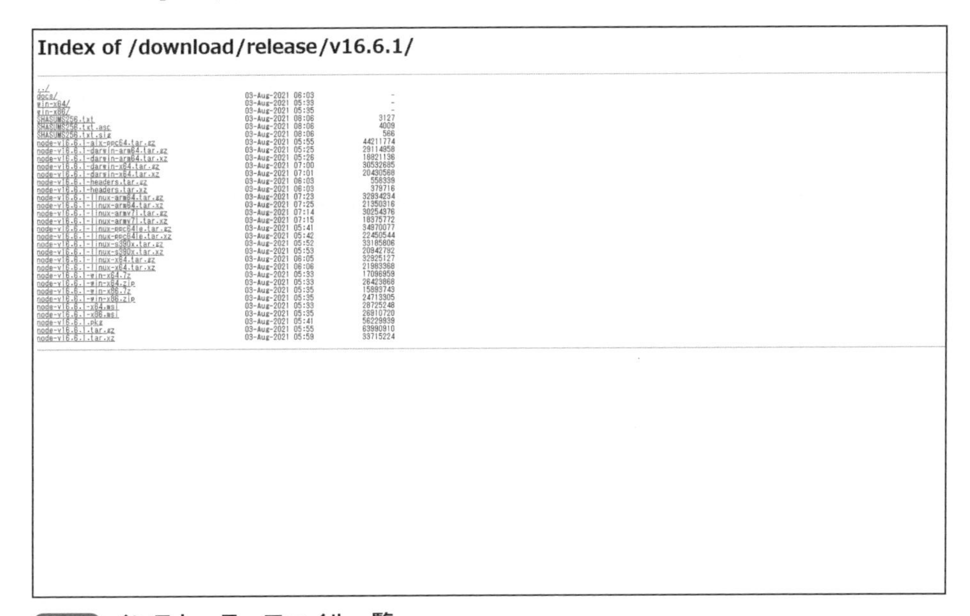

図7-9 **インストーラーファイル一覧**

▶nvmの使用

nvmを使用すると複数のnode.jsのバージョンを切り替えて利用できます。インストール手順は以下のサイトを参照してください（図7-10～7-11、Windows用）。

- WindowsでのNodeJSのインストール
  https://docs.microsoft.com/ja-jp/windows/dev-environment/javascript/nodejs-on-windows

図7-10 WindowsでのNodeJSのインストール

- nvm-windowsのGitHub
  https://github.com/coreybutler/nvm-windows#node-version-manager-nvm-for-windows

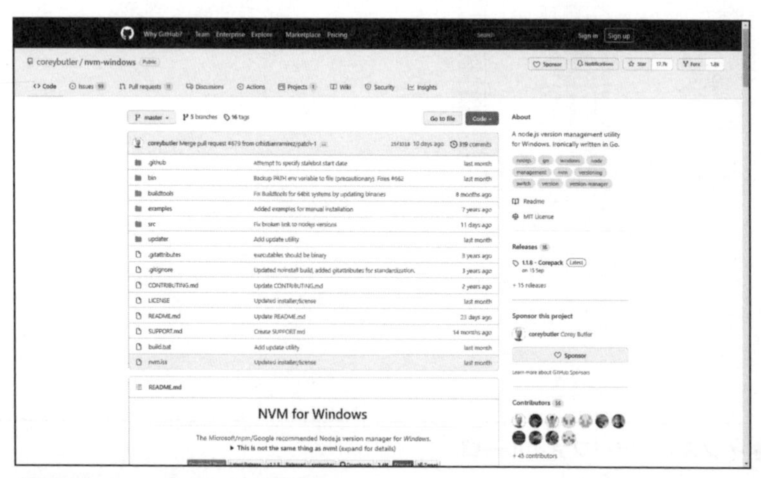

図7-11 nvm-windowsのGitHub

7-2-3 npmインストールのバージョン指定

以下のコマンドでnpmパッケージをインストールすると、その時点での最新版がインストールされます。

```
npm install <パッケージ名>
```

一方、以下のコマンドでnpmパッケージをインストールすると、指定したバージョンのパッケージがインストールされます。

```
npm install <パッケージ名>@<バージョン>

//例: パッケージ名 package01のバージョン1.2.3をインストール
npm install package01@1.2.3
```

詳細は以下のURLを参照してください（図7-12）。

- npm installコマンド
  https://docs.npmjs.com/cli/v7/commands/npm-install

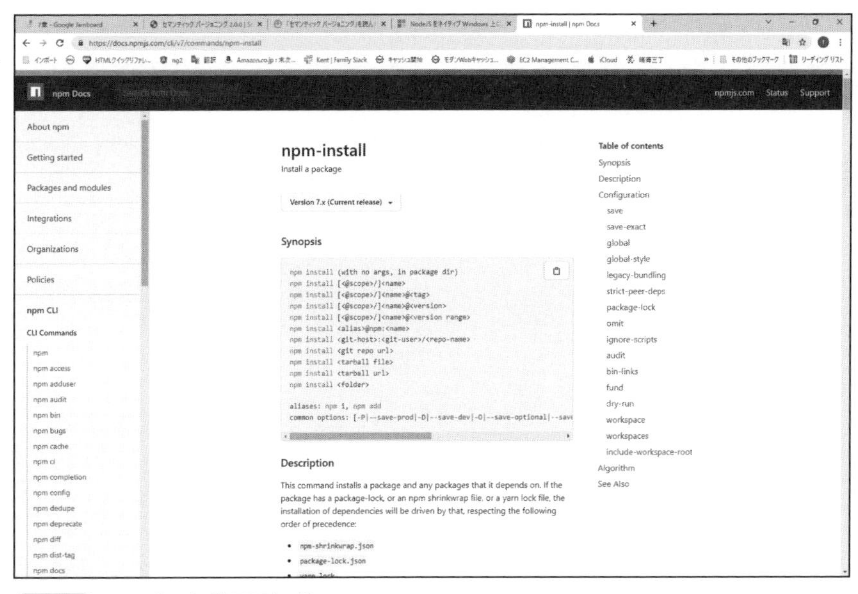

図7-12 npm installコマンド

何も知らずに開発環境を導入したら、バージョン表記の理想と現実のギャップが生む落とし穴に、あやうく落ちてしまうところでした。ありがとうございます。

7-3 7章まとめ

▶スキル導入

・開発チームのスキル導入に、各人が自主的に資料で学習する方法では課題がある。

・効果的なスキル導入には、それを牽引する推進メンバーと体制が必要である。

・検証アプリの開発で、推進メンバーのスキル蓄積と開発チームの実践的教材作成が同時できる。

・開発チーム以外のメンバーも参加して顧客ニーズ調査をすると、学習とビジネスを連携できる。

▶開発環境の導入

・node.jsやnpmのインストールは、パッチバージョンの変更でもトラブルになることがある。

・バッチバージョンレベルのバージョン管理を行う必要がある。

第 8 章 お役立ち情報

最終章の8章では、モダンWeb学習の開始時に役立つ、2つのテーマを扱います。

1. よくあるトラブルと解決策
2. フレームワーク可視化ツール

8-1 よくあるトラブルと解決策

8-1-1 技術情報をうまく検索できない

[トラブルの内容]

モダンWeb学習時に、サンプルコードが欲しくなったり、エラーの対処方法がわからなかったりしたとき、インターネット検索をすると思います。しかし、フロントエンド技術は進化がとても速いため、インターネットでキーワード検索しただけでは、古い情報が混在してしまい、サンプルコードが動作しなかったり、操作手順が変わっていたり、使用しているAPIが非推奨になっていたりすることが珍しくありません。さらに、リリースされたばかりの機能については検索にかからないことさえあります。

[解決策]

通常のインターネット検索が、うまくいかないと感じたときは、以下の方法を試すと解決するかもしれません。

▶フロントエンド技術全般についての情報入手

MDN Web Docsをサイト内検索します。キーワードを入力すると候補一覧が表示されます。(図8-1)。このサイトは、内容が充実している上、更新が頻繁に行われています。

・MDN Web Docs　https://developer.mozilla.org/ja/docs/Web

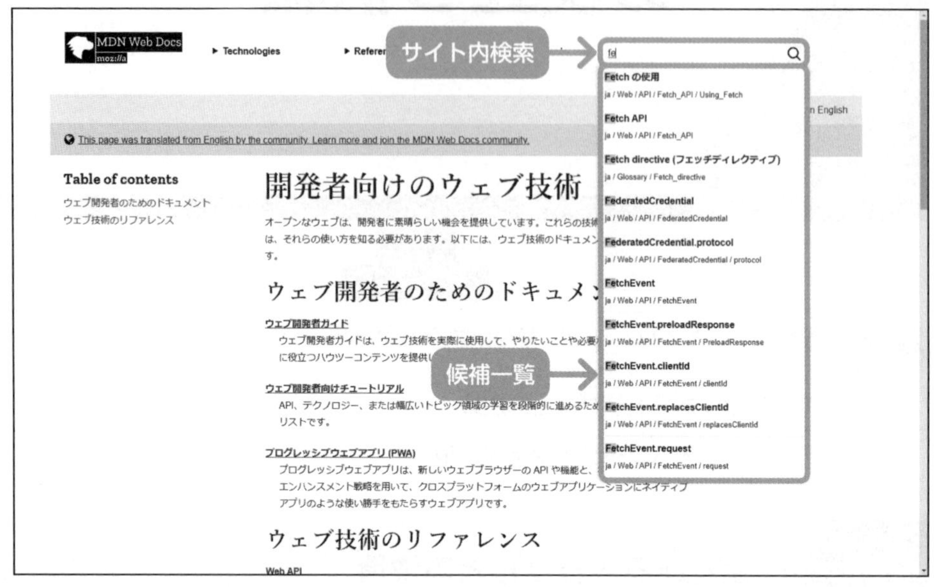

図8-1 MDN Web Docsをサイト内検索

また、各文書の末尾で、最終更新日を確認できます（図8-2)。

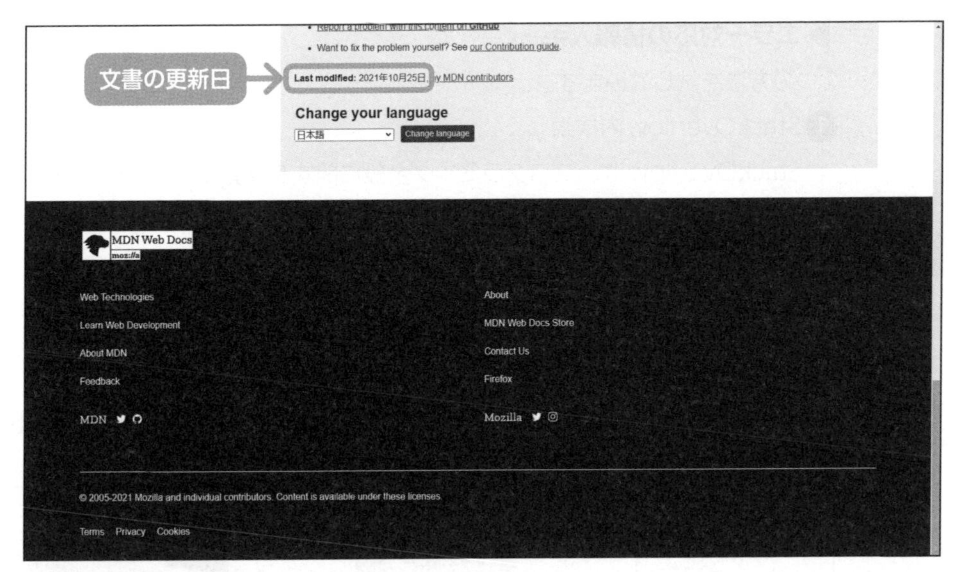

図8-2 文書の更新日

▶ライブラリやフレームワークについての情報入手

ライブラリやフレームワークの公式サイトは、基本的に最新情報を提供しているので、このサイト内を検索します。たとえば、Reactの場合は以下のように、トップページの検索ボックスにキーワードを入力すると、候補が表示されます（図8-3）。

・React公式サイト　https://ja.reactjs.org/

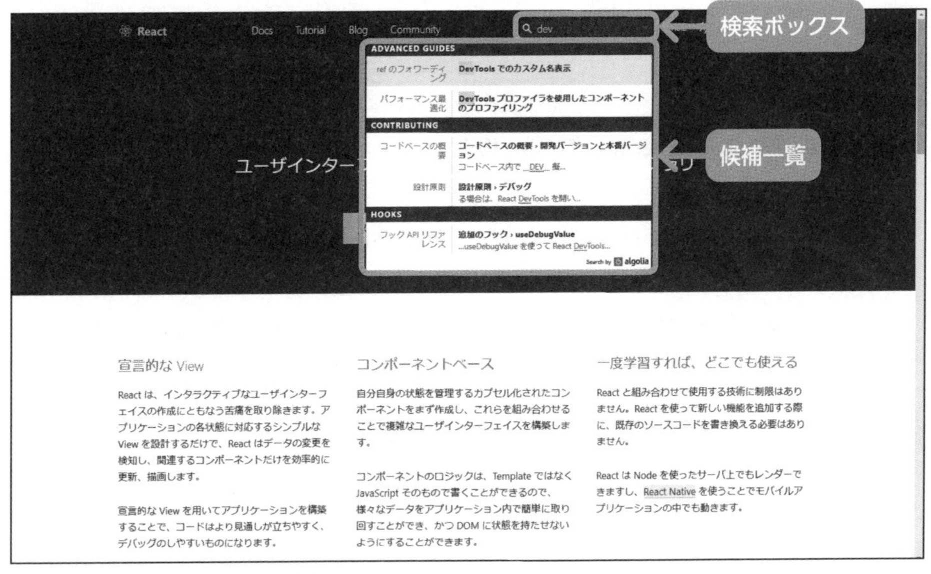

図8-3 React公式サイト内検索

▶エラー対応の情報入手

2つの方法を試してみます。

❶StackOverflow内検索

StackOverflowは、プログラミング全般に関する情報コミュニティ（Q&Aサイト）です。フロントエンド技術についても幅広く扱っています。注目すべきは、回答にコミュニティメンバーからの点数がついていて信頼度の参考になること、古くなった回答が更新されているケースが多いことです。検索ボックスにキーワードを入力して、エラー対応の方法を探します（図8-4）。

・StackOverflow　Q&A一覧　　https://stackoverflow.com/questions

図8-4 StackOverflowのQ&A検索

❷該当ライブラリやフレームワークのissuesを検索

該当ライブラリやフレームワークのissuesは、最新のトラブル情報を提供しているので、その中を検索します。たとえば、Reactの場合は以下のように、issue一覧ページの検索ボックスにキーワード（エラーメッセージ、エラーコード等）を入力して、エラー対応の方法を探します（図8-5）。

・React issue一覧ページ　https://github.com/facebook/react/issues

図8-5 React issuesを検索

これらの検索方法を使えば、最新かつ信頼できる情報を入手できそうです。通常のインターネット検索でうまく行かないときは、試してみます。

8-1-2 コンポーネント分割の単位に悩む

[トラブルの内容]

React、Angular、Vue のいずれのフレームワークも 画面を分割して開発できるコンポーネントをサポートしています。 従来型Webではなかったものなので、フレームワークを学習する初期段階でコンポーネントを分割する単位で悩む人が多いです。

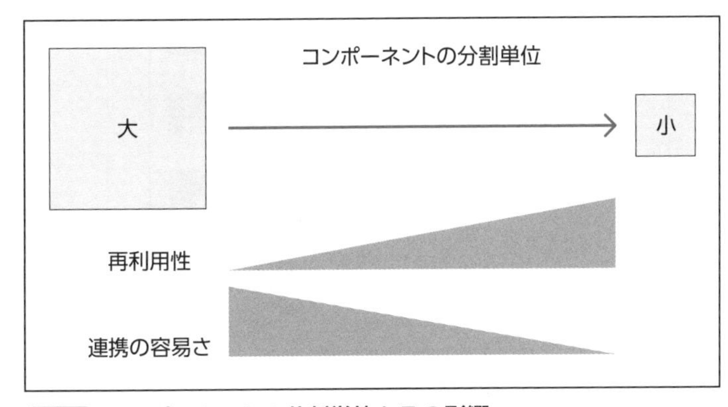

図8-6 コンポーネントの分割単位とその影響

03

コンポーネントは、分割単位を小さくするほど再利用性は向上します。たとえば、入力ボックスやリンク、見出しなど最小単位でコンポーネントを分割すると、別のページで再利用できる可能性が高くなります。一方で、分割単位を小さくするほど、1つの画面を構成するファイルの数が増えて管理が煩雑になり、コンポーネント間の連携も複雑になります。適度なバランスで分割する必要があります。

[解決策]

以下は、分割の考え方の一例です。「候補の洗い出し」、「分割の判断」の2ステップで行います。開発するアプリの内容に応じてカスタマイズしてください。

[ステップ1] 分割の候補の洗い出し

1. 複数画面に同じ表示ブロックが存在する（図8-7）

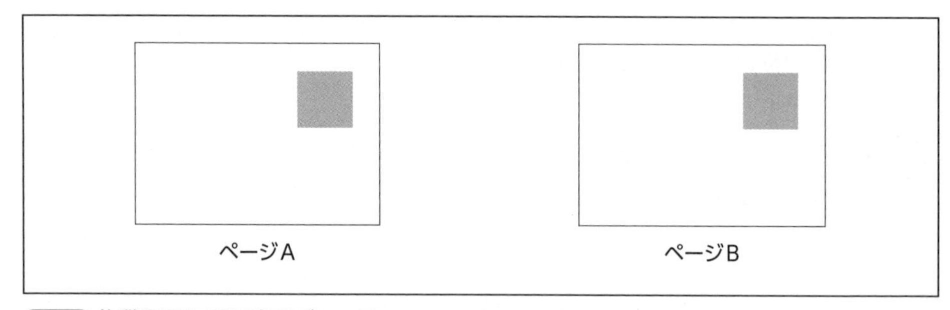

図8-7 複数画面に同じ表示ブロック

2. 同一画面に同じ表示ブロックが複数存在する（図8-8）

図8-8 同一画面に同じ表示ブロック

3. 同一画面に異なる表示内容のブロックが存在する（図8-9）

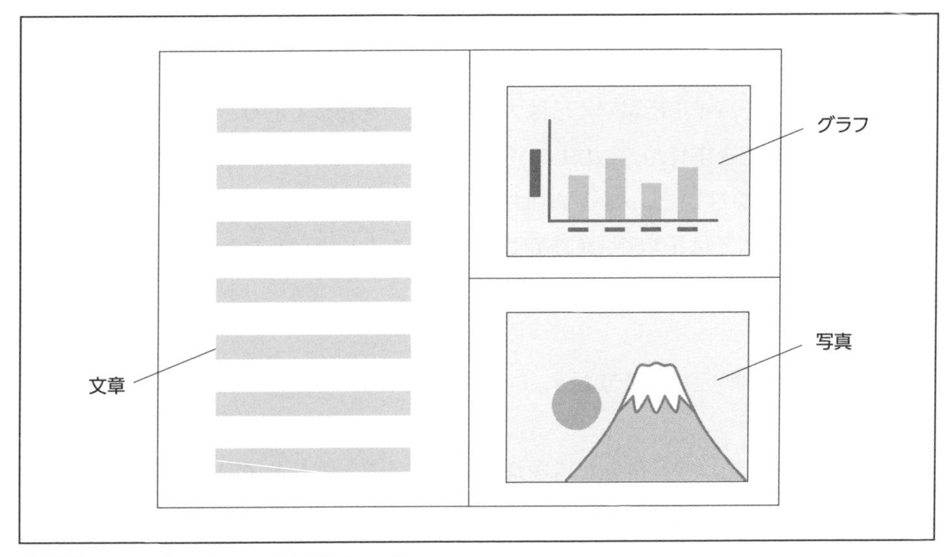

図8-9 同一画面に異なる表示内容のブロック

4. 頻繁に変更される表示ブロックが存在する（図8-10）

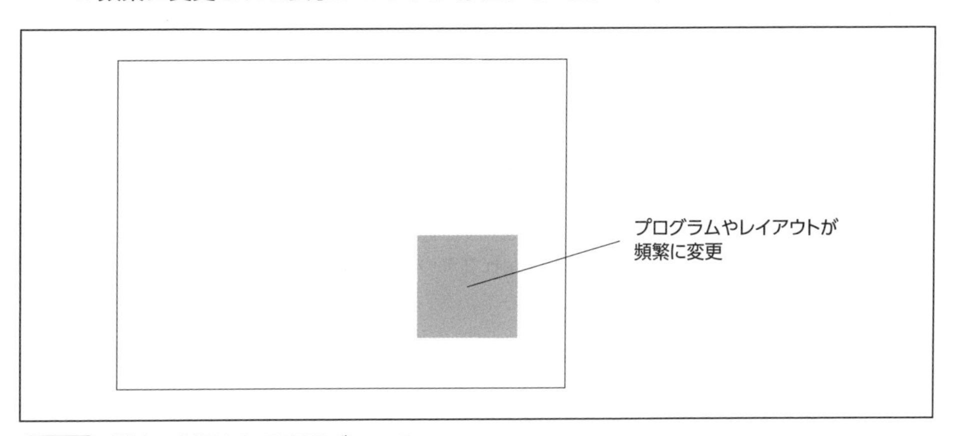

図8-10 頻繁に変更される表示ブロック

▶ [ステップ2] 分割の判断

「分割の候補」を分割した場合の効果を検討し、有効と判断できる場合のみ分割

コンポーネント分割について、このような基本的なガイドラインがあると助かります。これを参考に社内開発チーム向けのガイドラインを作ってみようと思います。

8-1-3 iPhoneだけアプリが動作しない

[トラブルの内容]

国内のモバイル市場でiOSは大きなシェアを持っており、モダンWebの学習においても無視できません。しかし、iOS版Webブラウザには特別な制約があります。これを知っていないと、同じWebアプリを同じWebブラウザで表示させているのに、Androidでは正常で、iOSでは全く動作しないといったトラブルが発生することがあります。

特別な制約とは何ですか？

Appleは、iOS（iPadOSを含む）にインストールするWebブラウザに対し、Appleが指定したJavaScript実行エンジン（Webkit）を使用するように開発者向けガイドラインで定めています（本項のメモを参照）。つまり、各Webブラウザ開発元は、Android版と見た目は似ていても、仕様が異なるiOS版Webブラウザを提供しています（図8-11）。

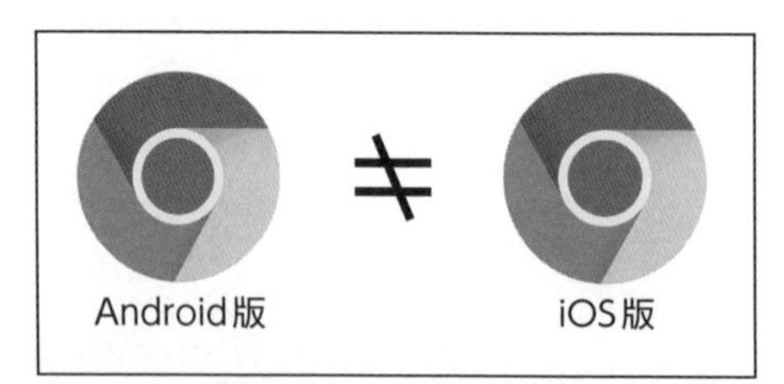

図8-11 iOS版とAndroid版Webブラウザの仕様は異なる

たとえば、iOS版Google Chromeは、Android版Google ChromeがサポートするブラウザAPIの一部をサポートしなかったり、動作が異なったりします。さらに、iOS版Google Chromeは、iOS標準のWebブラウザであるSafariとも動作が異なることがあります。

[解決策]

同じ種類のWebブラウザであってもiOS版は仕様が異なることを前提に、設計段階からサポートしているAPIの確認や動作確認を行います。

このことは全く知りませんでした。知っていないと混乱すると思います。

iOS版Webブラウザに対するガイドライン

引用元に以下の項目が明記されています。

2. Performance
2.5 Software Requirements
2.5.6 Apps that browse the web must use the appropriate WebKit framework and WebKit Javascript.

[日本語訳]
Webを閲覧するAppでは、適切なWebkitフレームワークとWebKit Javascriptを使用する必要があります。

[引用元]
・App Store Review Guidelines
https://developer.apple.com/app-store/review/guidelines/

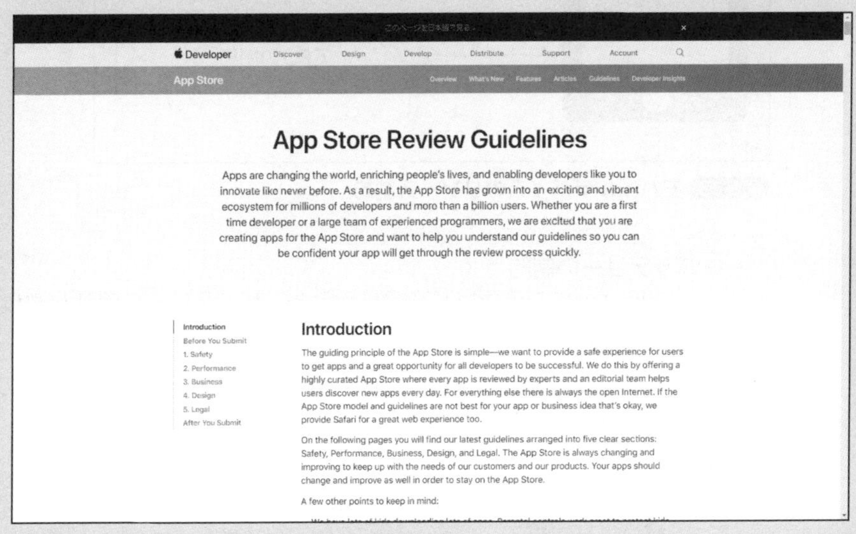

図8-12 App Store Review Guidelines

8-1-4 モバイルデバイスで動作に問題がある

[トラブルの内容]

最新のフロントエンド技術では、ブラウザAPIを使って画像処理やバックグラウンド通信など高度な処理が可能になりました。モダンWeb学習の開始時は、このような顧客の目を引く機能を使ってアプリを作ることがよくあります。しかし、これらのデモから商談へ進むところで止まった例を多く見てきました。原因は、モバイルデバイスのリソース制約です。

リソース制約とは何ですか？

モバイルデバイスのリソース制約には、以下のようなものがあります（図8-13)。

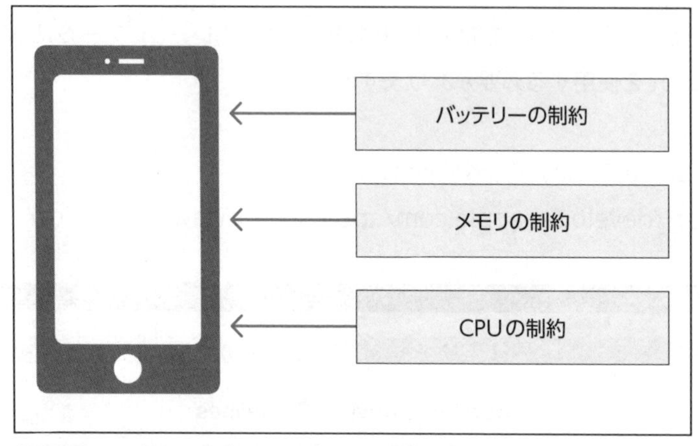

図8-13 **モバイルデバイスのリソース制約**

- **バッテリーの制約**
  常時バックグラウンド通信を行うと、バッテリーの消耗が激しすぎる
- **メモリの制約**
  カメラで撮影した写真を画像処理で縮小すると、メモリ容量の少ないデバイスではフリーズする
- **CPUの制約**
  3Dグラフィックスの描画をすると、処理速度の遅いデバイスでは表示に時間がかかりすぎる

このように、PCで動作確認したときは問題なかったアプリが、モバイルデバイスでは使い物にならないことがあります。

[解決策]

アプリを作るときは、モバイルデバイスのリソース制約の影響に配慮し、想定される最も性能が低いモバイルデバイスで事前の動作テストを行います。

モバイルデバイスのリソース制約は、指摘されれば当然のことですが、気づきませんでした。デモから商談に進む時点で止まるのは絶対避けたいです。覚えておきます。

8-1-5 データアップロードで重複登録が発生

[トラブルの内容]

Webブラウザからバックエンドへデータをアップロードすると通信エラーが発生することがあります。モバイルデバイスで通信状態が悪いときは、珍しいことではありません。通信に失敗した訳ですから、自動または手動でリトライするのが一般的です。しかし、単純にリトライを行うと、バックエンドでデータの重複登録が発生する恐れがあります。具体的には、バックエンドで処理が正常に行われ、その応答で通信エラーとなっていた場合は、リトライすると重複登録されてしまいます（図8-14、8-15）。

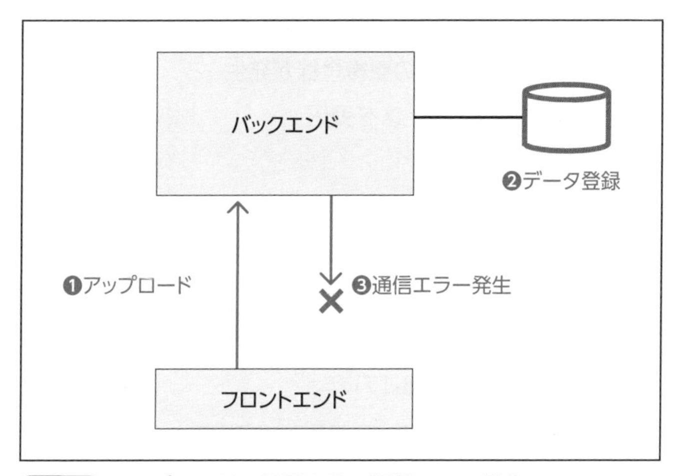

図8-14 **アップロードの結果応答で通信エラー発生**

❶データのアップロード
❷バックエンドでアップロードデータの登録
❸バックエンドからWebブラウザへ登録成功の応答が届かずに通信エラー発生

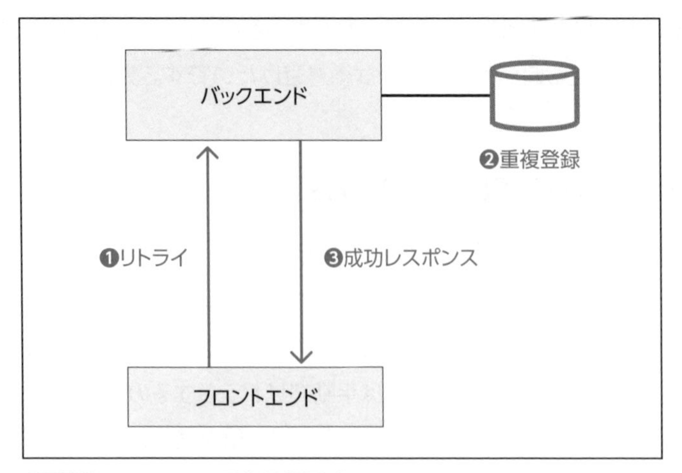

図8-15 リトライで重複登録発生

❶Webブラウザで通信エラーが発生したのでリトライ
❷バックエンドでアップロードデータの重複登録が発生
❸Webブラウザは登録成功のレスポンスを受信

[解決策]

データに一意のIDを付けてアップロードし、バックエンドで重複したIDを受信した場合は登録をしない実装をしておけば、重複登録を回避できます。Webブラウザがバックエンドから登録成功のレスポンスを受け取るまで、繰り返しリトライすることで確実なアップロードができます（図8-16、8-17）。

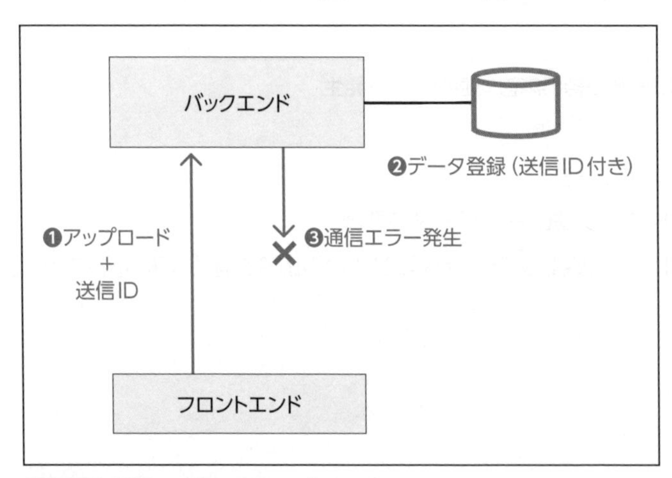

図8-16 送信ID付きのアップロード

❶一意の送信IDを付けて、データのアップロード

❷バックエンドでアップロードデータの登録（送信ID付き）

❸バックエンドからWebブラウザへ登録成功の応答が届かずに通信エラー発生

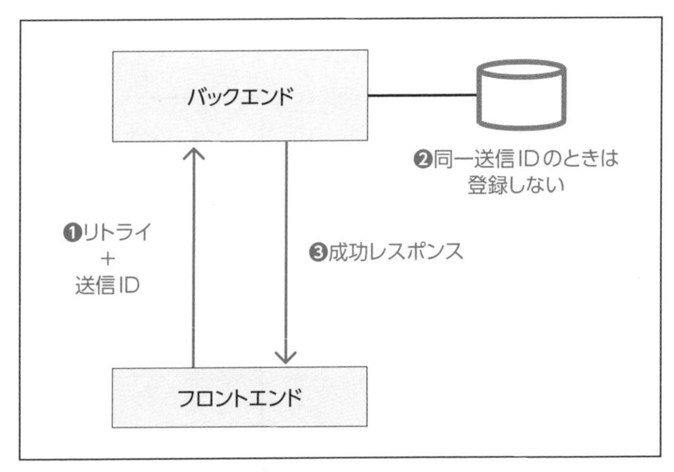

図8-17 **同一送信IDのアップロードは無視する**

❶Webブラウザで通信エラーが発生したのでリトライ（アップロード失敗時の送信ID付き）

❷バックエンドでアップロードデータの送信IDを確認し、該当IDが登録済みの場合は登録しない

❸Webブラウザは登録成功のレスポンスを受信

通信エラーが発生したので、リトライしたら成功のレスポンスを受信したという、正常な動作のように見えるのに、重複登録が発生する恐れがあるのですね。知らずにアプリを作るとトラブルに巻き込まれるところでした。

8-1-6 ログイン前にプログラムがロードされる

[トラブルの内容]

学習の開始時は、各フレームワークで準備されたプロジェクトテンプレートを拡張してアプリを作ることが多いと思います。ほとんどのプロジェクトテンプレートは、index.htmlを呼び出すと全てのモジュールがWebブラウザにロードされるようになっています（図8-18）。したがって、ユーザ認証が必要なアプリの場合、全ての画面を1つのプ

ロジェクトでビルドするとログイン画面を表示しただけで、ログイン後の画面表示プログラムもロードされてしまいます。これはセキュリティの視点から、好ましい状態ではありません。実際の開発プロジェクトで納品時に、これが原因で差し戻しになった事例もあります。

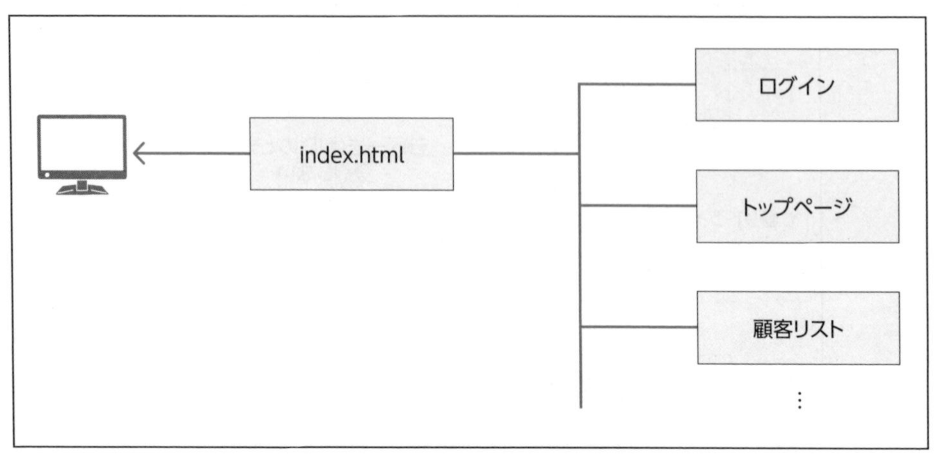

図8-18 index.htmlの呼び出しで全てのモジュールがロードされる

[解決策]

ユーザ認証が必要なアプリの場合、ログイン前の画面を含むプロジェクトと、ログイン後に表示する画面を含むプロジェクトの2つに分けて開発します。それぞれのプロジェクトのビルドで生成されるindex.htmlをログイン前とログイン後に呼び出すことで解決できます（図8-19）。

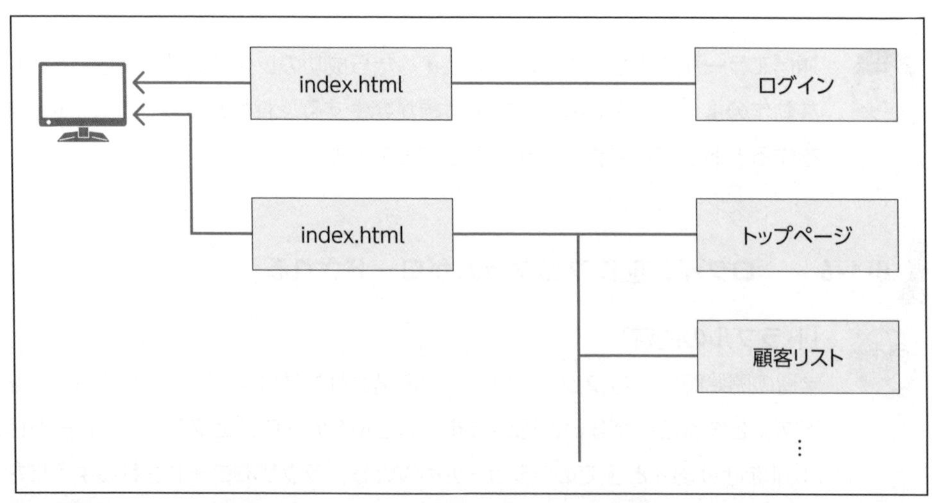

図8-19 index.htmlの呼び出しでログイン用のモジュールのみロードされる

正常に動作するが、セキュリティ上は好ましくない状態ですね。なかなか気づかないかもしれません。注意します。

8-2 フレームワーク可視化ツール

8-2-1 コンポーネント可視化ツールの概要

React・Angular・Vueは、Webブラウザでアプリを実行する際に、その内部動作を可視化するツールをWebブラウザのプラグインとして提供しています。特に、コンポーネントの可視化は、フレームワークの学習に役立つと思います。フレームワークごとにインストール方法や使用方法は一部異なりますので、フレームワークごとにToDoリストのサンプルアプリを使って操作を体験します。

8-2-2 コンポーネントの可視化を体験（React）  体験

▶可視化ツールのインストール（React Developer Tools）

❶ Google Chromeを起動します。

❷ chromeウェブストアを開きます（図8-20）。

https://chrome.google.com/webstore/category/extensions?hl=ja

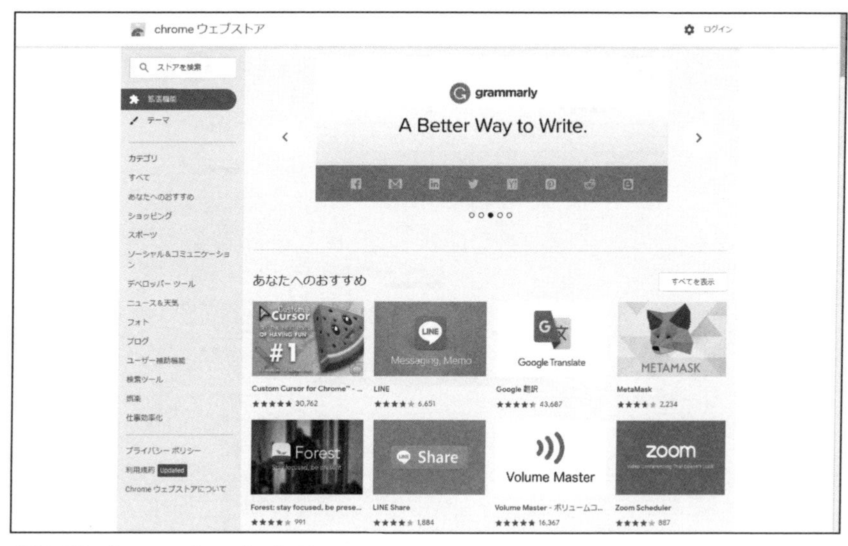

図8-20 chromeウェブストア

❸画面左上の検索ボックスに「React Developer Tools」と入力し、検索します（図8-21）。

❹検索結果が表示されます。「React Developer Tools」をクリックします。

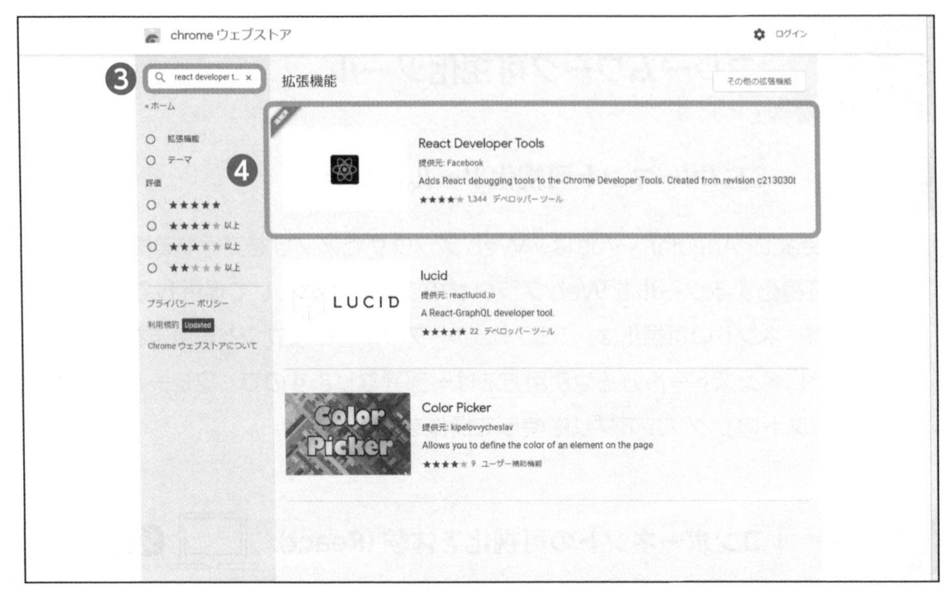

図8-21 「React Developer Tools」の検索結果

❺React Developer Toolsのインストールページが表示されます（図8-22）。

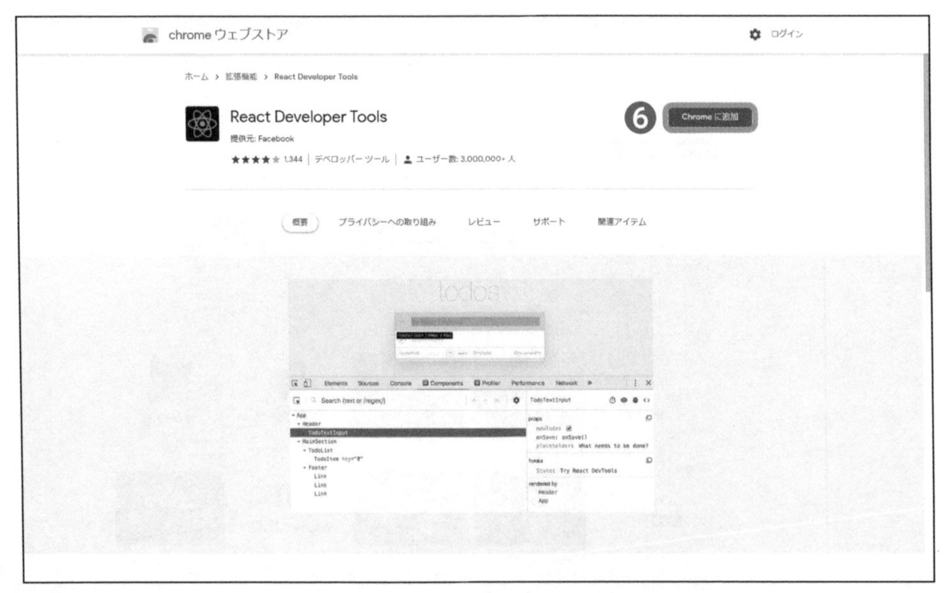

図8-22 React Developer Toolsのインストールページ

❻右上の［Chromeに追加］ボタンをクリックします。ボタンの表示が「Chromeから削除します」になっているときは既にインストール済です。

❼拡張機能追加の確認のダイアログが表示されます（図8-23）。［拡張機能を追加］ボタンをクリックします。

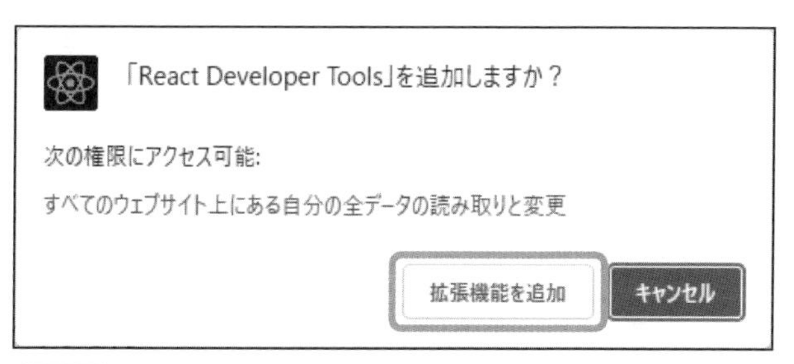

図8-23 **拡張機能追加の確認ダイアログ**

❽拡張機能追加完了のダイアログが表示されます（図8-24）。ダイアログ右上のXボタンをクリックします。

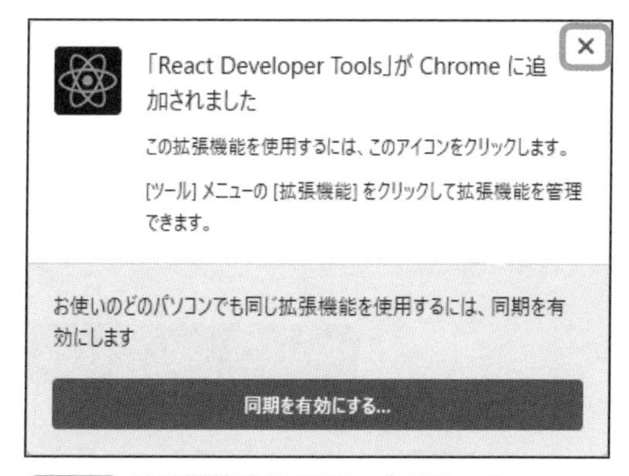

図8-24 **拡張機能追加完了のダイアログ**

❾拡張機能ボタンをクリックします。ダイアログが表示されますので、React Developer Toolsの固定ピンをクリックして常時表示にします（図8-25）。

図8-25 React Developer Toolsアイコンを常時表示に設定

⑩React Developer Toolsアイコンがグレーの状態で表示していることを確認します（図8-26）。

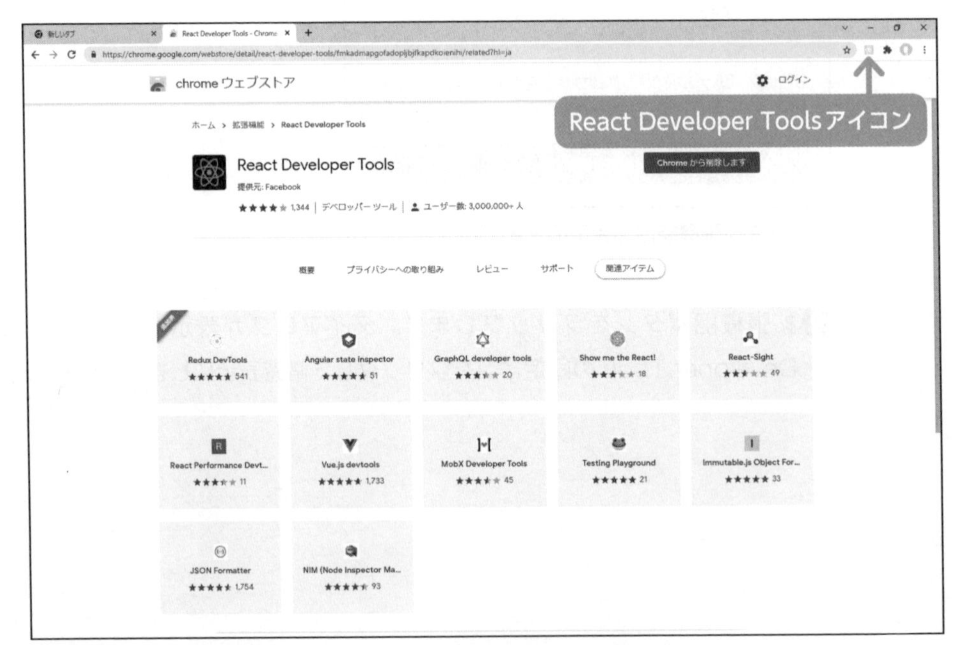

図8-26 React Developer Toolsアイコンの常時表示（無効状態）

▶可視化ツールの起動

❶Google Chromeで動作確認用アプリ（ToDoリスト）を開きます。
https://www.staffnet.co.jp/frontend-demo/todo-react/

❷React Developer Toolsのアイコンに色が付き、可視化ツールが有効になったことが確認できます（図8-27）。

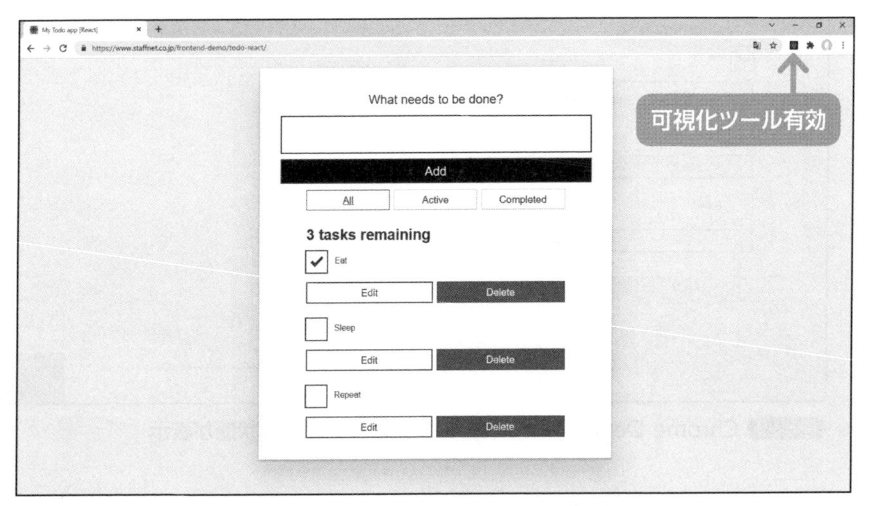

図8-27 React Developer Toolsアイコンの表示（有効状態）

❸F12キーを押下して、Chrome Developer Toolsを開き、メニューから［Components］を選択します（図8-28）。

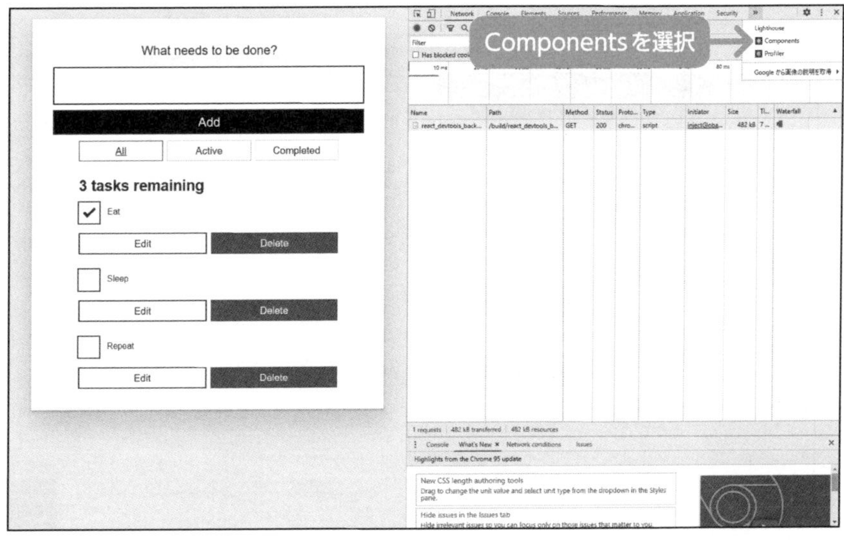

図8-28 Chrome Developer Toolsから［Components］メニューを選択

❹Chrome Developer Toolsにコンポーネントの状態が表示されます（図8-29）。

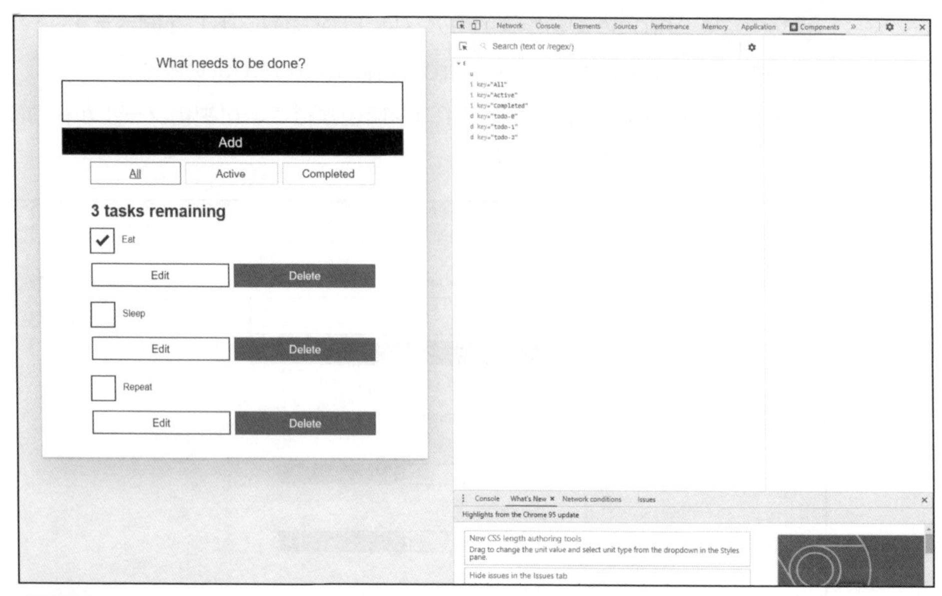

図8-29 Chrome Developer Toolsにコンポーネントの状態が表示

▶可視化ツールの操作

❶Chrome Developer Toolsに表示されたコンポーネントを選択すると、ページの該当箇所ブロックが着色します（図8-30）。

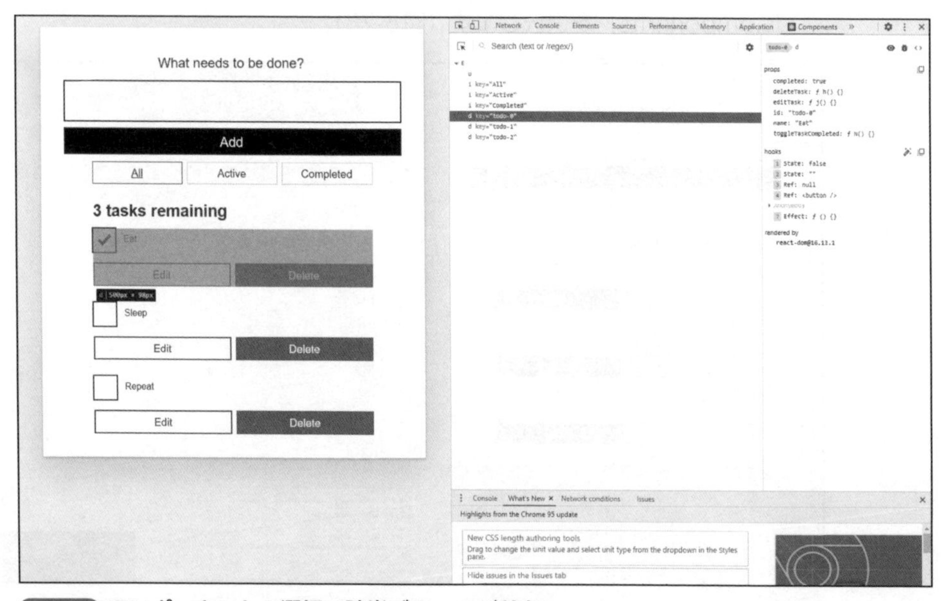

図8-30 コンポーネントの選択で該当ブロックが着色

❷また、選択されたコンポーネントのプロパティがChrome Developer Toolsの右ペインに表示されます。たとえば、ToDo項目の済みチェックを外すと、コンポーネントのcompletedプロパティがtrueからfalseに変化する様子を確認できます(図8-31)。

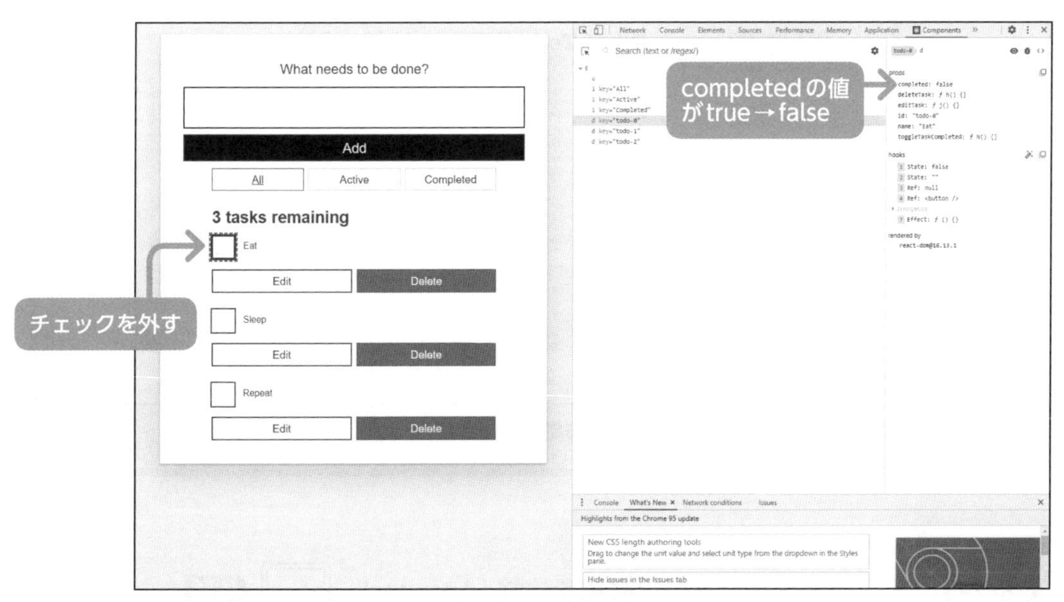

図8-31 画面の操作に呼応してプロパティ値が変化

MEMO ToDoリストアプリの詳細(React用)

ToDoリストアプリは、下記サイトで公開されているものを利用しています(図8-32)。

・React　ToDoリストをはじめる
https://developer.mozilla.org/ja/docs/Learn/Tools_and_testing/Client-side_JavaScript_frameworks/React_todo_list_beginning

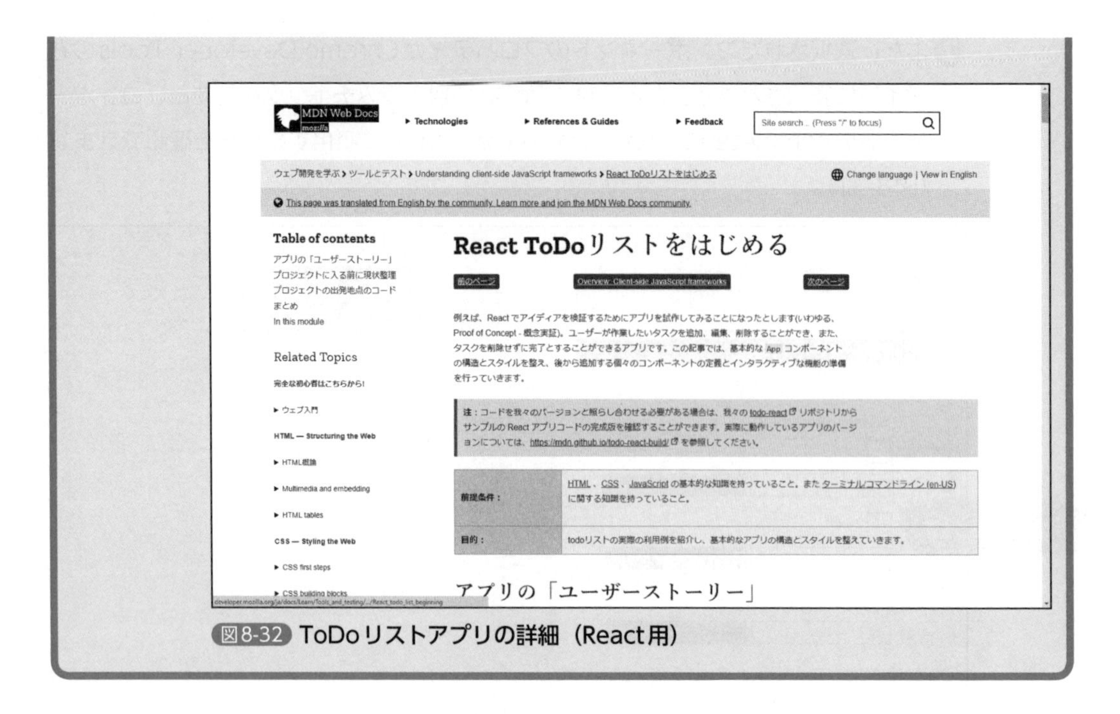

図8-32 ToDoリストアプリの詳細（React用）

8-2-3 コンポーネントの可視化を体験（Angular）

※React Developer Toolsと同様の画面キャプチャは、割愛しています。

▶可視化ツールのインストール（Angular DevTools）

❶Google　Chromeを起動します。

❷chromeウェブストアを開きます。

https://chrome.google.com/webstore/category/extensions?hl=ja

❸画面左上の検索ボックスに「Angular DevTools」と入力し、検索します。

❹検索結果が表示されます。「Angular DevTools」をクリックします。

❺Angular DevToolsのインストールページが表示されます（図8-33）。

図8-33 Angular DevToolsのインストールページ

❻右上の［Chromeに追加］ボタンをクリックします。ボタンの表示が「Chromeから削除します」になっているときは既にインストール済です。

❼拡張機能追加の確認のダイアログが表示されます。［拡張機能を追加］ ボタンをクリックします。

❽拡張機能追加完了のダイアログが表示されます。ダイアログ右上のXボタンをクリックします。

❾拡張機能ボタンをクリックします。ダイアログが表示されますので、Angular DevToolsの固定ピンをクリックします。

❿Angular DevToolsアイコンがグレーの状態で表示していることを確認します。

▶可視化ツールの起動

❶Google Chromeで動作確認用アプリ（ToDoリスト）を開きます。
https://www.staffnet.co.jp/frontend-demo/todo-angular/

❷Angular DevToolsのアイコンに色が付き、可視化ツールが有効になったことが確認できます。

❸F12キーを押下して、Chrome Developer Toolsを開き、メニューから［Angular］を選択します（図8-34）。

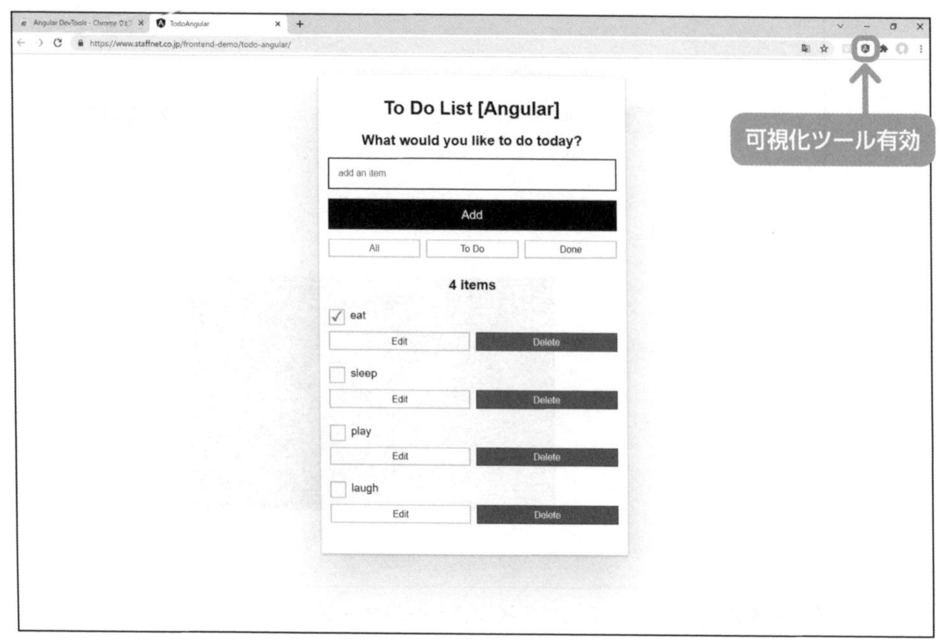

図8-34 Angular DevToolsのアイコン表示（有効状態）

❹Chrome Developer Toolsにコンポーネントの状態が表示されます（図8-35）。

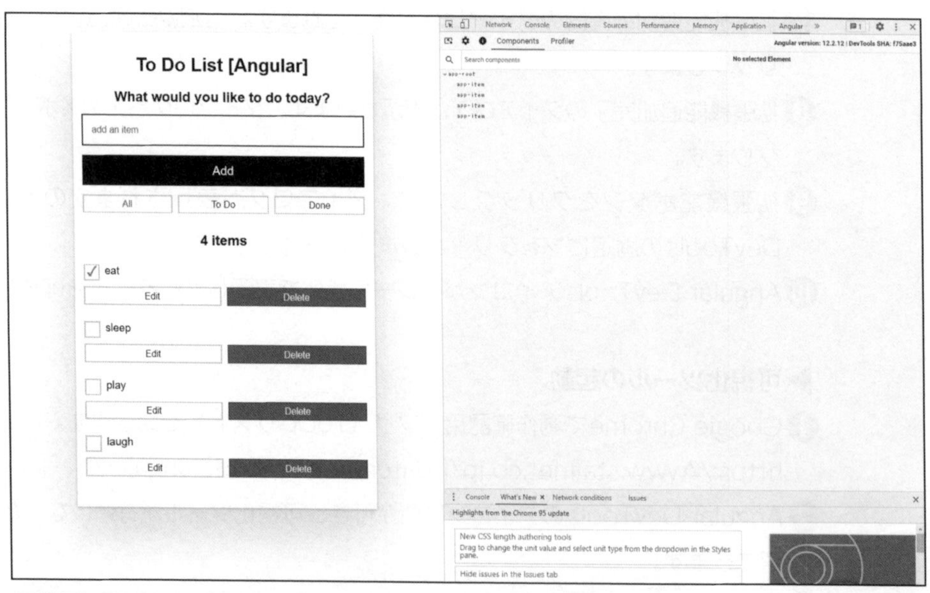

図8-35 Chrome Developer Toolsにコンポーネントの状態が表示

▶ 可視化ツールの操作

❶ Chrome Developer Toolsに表示されたコンポーネントを選択すると、ページの該当箇所ブロックが着色します（図8-36）。

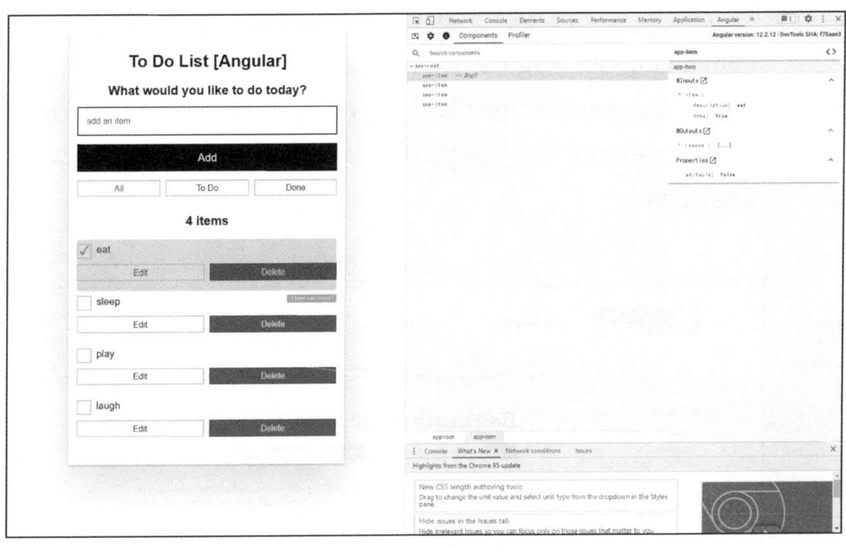

図8-36 コンポーネントの選択で該当ブロックが着色

❷ また、選択されたコンポーネントのプロパティがChrome Developer Toolsの右ペインに表示されます。たとえば、ToDo項目の済みチェックを外すと、コンポーネントのcompletedプロパティがtrueからfalseに変化する様子を確認できます（図8-37）。

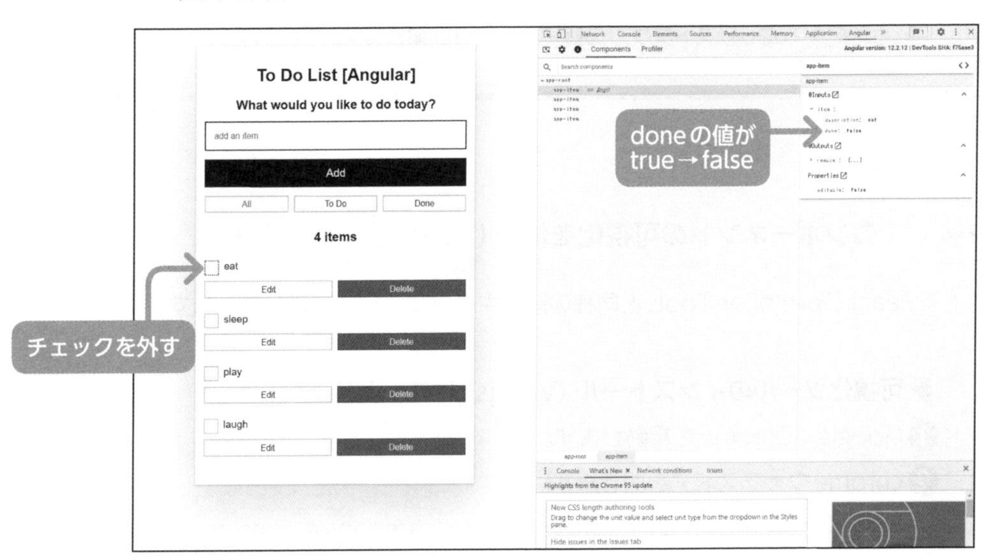

図8-37 画面の操作に呼応してプロパティ値が変化

03

MEMO ToDoリストアプリの詳細（Angular用）

ToDoリストアプリは下記サイトで公開されているものを利用しています（図8-38）。

・Beginning our Angular todo list app（英語）
https://developer.mozilla.org/en-US/docs/Learn/Tools_and_testing/Client-side_JavaScript_frameworks/Angular_todo_list_beginning

図8-38 ToDoリストアプリの詳細（Angular用）

8-2-4 コンポーネントの可視化を体験（Vue）  体験

※React Developer Toolsと同様の画面キャプチャは、割愛しています。

▶可視化ツールのインストール（Vue.js devtools）

❶Google　Chromeを起動します。

❷chromeウェブストアを開きます。
https://chrome.google.com/webstore/category/extensions?hl=ja

❸画面左上の検索ボックスに「Vue.js devtools」と入力し、検索します。

❹検索結果が表示されます。「Vue.js devtools」をクリックします。

❺Vue.js devtoolsのインストールページが表示されます（図8-39）。

図8-39 Vue.js devtoolsのインストールページ

❻右上の［Chromeに追加］ボタンをクリックします。ボタンの表示が「Chromeから削除します」になっているときは既にインストール済です。

❼拡張機能追加の確認のダイアログが表示されます。［拡張機能を追加］ ボタンをクリックします。

❽拡張機能追加完了のダイアログが表示されます。ダイアログ右上のXボタンをクリックします。

❾拡張機能ボタンをクリックします。ダイアログが表示されますので、Vue.js devtoolsの固定ピンをクリックします。

❿Vue.js devtoolsアイコンがグレーの状態で表示していることを確認します。

▶可視化ツールの起動

❶Google　Chromeで動作確認用アプリ（ToDoリスト）を開きます。
https://www.staffnet.co.jp/frontend-demo/todo-vue/

❷Vue.js devtoolsのアイコンに色が付き、可視化ツールが有効になったことが確認できます（図8-40）。

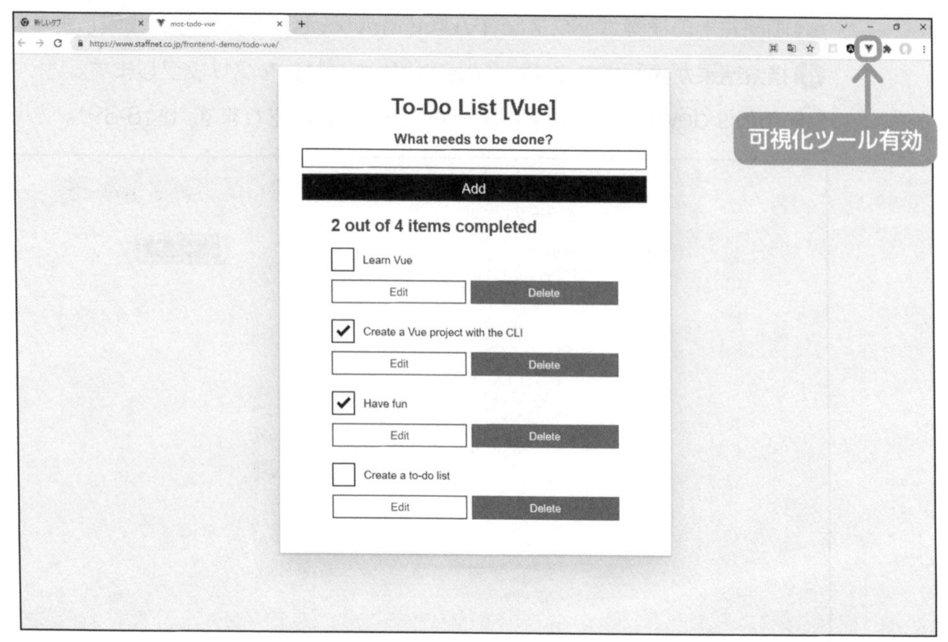

図8-40 Vue.js devtoolsアイコンの表示（有効状態）

❸F12キーを押下して、Chrome Developer Toolsを開き、メニューから［Vue］を選択します。

❹Chrome Developer Toolsにコンポーネントの状態が表示されます（図8-41）。

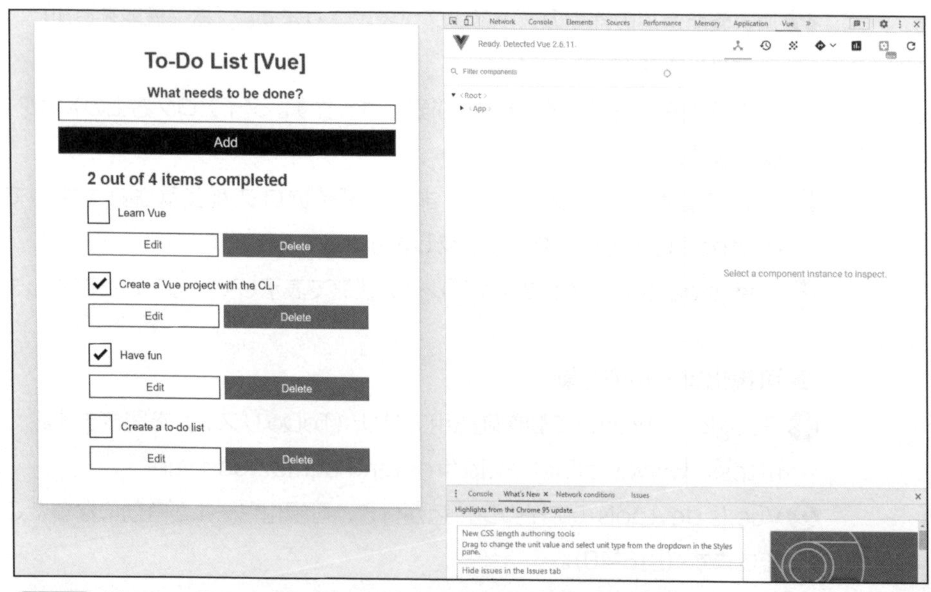

図8-41 Chrome Developer Toolsにコンポーネントの状態が表示

▶可視化ツールの操作

❶Chrome Developer Toolsに表示された<App>を展開後、コンポーネントを選択すると、ページの該当箇所ブロックが着色します（図8-42）。

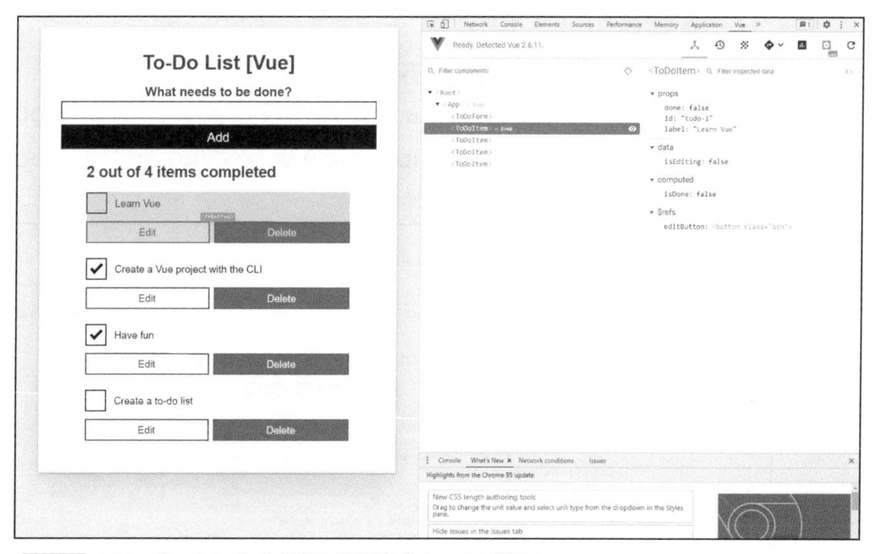

図8-42 コンポーネントの選択で該当ブロックが着色

❷また、選択されたコンポーネントのプロパティがChrome Developer Toolsの右ペインに表示されます。たとえば、ToDo項目の済みチェックを付けると、コンポーネントのdoneプロパティがfalseからtrueに変化する様子を確認できます（図8-43）。

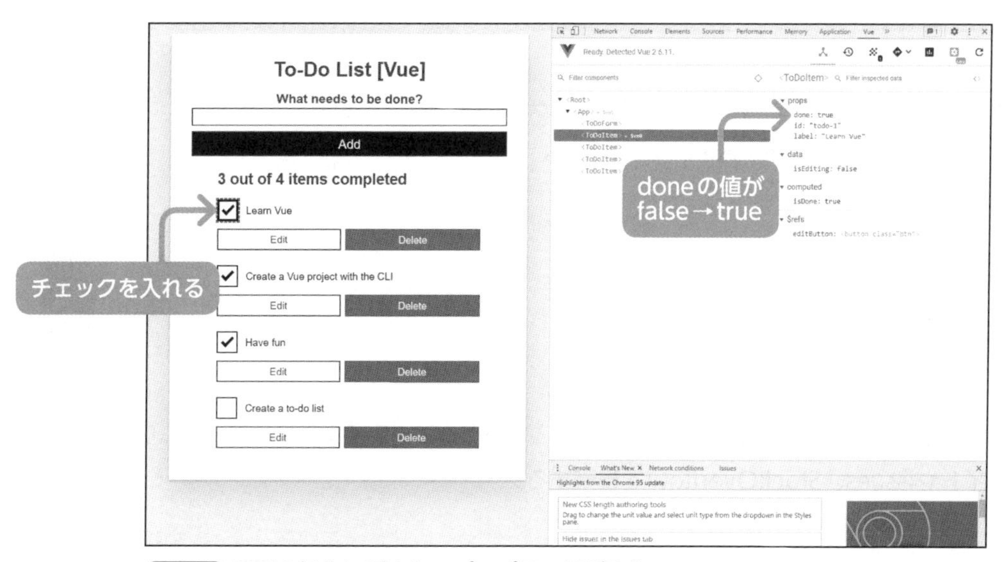

図8-43 画面の操作に呼応してプロパティ値が変化

MEMO ToDoリストアプリの詳細（Vue用）

ToDoリストアプリは下記サイトで公開されているものを利用しています（図8-44）。

・Creating our first Vue component(英語)
https://developer.mozilla.org/en-US/docs/Learn/Tools_and_testing/Client-side_JavaScript_frameworks/Vue_first_component

図8-44 ToDoリストアプリの詳細（Vue用）

可視化ツールは便利ですね。ソースコードのデバッグと併せて利用すると、フレームワークに対する理解が深まりそうです。

8-3 8章まとめ

▶ よくあるトラブルと解決策

・技術情報をうまく検索できないときは、MDN Web Docs、ライブラリやフレームワークの公式サイトやissues、StackOverflowを検索する。

・コンポーネント分割の単位に悩んだときは、本章で紹介したガイドラインを参考にする。

・iOS用のWebブラウザは、他のOS用のものと仕様が異なる。

・モバイルデバイスのリソース制約（バッテリー、メモリ、CPU）に留意する。

・データアップロードでは重複登録のリスクがあることに留意し、対策を行う。

・ログイン前とログイン後の画面は、別モジュールとしてビルドする。

▶ フレームワーク可視化ツール

・React、Angular、Vueが提供している可視化ツールを利用すると、コンポーネントの動作把握が容易になる。

クロージング

オンライン研修の終了

これで、今回のオンライン研修で予定していた内容は全て終えました。いかがでしたか？

技術だけでなく、スキル導入や学習の開始時のトラブル対策まで教えて頂き、とても役立ちました。独学では、ここまでの知見は得られなかったと思います。この研修の終了後、上司の丸山へ技術評価の報告を行います。この報告を手始めに、社内へのスキルの導入を必ず成功させてみせます。

その意気込みが大切です。私の会社ではコンサルティングもやっていますので、困ったときは声をかけてください。できる限りのことはさせていただきます。頑張ってください。

ありがとうございました。

課長への報告

青木さんは、最新フロントエンド技術のオンライン研修終了後、丸山課長から依頼されていた次世代SPAの技術評価報告書をまとめました。今日は、その報告をビデオ会議で丸山課長に行います。

ビデオ会議開始

技術評価を頼んでから3週間ピッタリで報告、期日厳守で素晴らしい。技術評価報告書は、午前中に共有フォルダ経由で受け取って、ざっと目を通しておいた。ここでは、次世代SPAについての君の率直な感想を聞かせて欲しい。

次世代SPAは、最新のフロントエンド技術を活用し、モダンWebという仕組みで動作しているのですが、この技術はエンジニアにとって「すぐに使いたい」と思わず口に出るほど、強い魅力がありました。これまでのWebシステムにあった技術的制約がほとんど解消され、開発の自由度が飛躍的に広がり、エンジニアの工夫次第でどんな機能も実現できそうだからです。

そこまでスゴイ技術なのか。

モダンWebでは、以下のような、これまで不可能だったことがWebアプリで可能になります。

- **瞬時の画面切り替え**
- **利用者の操作を妨げないバックグラウンド通信**
- **ブラウザ内にデータベース構築**
- **オフライン時の利用**
- **HTMLの表現を超えたグラフィック表示**
- **プラグインなしで動画・音声などのメディア処理**

これらの機能が、主要なWebブラウザで使える状態です。

つまり、技術的には利用できるレベルということだな。

これまでの不可能が可能になる機能がこれほどあるわけですから、これら活用した次世代SPAは、顧客の注目を集めるのは当然のことだと思います。課長は、次世代SPAのことを「スグ欲しい、いくらと尋ねたくなる。人の本能に訴える魅力がある」と話されていましたが、その通りです。この技術を社内に展開できれば、他社との大きな差別化ができ、ビジネスで優位に立てます。

私の思った通りだ。今後、我が社の成長の原動力になりそうだ。しかし、良いことばかりではあるまい。これだけのメリットがあって簡単に使える技術だったら、とっくに大流行しているはずだ。

開発スキルの修得が簡単ではないです。新しく覚えることや理解すべきことが沢山あります。例えると、これまでのWebシステムが、多くの人が運転できる「自動車」とすると、モダンWebは、新たに操縦方法を覚える必要がある「ドローン」といった感じです。

面白い例えだね。わかりやすいよ。

つまり、同じWebシステムでも従来型WebとモダンWebでは、仕組みが全く異なるので、新たなスキルを社内の開発チームに導入する必要があるということです。複雑で難しいというより、未知の概念や未経験のコード記述を使いこなす必要があります。平面を走る自動車のドライバーが、新たに3次元空間の感覚をつかみ、ドローンを自由に操作ができるようになるのに似ています。

しかし、新たなスキル導入と口にするのは簡単だが、一筋縄ではいかないぞ。

そこで、技術評価報告書のほかに、もう1つ資料を準備しました。「モダンWeb開発スキル導入計画（案）」です。社内の関係者を巻き込んだ体制を作り、実践的開発スキルの蓄積とビジネスとの連携を行います。今、共有リンクを送りました。

モダンWeb開発スキル
導入計画（案）

2021年12月1日

システム開発部　2課

青木　進一

受け取った。ふむふむ。よく練られた計画だ。一人で考えたのか？

オンライン研修で教わったテンプレートをカスタマイズして作りました。

一筋縄ではうまく行かないスキル導入も、この計画書のように社内で体制を組めば、うまくいくかもしれん。ただし、複数部署が関係するので、うちの部長の承認が必要だ。他社とは全く違う魅力のあるWebシステムを提供できればビジネス上の武器になるので、部長にも関心を持ってもらえるだろう。今日受け取った資料は、どちらもよく読んでおくから、青木君は部長に承認を受けるための企画書（稟議書）を作成してくれ。来週、部長のアポを取るのでビデオ会議での同席も頼むよ。

部長向け企画書の作成とビデオ会議への同席、了解しました。

こうして青木さんの頑張りで、最新のフロントエンド技術を活用したモダンWeb開発スキルの社内導入が動き始めました。（完）

付録 1
ブラウザAPI仕様一覧

▶ページ操作

DOM

ページの操作全般

▶通信

Background Fetch API

バックグラウンドでサイズの大きなデータをダウンロード

Fetch API

バックグラウンドでサーバーとHTTP通信

Streams

ネットワーク経由で受信したデータのストリームにアクセス

Websockets API

サーバーとソケット通信

XMLHttpRequest

バックグラウンドでサーバーとHTTP通信

▶ストレージ

File System Access API

ファイルの読み書き、ディレクトリ構造へのアクセス

IndexedDB

インデックスが利用可能なオブジェクトデータベース

Storage
　ストレージの情報（使用済容量、残り容量など）を提供

Storage Access API
　クロスオリジンのコンテンツからファーストパーティのコンテキストへアクセス

Web Storage API
　キーバリュー形式でデータを保存

▶イベント検出

Network Information API
　ネットワーク接続に関する情報とイベントを提供

Resize Observer API
　要素のサイズ変更を監視

Screen Orientation API
　画面の向きに関する情報とイベントを提供

▶バックグラウンド処理

Background Tasks
　処理の空き時間にタスクを実行

Periodic Background Sync
　ServiceWorkerで定期的にバックエンドとの同期

Service Workers API
　オフライン体験を可能にする

Web Workers API
　メインのスクリプト処理と別スレッドで実行

▶グラフィック

Canvas API
　2D グラフィック

WebGL
　3D/2D グラフィック

WebXR Device API
　仮想現実（VR）、拡張現実（AR）のレンダリング

▶メディア

Image Capture API

デバイスから画像やビデオをキャプチャ

Media Capabilities API

メディア機能の対応状況を取得

Media Capture and Streams

メディアのストリームを処理

Media Session API

再生中メディアのページを開かずに制御

Media Source Extensions

プラグイン不要で ストリーミングメディアを再生

MediaStream Recording

メディアストリームを保存

Picture-in-Picture API

フローティングビデオウィンドウを表示

Screen Capture API

画面または画面の一部をメディアストリームとしてキャプチャ

Web Audio API

オーディオを扱うためのシステムを提供

Web MIDI API

MIDIデバイスに接続

Web Speech API

音声合成と音声認識

WebRTC

ブラウザ間の直接データ交換、オーディオ/ビデオストリームの送受信

WebVTT

再生メディアに字幕やキャプションなどを表示

▶メッセージ交換

Beacon

ページのアンロード時にサーバーへデータ送信

Broadcast Channel API

同じオリジンのWindow、Tab、Frame、IFrame間で通信

Channel Messaging API

異なるコンテキストで実行するスクリプト間で通信

Push API

サーバーからのプッシュ通知

Server Sent Events

サーバーからページへ新たなデータを送信

Web Notifications

ページがエンドユーザーに表示するシステム通知を制御

▶ユーザーインターフェイス

Clipboard API

クリップボードの利用

Content Index API

オフライン対応のコンテンツをブラウザに登録

History API

ページ表示履歴の管理

HTML Drag and Drop API

ドラッグ＆ドロップの処理

Pointer Events

さまざまなポインティング入力デバイスを一括したイベント処理

Pointer Lock API

マウスカーソルを制御（特定要素にロック、視野から消すなど）

Touch Events

マルチタッチやジェスチャーに対応

Web Share API

ユーザが選択した共有ターゲットをシェアする

WebHID API

ヒューマンインターフェイスデバイス（HID）と接続

▶表示

Fullscreen API

全画面表示

Visual Viewport

表示域のサイズを制御

Web Animations

要素のアニメーション

▶監視・検出

Console API

コンソールを使ったデバッグ作業を行う

Frame Timing API

画面書き替えのタイミングを通知

High Resolution Time

5マイクロ秒までの正確な時間値を提供

Intersection Observer API

要素が表示中であることを検出

Layout Instability API

表示レイアウトの崩れを検出

Long Tasks API

50msec以上かかるタスクを検出

Navigation Timing

サイトのパフォーマンスを計測

Page Visibility API

現在ページが見えているか監視

Performance API

クライアント側の待ち時間を測定

Performance Timeline API

Performanceセットをフィルタリングして取得

Resource Timing API

リソースのロードタイムを測定

▶デバイスセンサー

Bluetooth API

Bluetooth機器と接続

Gamepad API

ゲームコントローラーと接続

Geolocation API

位置情報の取得

Presentation API

外部ディスプレイと接続

Proximity Events

電話中の感知などの近接センサー利用

Screen Wake Lock API

画面の消灯やロックを防ぐ

Sensor API

デバイスにあるセンサーに一括アクセス

Vibration API

デバイスのバイブレーションを制御

セキュリティ

Credential Management API

パスワードなどの認証情報管理

Encrypted Media Extensions

メディアの暗号処理

HTML Sanitizer API

DOMに挿入するデータのサニタイズ

Permissions API

各種APIで設定されたのパーミッション状態を一括取得

Web Authentication API

公開鍵暗号を用いた認証情報管理

Web Crypto API

低レベルの暗号化機能

CSS

CSS Counter Styles

リスト要素のマーカー、通し番号のスタイル

CSS Font Loading API

CSSフォントのダウンロード

CSS Painting API

要素の背景、境界などに画像を描画

CSS Typed Object Model API

CSS値を型付きオブジェクトとして扱う

CSSOM

CSSのオブジェクトモデル

▶その他

Barcode Detection API

バーコード読み取り

Contact Picker API

連絡先データの利用

Encoding API

文字エンコーディング処理

Payment Request API

オンライン決済を容易にする仕組み

URL API

URL文字列を解析したオブジェクト

索引

●W

●Y

●あ行

●か行

●さ行

●た行

●は行

●ま行

●や行

●ら行

●著者紹介

末次 章(すえつぐ あきら)

スタッフネット株式会社 代表取締役

日本IBMを経て現職。「新技術でビジネスを加速する」をモットーに、最新Web技術を常に先取りした研究・開発を続けている。また、新技術の普及活動としてワークショップ形式の研修を多数行い、受講実績は900名以上。

最近では、モダンWebの企業向けオンライン研修とWeb Assemblyの技術開発に注力している。

●本書についての最新情報、訂正、重要なお知らせについては下記Webページを開き、書名もしくはISBNで検索してください。

https://project.nikkeibp.co.jp/bnt/

●本書に掲載した内容についてのお問い合わせは、下記Webページのお問い合わせフォームからお送りください。電話およびファクシミリによるご質問には一切応じておりません。なお、本書の範囲を超えるご質問にはお答えできませんので、あらかじめご了承ください。ご質問の内容によっては、回答に日数を要する場合があります。

https://nkbp.jp/booksQA

React Angular Vueをスムーズに修得するための 最新フロントエンド技術入門

2021年12月20日　初版第1刷発行

著　　者　末次 章
発 行 者　村上 広樹
編　　集　田部井 久
発　　行　日経BP
　　　　　東京都港区虎ノ門4-3-12　〒105-8308
発　　売　日経BPマーケティング
　　　　　東京都港区虎ノ門4-3-12　〒105-8308
装　　丁　コミュニケーションアーツ株式会社
DTP制作　株式会社シンクス
印刷・製本　図書印刷株式会社

ISBN978-4-296-07021-3　Printed in Japan